中国机械工程学科教程配套系列教材
教育部高等学校机械设计制造及其自动化专业教学指导分委员会推荐教材

计算机绘图

主编 廖希亮 张 敏
主审 张 慧

清华大学出版社
北京

内 容 简 介

本书介绍了计算机辅助设计二维工程图样和三维实体造型技术。全书共分两个部分,第一部分介绍了用 AutoCAD 2010 绘图软件设计机械工程图样的方法,主要内容包括:AutoCAD 软件绘图基础、基本绘图命令、精确绘图工具、图形编辑、文字和尺寸标注及二维工程图样的绘制;第二部分介绍了三维设计软件 Pro/Engineer 5.0 的实体造型技术,主要内容包括:机械设计基础、基础特征造型、复杂特征造型、机械装配体设计和二维工程图的生成。

本书可供普通高等院校计算机绘图课程教材,也可作为其他各类院校相应课程的教材,也可供从事计算机辅助设计工程技术人员的参考书。

图书在版编目(CIP)数据

计算机绘图/廖希亮,张敏主编.--北京:清华大学出版社,2011.3
(中国机械工程学科教程配套系列教材
教育部高等学校机械设计制造及其自动化专业教学指导分委员会推荐教材)
ISBN 978-7-302-24722-7

Ⅰ.①计…　Ⅱ.①廖…②张…　Ⅲ.①自动绘图-高等学校-教材　Ⅳ.①TP391.72

中国版本图书馆 CIP 数据核字(2011)第 020455 号

责任编辑:庄红权
责任校对:刘玉霞
责任印制:王秀菊

出版发行:清华大学出版社		地　　址:北京清华大学学研大厦 A 座	
http://www.tup.com.cn		邮　　编:100084	
社　总　机:010-62770175		邮　　购:010-62786544	

投稿与读者服务:010-62776969,c-service@tup.tsinghua.edu.cn
质量反馈:010-62772015,zhiliang@tup.tsinghua.edu.cn

印　刷　者:北京市人民文学印刷厂
装　订　者:三河市兴旺装订有限公司
经　　销:全国新华书店
开　　本:185×260　印　张:19.25　字　数:467 千字
版　　次:2011 年 3 月第 1 版　印　次:2011 年 3 月第 1 次印刷
印　　数:1~4000
定　　价:33.00 元

产品编号:033880-01

我曾提出过高等工程教育边界再设计的想法,这个想法源于社会的反应。常听到工业界人士提出这样的话题:大学能否为他们进行人才的订单式培养。这种要求看似简单、直白,却反映了当前学校人才培养工作的一种尴尬:大学培养的人才还不是很适应企业的需求,或者说毕业生的知识结构还难以很快适应企业的工作。

当今世界,科技发展日新月异,业界需求千变万化。为了适应工业界和人才市场的这种需求,也即是适应科技发展的需求,工程教学应该适时地进行某些调整或变化。一个专业的知识体系、一门课程的教学内容都需要不断变化,此乃客观规律。我所主张的边界再设计即是这种调整或变化的体现。边界再设计的内涵之一即是课程体系及课程内容边界的再设计。

技术的快速进步,使得企业的工作内容有了很大变化。如从20世纪90年代以来,信息技术相继成为很多企业进一步发展的瓶颈,因此不少企业纷纷把信息化作为一项具有战略意义的工作。但是业界人士很快发现,在毕业生中很难找到这样的专门人才。计算机专业的学生并不熟悉企业信息化的内容、流程等,管理专业的学生不熟悉信息技术,工程专业的学生可能既不熟悉管理,也不熟悉信息技术。我们不难发现,制造业信息化其实就处在某些专业的边缘地带。那么对那些专业而言,其课程体系的边界是否要变?某些课程内容的边界是否有可能变?目前不少课程的内容不仅未跟上科学研究的发展,也未跟上技术的实际应用。极端情况甚至存在有些地方个别课程还在讲授已多年弃之不用的技术。若课程内容滞后于新技术的实际应用好多年,则是高等工程教育的落后甚至是悲哀。

课程体系的边界在哪里?某一门课程内容的边界又在哪里?这些实际上是业界或人才市场对高等工程教育提出的我们必须面对的问题。因此可以说,真正驱动工程教育边界再设计的是业界或人才市场,当然更重要的是大学如何主动响应业界的驱动。

当然,教育理想和社会需求是有矛盾的,对通才和专才的需求是有矛盾的。高等学校既不能丧失教育理想、丧失自己应有的价值观,又不能无视社会需求。明智的学校或教师都应该而且能够通过合适的边界再设计找到适合自己的平衡点。

我认为,长期以来,我们的高等教育其实是"以教师为中心"的。几乎所有的教育活动都是由教师设计或制定的。然而,更好的教育应该是"以学生为中心"的,即充分挖掘、启发学生的潜能。尽管教材的编写完全是由教师完成的,但是真正好的教材需要教师在编写时常怀"以学生为中心"的教育理念。如此,方得以产生真正的"精品教材"。

教育部高等学校机械设计制造及其自动化专业教学指导分委员会、中国机械工程学会与清华大学出版社合作编写、出版了《中国机械工程学科教程》,规划机械专业乃至相关课程的内容。但是"教程"绝不应该成为教师们编写教材的束缚。从适应科技和教育发展的需求而言,这项工作应该不是一时的,而是长期的,不是静止的,而是动态的。《中国机械工程学科教程》只是提供一个平台。我很高兴地看到,已经有多位教授努力地进行了探索,推出了新的、有创新思维的教材。希望有志于此的人更多地利用这个平台,持续、有效地展开专业的、课程的边界再设计,使得我们的教学内容总能跟上技术的发展,使得我们培养的人才更能为社会所认可,为业界所欢迎。

是以为序。

2009 年 7 月

前　言
FOREWORD

随国家制造业信息化进程的迅速推进,计算机辅助设计(computer aided design,CAD)技术已被广泛应用于制造业生产过程中。培养掌握先进设计技术的创新型人才是高等学校的责任。计算机绘图是计算机辅助设计的重要基础和组成部分。目前,企业的产品设计过程正从计算机二维辅助设计逐渐向三维实体设计转变。在三维设计环境下实现对产品的概念设计、装配设计、动态机构设计与仿真,使产品的设计过程进入到完全的数字化设计中。因此,培养学生的计算机绘图能力是高等工科院校的重要教学内容。本教材在总结计算机绘图课程多年教学经验的基础上,结合各校计算机绘图课程的教学实践和改革的具体情况,根据当前企业对计算机辅助设计的实际要求而编写的。

本书共分两部分内容:以 AutoCAD 2010 绘图软件为例介绍二维计算机交互绘图技术,以 Pro/Engineering 5.0 软件为例介绍三维造型技术。紧密结合工程制图内容,详细介绍在计算机辅助二维和三维绘图技术下工程图样的绘制方法。

本书具有以下特点:

(1) 计算机绘图知识紧密结合工程制图的教学内容,针对性、实践性强,便于学习和应用。

(2) 知识结构新颖,同时介绍二维绘图和三维实体造型技术,有利于对计算机辅助设计的系统学习和掌握。

(3) 实例丰富,结合实际,易学易懂。

(4) 内容简明扼要,重点突出,如在命令的介绍上,省略了不常用的功能介绍。

本书由廖希亮、张敏任主编。参加编写工作的有廖希亮(第 1、3、9 章)、阎伟(第 2、6 章)、高红(第 4、5 章)、赵晓峰(第 7、11 章)、薛强(第 8 章)、张敏(第 10、12、13、14 章),全书由廖希亮负责统稿。

本书由山东大学张慧教授主审。在编写过程中,得到了清华大学出版社的有关领导和编辑的大力支持和帮助,硕士研究生崔凯、孙振来同学帮助做了大量的工作,在此表示诚挚的感谢!

由于编者水平有限，书中难免有不当之处甚至错误，恳请有关专家、同仁及读者批评指正。

编　者

2011 年 2 月

目　录

CONTENTS

第 1 章

绪　　论

1.1　计算机绘图的发展和应用

　　计算机绘图就是应用计算机通过程序和算法或图形交互软件,在图形显示设备上实现图形的显示及绘图输出。计算机绘图是建立在工程图学、应用数学和计算机科学基础之上的一门学科,它是计算机图形学的一个分支,它的主要特点是给计算机输入非图形信息,经过计算机的处理,生成图形信息输出。

　　计算机绘图(computer graphics,CG)是计算机辅助设计(computer aided design,CAD)的重要组成部分,也是计算机辅助制造(computer aided manufacturing,CAM)、计算机辅助工程(computer aided engineering,CAE)、计算机辅助工艺规程(computer aided process planning,CAPP)等的重要基础和组成部分。通过近半个世纪的发展,已经取得了巨大成就。

1.1.1　计算机绘图的发展史

　　计算机绘图是随着计算机硬件技术和软件技术的发展而逐步发展并完善起来的。1950年,第一台图形显示器作为美国麻省理工学院(MIT)旋风Ⅰ号(Whirlwind)计算机的附件而诞生,从而产生了计算机绘图。20世纪50年代末期,国际上发明了阴极射线管及滚筒式绘图仪,使计算机绘图发展到了一个新的阶段。

　　早期的计算机绘图主要是静态绘图,通过高级语言编程,由计算机对程序进行编译,并由绘图仪输出图形。这种绘图方式无法满足绘图过程可视和实时修改的要求。

　　20世纪70年代,随着人-机对话的交互式绘图的实现,使计算机绘图技术进入实用化的阶段。特别是随着图形输入、输出设备的不断发展,80年代计算机绘图得到了飞速的发展,诞生了像 AutoCAD 这样功能强大的二维交互式绘图软件。而到了90年代,三维实体造型技术得到了飞速的发展,一大批优秀的三维绘图软件相继诞生,谱写了计算机绘图的新篇章,也使以计算机绘图为基础的 CAD 技术得到了快速发展。目前,CAD 技术正朝着以下方面发展。

1. 集成化

　　CAD 技术是企业采用先进制造技术的基础,CAD 集成化系统是 CAD 技术发展的主要趋势之一。集成化是多角度、多层次的,工程设计领域中主要是 CAD /CAE/CAPP/CAM

之间的集成。

2. 标准化

由于早期的 CAD、CAM 软件数据表示格式的不统一,使用不同系统、不同模块间的数据交换难以进行,影响了 CAD/CAM 的集成,因此国际上提出了通用的数据交换规范,使CAD 软件建立在这些标准上,以实现系统的开放性、可移植性、可互联性。标准化成为CAD 的重要发展趋势。

3. 智能化

专家系统是一个运用计算机智能程序,将大量具有专家水平的领域内的知识与经验,通过推理和判断,模拟专家解决问题的方法和过程来解决设计中的问题。将专家系统的技术与传统 CAD 技术结合起来,形成智能化 CAD 系统,已成为 CAD 系统发展的必然趋势。

4. 参数化

随着计算机软硬件技术的飞速发展,CAD 技术从二维平面绘图发展到三维产品建模,产生了三维线框造型、曲面造型以及实体造型技术。引用参数化及变量化设计思想和特征造型成为 CAD 技术的发展方向。新的 CAD 系统增加了参数化和变量化设计模块,使得产品的设计图可以随着某些结构尺寸的修改和使用环境的变化而自动修改图形,这可以减少大量的重复劳动,减轻设计工作量。

5. 网络化

网络技术是计算机技术和通信技术相互渗透而又紧密结合的产物,CAD 技术作为计算机应用的一个重要方面,同样离不开网络技术。当前基于 WEB 的 CAD 技术是 CAD 技术研究领域的又一热点。

1.1.2　交互式计算机绘图软件的发展

在 CAD 技术近 50 年的发展过程中,先后出现了一批优秀的商品化 CAD 软件。在这些 CAD 软件中,由于国外软件出现得较早,开发和应用的时间也较长,所以它们发展比较成熟。二维绘图软件 AutoCAD 自 1982 年问世后,发展迅速,其功能逐渐强大,也是最早进入中国国内市场的软件之一。这些国外软件公司利用其技术和资金的优势,开始大力向我国市场进军。目前,国外一些优秀软件,如 UG、SolidWorks、Pro/Engineer、CATIA、Cimatron 等三维绘图软件,都已在我国具有一定的市场。

我国自主研制的绘图软件起步较晚,但发展迅速,且凭借本土优势,也逐渐具备了与国外软件分庭抗礼的能力。以下是几款较流行的国产 CAD 软件。

1. CAXA 电子图板

CAXA 电子图板是北京北航海尔软件有限公司(原北京航空航天大学华正软件研究

所)从 1998 年开始开发的,是一套高效、方便、智能化的通用中文设计绘图软件,可帮助设计人员进行零件图、装配图、工艺图表、平面包装的设计,适合所有需要二维绘图的场合,使设计人员可以把精力集中在设计构思上,彻底甩掉图板,满足现代企业快速设计、绘图、信息电子化的要求。同时开发的 CAXA ME 是面向机械制造业的自主开发的、中文界面、三维复杂形面 CAD/CAM 软件。目前,最新版本 2010 版也已发布。

2. 高华 CAD

高华 CAD 是由北京高华计算机有限公司推出的 CAD 产品。高华 CAD 系列产品包括计算机辅助绘图支撑系统 GHDrafting、机械设计及绘图系统 GHMDS、工艺设计系统 GHCAPP、三维几何造型系统 GHGEMS、产品数据管理系统 GHPDMS 及自动数控编程系统 GHCAM。其中 GHMDS 是基于参数化设计的 CAD/CAE/CAM 集成系统,它具有全程导航、图形绘制、明细表的处理、全约束参数化设计、参数化图素拼装、尺寸标注、标准件库、图像编辑等功能模块。

3. GS-CAD98

GS-CAD98 是浙江大天电子信息工程有限公司开发的基于特征的参数化造型系统。该软件参照 SolidWorks 的用户界面风格及主要功能开发完成。它实现了三维零件设计与装配设计、工程图生成的全程关联,在任一模块中所做的变更,在其他模块中都能自动地做出相应变更。

4. 金银花系统

金银花(Lonicera)系统是由广州红地技术有限公司开发的基于 STEP 标准的 CAD/CAM 系统。该软件采用面向对象的技术,使用先进的实体建模、参数化特征造型、二维和三维一体化、SDAI 标准数据存取接口技术;具备机械产品设计、工艺规划设计和数控加工程序自动生成等功能,同时还具有多种标准数据接口,如 STEP、DXF 等;支持产品数据管理(PDM)。目前金银花系统的系列产品包括:机械设计平台 MDA、数控编程系统 NCP、产品数据管理 PDS、工艺设计工具 MPP。机械设计平台 MDA 是金银花系列软件之一,是二维和三维一体化设计系统。

5. 开目 CAD

开目 CAD 是华中理工大学(现华中科技大学)机械学院开发的具有自主版权的基于计算机平台的 CAD 和图纸管理软件,它面向工程实际,模拟人的设计绘图思路,操作简便,机械绘图效率比 AutoCAD 高得多。开目 CAD 支持多种几何约束种类及多视图同时驱动,具有局部参数化的功能,能够处理设计中的过约束和欠约束的情况。开目 CAD 实现了 CAD、CAPP、CAM 的集成。

1.1.3　计算机绘图的应用

计算机绘图通过近几十年的发展,已经在电子、机械、航空、建筑、轻工、影视等各行各业得到了广泛的应用,取得了巨大的经济效益和社会效益。其主要的应用领域有:计算机辅助设计与制造(CAD/CAM)、动画制作与系统模拟、地质与气象的勘探与测量、科学技术及事务管理的交互绘图、化工及冶炼等过程控制及系统模拟、电子印刷及办公室自动化、艺术模拟、科学计算的可视化、工业模拟、计算机辅助教学。特别是计算机绘图是计算机辅助设计的重要组成部分和核心内容。其一是因为各个领域内的设计工作,其最后的结果一般都要以"图"的形式来表达;其二,计算机绘图中所包含的三维立体造型技术,是实现先进的计算机辅助设计技术的重要基础。许多设计工作进行时,首先必须构造立体模型,然后进行各种分析、计算及修改,最终定型并输出图纸。所以,要掌握计算机辅助设计技术,首先必须掌握计算机绘图技术。

1.2   计算机绘图系统

计算机绘图系统是计算机硬件、图形输入输出设备、计算机系统软件和图形软件的集合。按通用和专用及平台配置的不同可分为个人计算机(即通用微型机)图形系统和图形工作站两类。

1.2.1   计算机绘图系统的功能和组成

计算机绘图系统一般应具有计算、存储、对话、输入、输出5方面的基本功能。

(1)计算功能   具有形体设计、分析的算法程序库和描述形体的数据库。其中最基本的功能应有点、线、面的表示及其交、并、差运算,几何变换,光、色模型的建立和计算,干涉检测等内容。

(2)存储功能   在计算机的存储器中能存放图形的几何信息及拓扑信息,并能够对图形信息进行实时检索、增加、删除、修改等操作。

(3)对话功能   通过图形显示器直接进行人-机对话,实现在显示屏幕上对图形进行修改、跟踪检索、错误提示等实时操作。

(4)输入功能   把图形设计和绘制过程中所需的有关定位、定形尺寸及必要的参数和命令输入到计算机中去。

(5)输出功能   及时地输出所需的文字、图形、图像等信息。

1.2.2   微型计算机绘图系统

通用微型计算机绘图系统体积小,价格较便宜,用户界面友好,应用广泛,是一种普及型的绘图系统。其绘图系统的硬件组成主要包括主机、显示器、外存储器和软盘、光盘等;图形的输入设备主要包括键盘、鼠标、数字化仪、图形输入板和图形扫描仪等;图形的输出设备主要包括打印机、绘图机等;网络是将若干台独立的计算机通过网线、网卡及网络服务器连接起来,构成一个局部网络系统。

微型计算机绘图系统的基本软件有 Windows 操作系统、程序设计语言及图形软件。

1.2.3 图形工作站系统

图形工作站是具有完整人-机交互界面,集高性能的计算和图形于一身,配置大容量的内存和硬盘,I/O 和网络功能完善,使用多任务多用户操作系统的交互式计算机系统。图形工作站诞生于 20 世纪 80 年代,其中央处理器(CPU)一般为 32 位或 64 位字长,采用精简指令(RISC 处理器芯片,传统计算机采用复杂指令集 CISC)、超标量、超流水线及超长指令技术,工作站采用的主要是 UNIX 操作系统。图形工作站不仅具有字符处理功能,而且有较强的图形处理功能,图形显示器的分辨率在 1024×900 以上,可配置功能齐全的 CAD/CAM 集成化软件(如 Pro/E、UG 等),主要用于工程和产品的设计与绘图、工业模拟和艺术模拟。

目前常见的工作站主要有:美国 Sun 微系统公司于 20 世纪 90 年代推出的 Sun Sparc 工作站,美国 DEC 公司于 1993 年推出的 DEC Alpha 工作站,美国 IBM 公司的 IBM RS/6000 及 SGI 公司的 SGI IRIS 工作站。

1.2.4 图形设备

图形设备分为图形输入设备和图形输出设备两种。

1. 图形输入设备

(1) 键盘 可实现输入字符、数字、命令、程序等操作。

(2) 鼠标 一种移动光标和做选择操作的计算机输入设备,可分为光电式、光机式、机械式三种。机械式鼠标上部有 2~3 个键,底部装有与电位器相连的小球。操作时鼠标沿桌面移动,靠摩擦力使小球转动,带动电位器控制屏幕上的光标移动,从而完成坐标的拾取和操作菜单等功能。

(3) 坐标数字化仪 一种将图形转换成计算机能接受的数字信息的设备,其基本工作原理是采用电磁感应技术。它由一块布满金属栅格阵列的板和一个能够在板上移动、跟踪的电子定位器(如光笔或游标)组成。当定位器在板上移动时,它向计算机发送笔尖或游标中心的坐标数据。

(4) 图形扫描仪 直接把图形(如工程图纸)和图像(如照片)扫描输入到计算机中,以像素信息进行存储表示的设备。其工作原理是:用光源照射原稿,反射光线经过一组光学镜头射到感光器件上,经过模/数转换,可将数字化的图像信息输入到计算机中去。

(5) 光笔 一种检测装置,确切地说是能检测出光的笔。它的外形似一支圆珠笔,笔尖有一小孔,头部装有透镜系统,将收集到的光信号通过光导纤维及光电倍增管转换成电信号。其功能为定位、拾取、笔画跟踪等。

2. 图形输出设备

(1) 图形显示器 常见的图形输出设备多数显示器采用的是标准的阴极射线管(CRT)。阴极射线管的工作指标主要有两条,一是分辨率,二是显示速度。一个阴极射线管在水平和垂直方向能识别出的最大光点数称之为分辨率(亦称之为"像素"pixel)。显然,分辨率越高,显示的图形就会越精细。衡量阴极射线管显示速度的指标一般用每秒显示矢量线段的条数来表示。

图形显示器可以显示字符、程序和图形,有阴极射线管式(CRT)、随机扫描式、存储管式、光栅扫描式和液晶显示式等多种。目前,应用最广泛的是光栅扫描式显示器,多用于台式计算机;而液晶显示器多用于便携式计算机。

(2)绘图机　计算机绘图的硬复制设备。按绘图的原理分,绘图机可分为笔式绘图机和静电绘图机。笔式绘图机有滚筒式和平板式两种。绘图机的作用是把显示器上显示的各种图形绘制在绘图纸上,从而形成工程图样。

(3)打印机　一种常见的图形、文字输出设备,按工作原理可分为撞击式和非撞击式。前者又称为针式打印机,特点是打印成本低,但噪声大。非撞击式打印机有喷墨打印机、激光打印机等,打印速度快、噪声低、打印效果好,但打印成本较高。

第 2 章

AutoCAD 2010 入门

2.1 启动和退出 AutoCAD 2010

1. 启动 AutoCAD 2010

AutoCAD 2010 安装好之后，便可启动使用。AutoCAD 2010 的启动方法有很多，在 Windows 或 Windows NT 下，通常采取的启动方法有以下几种。

（1）在 Windows 桌面上直接双击 AutoCAD 2010 中文版快捷按钮 。

（2）在 Windows 桌面上直接右击 AutoCAD 2010 中文版快捷按钮 ，弹出如图 2-1 所示的菜单，单击"打开"选项。

（3）单击 开始 按钮，然后选择"程序"选项下的"Autodesk"程序组，选择该程序组中"AutoCAD 2010-Simplified Chinese"程序组，然后再选择该程序组中的"AutoCAD 2010"程序，单击即可，如图 2-2 所示。

图 2-1　在 Windows 桌面启动
AutoCAD 2010

2. 退出 AutoCAD 2010

要退出 AutoCAD 2010，有下列几种方法：

（1）直接单击 AutoCAD 2010 主窗口右上角的关闭按钮 。

（2）直接双击 AutoCAD 2010 主窗口左上角的菜单浏览器按钮 。

（3）单击 AutoCAD 2010 主窗口左上角的菜单浏览器按钮 ，单击 退出 AutoCAD 按钮。

（4）在"命令"提示符下输入"Exit"或"Quit"。

（5）单击菜单【文件】，选择 退出(X)　　　Ctrl+Q 选项。

如果图形自上次存储之后未作变动，则在退出 AutoCAD 2010 时都将直接退出当前图形。如果图形已被改变，则 AutoCAD 2010 弹出一个系统提示对话框，如图 2-3 所示，提示用户在退出 AutoCAD 2010 前保存或放弃所进行的操作。

图 2-2　在开始程序菜单中启动 AutoCAD 2010

图 2-3　系统提示对话框

2.2　AutoCAD 2010 用户界面

　　启动 AutoCAD 2010 中文版后，将弹出如图 2-4 所示的对话框。选择单选 ◎ 是 按钮，然后单击 确定 按钮，会弹出"新功能专题研习"对话框，如图 2-5 所示，此时可以单击其中的选项，学习 AutoCAD 2010 的新功能。

　　在图 2-4 所示的对话框中选择 ◎ 以后再说 按钮或者 ◎ 不，不再显示此消息 按钮，然后单击 确定 按钮，可直接弹出 AutoCAD 2010 工作界面，如图 2-6 所示。

2.2.1　AutoCAD 2010 工作空间

　　AutoCAD 2010 界面是通过工作空间来组织实现的。AutoCAD 2010 安装后，即生成

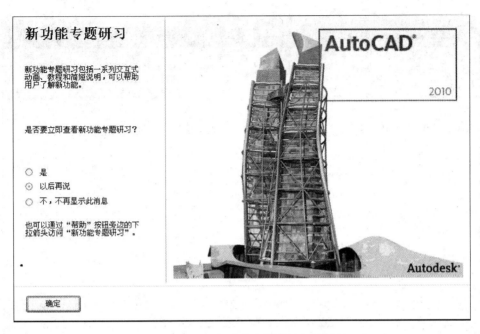

图 2-4　启动"新功能专题研习"对话框

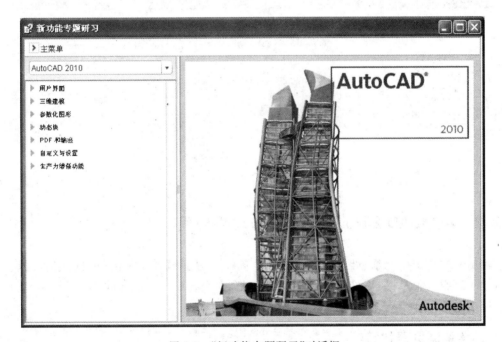

图 2-5　"新功能专题研习"对话框

了"二维草图与注释"、"三维建模"、"AutoCAD 2010 经典"和"初始设置工作空间"4 个预设的工作空间。通过单击主窗口下方状态栏上的"切换工作空间"按钮 ，可切换工作空间，如图 2-7 所示。本书将主要介绍 AutoCAD 2010"二维草图与注释"工作空间的相关功能和操作。

图 2-6　AutoCAD 2010 工作界面("二维草图与注释")

图 2-7　工作空间的切换

2.2.2　AutoCAD 2010 二维草图与注释空间

AutoCAD 2010"二维草图与注释"工作空间用户界面包括菜单浏览器按钮、快速访问工具栏、标题栏、菜单栏、绘图窗口、功能区选项板、命令行窗口、文本窗口、工具栏、状态栏和布局选项卡等内容。

1. 菜单浏览器按钮

菜单浏览器按钮 位于工作界面左上角。单击 按钮,将弹出 AutoCAD 菜单,如图 2-8 所示,其中包含了 AutoCAD 2010 的大部分常用功能和命令。

打开菜单浏览器按钮 的菜单,在上方的"搜索"文本框中输入关键字,然后单击 按钮,就可以显示与关键字相关的命令。

2. 快速访问工具栏

　　AutoCAD 2010 的快速访问工具栏中包括最常用操作的快捷按钮，方便用户使用。AutoCAD 2010 的快速访问工具栏在默认状态下包含新建按钮 、打开按钮 、保存按钮 、打印按钮 、放弃按钮 和重做按钮 6 个快捷按钮。

　　如果想在快速访问工具栏中添加或删除其他按钮，可以右击快速访问工具栏，在弹出的快捷菜单中选择"自定义快速访问工具栏"命令，在弹出的"自定义用户界面"对话框中进行设置。或者单击快速访问工具栏中的 按钮，弹出"自定义快速访问工具栏"快捷菜单，如图 2-9 所示，在其中勾选或删除相应的项目即可。

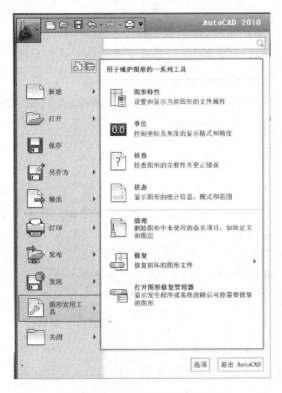

图 2-8　【菜单浏览器】按钮的菜单　　　　　图 2-9　"自定义快速访问工具栏"菜单

3. 标题栏

　　标题栏位于应用程序窗口的上部，显示当前正在运行的应用程序及当前图形文件的名称等信息，标题栏如图 2-10 所示。

图 2-10　AutoCAD 2010 标题栏

　　标题栏的信息中心提供了多种信息来源。在标题栏右侧的文本框中输入需要帮助的问题或需要查询的信息，单击"搜索"按钮 ，就可以获取在多个搜索位置搜索到的结果信息;单击"通信中心"按钮 ⊠,用户可以获取产品的更新和产品支持通告;单击"收藏夹"按钮 ☆,可以保存一些重要信息及读取已保存的内容。

单击标题栏最右端的 ▭▭☒ 按钮,可以最小化、最大化或者关闭应用程序主窗口。

4. 菜单栏

AutoCAD 2010 在默认状态下菜单栏是隐藏的,即程序主窗口是不显示菜单栏的,用户可以在图 2-9 所示的"自定义快速访问工具栏"菜单中单击"显示菜单栏"选项打开菜单栏,也可以单击"隐藏菜单栏"选项将菜单栏隐藏。

AutoCAD 2010 的标准菜单栏有 12 个主菜单项,如图 2-11 所示,它包含了控制程序运行的大部分常用功能和命令。单击下拉菜单标题时,会在标题下出现菜单项列表。要选择某个菜单项,先将光标移到该菜单项上,使其加亮显示,然后单击即可。菜单项后面有"…"符号的,表示选中该菜单项时将会引出一个对话框。菜单项右边有一黑色小三角符号的,表示该菜单项有一个级联子菜单。

| 文件(F) | 编辑(E) | 视图(V) | 插入(I) | 格式(O) | 工具(T) | 绘图(D) | 标注(N) | 修改(M) | 参数(P) | 窗口(W) | 帮助(H) | — ▫ × |

图 2-11　AutoCAD 2010 的标准菜单栏

5. 绘图窗口

绘图窗口是显示、绘制、编辑图形对象的区域。用户可以根据需要关闭其他窗口元素(例如工具栏、选项板等)以增大绘图空间,也可以单击窗口右边与下边滚动条上的箭头或者拖动滚动条上的滑块来移动图纸。AutoCAD 2010 在此窗口中显示表示当前工作点的光标,当移动鼠标时,光标将跟随鼠标移动。光标在不同的状态下,将分别显示为十字、拾取框、虚线框和箭头等样式,例如,当命令行提示选择一个点时,光标变为十字形;当需要在屏幕上拾取一个对象时,光标变为拾取框。在绘图窗口中还显示当前使用的坐标系类型以及坐标原点,X 轴、Y 轴、Z 轴的方向等,默认情况下,坐标系为世界坐标系(WCS)。

6. 功能区选项板

AutoCAD 2010 的功能区选项板位于绘图窗口的上方,用于显示与基本任务的工作空间关联的按钮和控件。在"二维草图与注释"空间中,功能区选项板包含常用、插入、注释、参数化、视图、管理及输出 7 个选项卡。每个选项卡包含若干个面板,每个面板又由许多由图标表示的命令按钮组成,功能区选项板如图 2-12 所示。

图 2-12　功能区选项板

如果某个面板没有足够的空间显示所有的工具按钮,单击下方的 ▾ 按钮,可展开折叠区域,以显示其他相关的命令按钮,如图 2-13 所示为单击【常用】选项卡中【修改】面板右下方的 ▾ 按钮所显示的效果。

单击选项卡中的“最小化为面板标题”按钮▣，选项板区域将只显示面板标题，如图 2-14 所示。再次单击该按钮，选项板将只显示选项卡名称，如图 2-15 所示。再次单击该按钮，功能区选项板将恢复图 2-12 所示的默认样式。

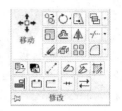

移动
修改

图 2-13　展开【修改】面板

7. 命令行窗口

AutoCAD 2010 的命令行窗口位于绘图窗口的底部，是用户通过键盘输入命令和 AutoCAD 2010 显示提示符和信息的地方。用户可以通过鼠标改变窗口的大小，一般显示三行为宜。命令行窗口可以拖放为浮动窗口，如图 2-16 所示。

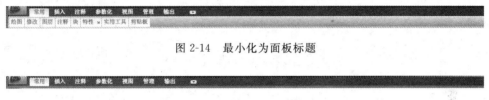

常用 插入 注释 参数化 视图 管理 输出
绘图 修改 图层 注释 块 特性 实用工具 剪贴板

图 2-14　最小化为面板标题

常用 插入 注释 参数化 视图 管理 输出

图 2-15　最小化为选项卡

处于浮动状态的命令行窗口随拖放位置不同，其标题显示的方向也不同，如图 2-16 所示的命令行窗口是靠近绘图窗口左边时的显示情况，图 2-17 所示的状态则是将命令行窗口拖放到绘图窗口的右边时的显示情况。

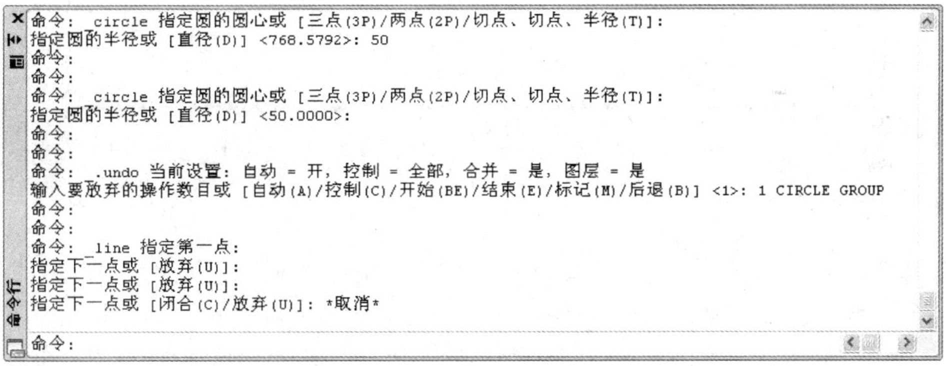

命令: _circle 指定圆的圆心或 [三点(3P)/两点(2P)/切点、切点、半径(T)]:
指定圆的半径或 [直径(D)] <768.5792>: 50
命令:
命令:
命令: _circle 指定圆的圆心或 [三点(3P)/两点(2P)/切点、切点、半径(T)]:
指定圆的半径或 [直径(D)] <50.0000>:
命令:
命令:
命令: _.undo 当前设置: 自动 = 开, 控制 = 全部, 合并 = 是, 图层 = 是
输入要放弃的操作数目或 [自动(A)/控制(C)/开始(BE)/结束(E)/标记(M)/后退(B)] <1>: 1 CIRCLE GROUP
命令:
命令:
命令: _line 指定第一点:
指定下一点或 [放弃(U)]:
指定下一点或 [放弃(U)]:
指定下一点或 [闭合(C)/放弃(U)]: *取消*
命令:
命令行

图 2-16　AutoCAD 2010 命令行窗口

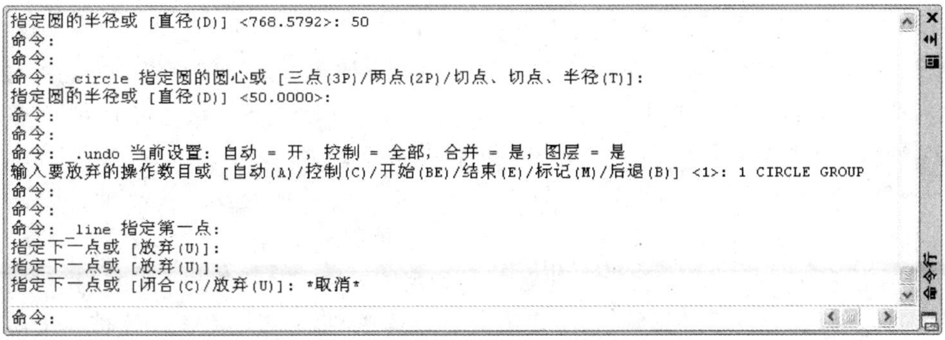

指定圆的半径或 [直径(D)] <768.5792>: 50
命令:
命令:
命令: _circle 指定圆的圆心或 [三点(3P)/两点(2P)/切点、切点、半径(T)]:
指定圆的半径或 [直径(D)] <50.0000>:
命令:
命令:
命令: _.undo 当前设置: 自动 = 开, 控制 = 全部, 合并 = 是, 图层 = 是
输入要放弃的操作数目或 [自动(A)/控制(C)/开始(BE)/结束(E)/标记(M)/后退(B)] <1>: 1 CIRCLE GROUP
命令:
命令:
命令: _line 指定第一点:
指定下一点或 [放弃(U)]:
指定下一点或 [放弃(U)]:
指定下一点或 [闭合(C)/放弃(U)]: *取消*
命令:
命令行

图 2-17　命令行窗口位于绘图窗口右边

8. 文本窗口

命令窗口也可以变成文本窗口。文本窗口是记录 AutoCAD 命令的窗口,也可以说是放大的命令窗口,AutoCAD 2010 文本窗口如图 2-18 所示。在文本窗口中,用户可以查看已执行过了的命令记录,也可以用来输入新命令。执行下拉菜单【视图】|【显示】|【文本窗口】,或在"命令"提示符下输入"textscr"均可以打开文本窗口。按快捷键 F2 可以在命令窗口和文本窗口之间切换。

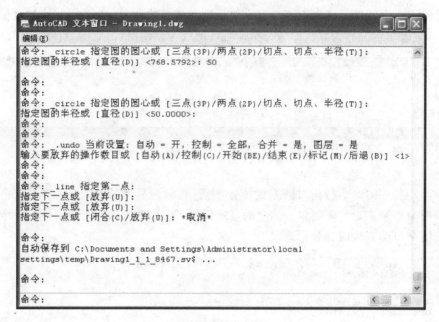

图 2-18   AutoCAD 2010 文本窗口

9. 工具栏

工具栏是一种输入命令的简便工具,是一组图标性工具的集合,它提供了 AutoCAD 2010常用命令的快捷方法,工具栏上由图标表示的工具包含了绘图命令,单击图标按钮就可激活相应的 AutoCAD 命令。默认状态下,AutoCAD 2010 工具栏处于隐藏状态,用户可以通过单击菜单栏中【工具】|【工具栏】|【AutoCAD】选项,调出 AutoCAD 2010 工具栏,如图 2-19所示。

选择 AutoCAD 2010 工具栏中相应的工具名选项,该工具名所对应的工具栏则浮动出现在窗口中,如图 2-20 所示,可单击工具条右上方的 ☒ 按钮关闭该工具栏。将光标移动到标题区,按住左键可拖动该工具栏在屏幕上自由移动,当拖动到图形区边界时,则工具栏变成固定状态,多条工具栏可以排列在图形区边界,如图 2-21 所示。

右击任意一个工具栏,可以弹出工具栏快捷菜单,如图 2-22 所示。用户可以在工具栏的名称列表中勾选或取消勾选某些工具栏选项,从而控制某工具栏在窗口中是否显示。

为防止用户误操作,AutoCAD 2010 新增了锁定和解锁工具栏的命令,单击窗口右下方状态栏中的 🔒 按钮,可以锁定(解锁)全部或部分工具栏,使工具栏不会出现被误关闭或误移动的现象。

图 2-19   AutoCAD 2010 工具栏

图 2-20   浮动状态的工具栏

用户还可以根据需要,通过菜单栏【工具】|【自定义】|【界面...】选项自定义工具栏。工具栏自定义可以仅仅在绘图区域中放置工具栏或调整工具栏大小,以便获得最佳绘图效率或最大绘图空间。另外,用户还可以创建和修改工具栏、添加命令和控件元素,以及创建和编辑工具栏按钮。

10. 状态栏

AutoCAD 2010 状态栏位于屏幕的底部,由当前光标坐标值和一些 AutoCAD 常用辅助绘图工具按钮组成,AutoCAD 2010 状态栏如图 2-23 所示。

默认状态下,状态栏左侧显示光标 X、Y、Z 坐标值;状态栏中部有 10 个状态转换按钮,它们分别是:捕捉按钮、栅格按钮、正交按钮、极轴按钮、对象捕捉按钮、对象追踪按钮、DUCS 按钮、DYN 按钮、线宽按钮、快捷特性按钮。状态栏右侧还

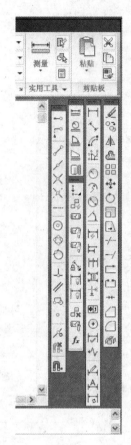

图 2-21　排列的工具栏	图 2-22　由工具栏调出快捷菜单

图 2-23　AutoCAD 2010 状态栏

有注释比例按钮 $\boxed{\text{1:1}\blacktriangledown}$ 、注释可见性按钮 、自动缩放按钮 3 个图形状态按钮以及模型按钮 $\boxed{\text{模型}}$ 、快速查看布局按钮 、快速查看图形按钮 、平移按钮 、缩放按钮 、Srteewheel 按钮 、ShowMotion 按钮 、切换工作空间按钮 $\boxed{\text{二维草图与注释}\blacktriangledown}$ 、锁定按钮 、状态栏菜单按钮 、全屏显示按钮 等 AutoCAD 2010 辅助绘图工具按钮。

　　按钮可以图标形式显示，也可以不用图标，通过单击鼠标右键，从弹出的快捷菜单中选择选项进行切换，图 2-24 所示为右击状态栏"对象捕捉"按钮弹出的快捷菜单。右击状态栏无按钮区可弹出"状态栏菜单"，用户可通过勾选相应选项修改在状态栏中显示的辅助绘图工具按钮，如图 2-25 所示。用户也可以通过单击右下方的下拉箭头 获取"状态栏菜单"。

图 2-24　"对象捕捉"快捷菜单

图 2-25　右击状态栏无按钮区

11. 布局选项卡

AutoCAD 2010 布局选项卡位于绘图窗口的左下方,如图 2-26 所示。布局选项卡包含有模型空间(Model)标签和布局空间(Layout)标签。通过这些标签,用户可以非常方便、快捷地在模型空间和图纸空间之间切换。通常,用户应该在模型空间中进行设计,而在图纸空间中创建布局以输出图形。

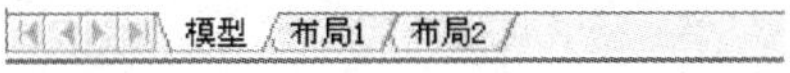

图 2-26　AutoCAD 2010 布局选项卡

2.3　图形文件的管理

1. 创建新文件

在 AutoCAD 2010 中创建新文件,有以下几种常用方法:

(1) 单击菜单浏览器按钮 ，在弹出的菜单中选择【新建】|【图形】选项。

(2) 单击快速访问工具栏中的"新建"按钮 。

(3) 选择菜单栏中的【文件】|【新建】选项。

(4) 利用键盘快捷键"Ctrl +N"新建文件。

(5) 在"命令"提示符下输入"new"。

激活新建命令之后,在默认情况下 AutoCAD 2010 将显示"选择样板"对话框,如图 2-27 所示。

用户可以在"选择样板"对话框中的样板列表框中选中某一个样板文件,对话框右侧的"预览"框中将显示该样板的预览图像,单击 打开(O) 按钮,可以创建出以样板文件作为样板的新图形。图 2-28 是以样板文件 tutorial-mMfg 为样板建立的新图形。样板文件中通常包含图层、线型、文字样式等与绘图相关的一些通用设置。使用样板创建新图形不仅提高了绘图效率,而且保证了图形的一致性。

图 2-27 "选择样板"对话框

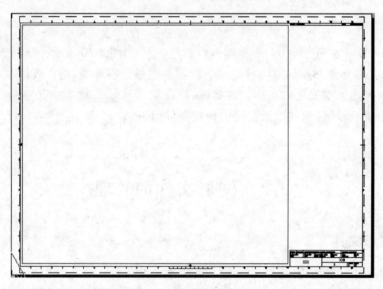

图 2-28 创建新图形文件

2. 打开图形文件

在 AutoCAD 2010 中打开图形文件,有以下几种常用方法:

(1) 单击菜单浏览器按钮，在弹出的菜单中选择【打开】|【图形】选项;

(2) 单击快速访问工具栏中的"打开"按钮；

(3) 选择菜单栏中的【文件】|【打开】选项;

(4) 利用键盘快捷键"Ctrl +O"打开文件;

(5) 在"命令"提示符下输入"open"。

激活打开命令之后，在默认情况下 AutoCAD 2010 将显示"选择文件"对话框，如图 2-29 所示。

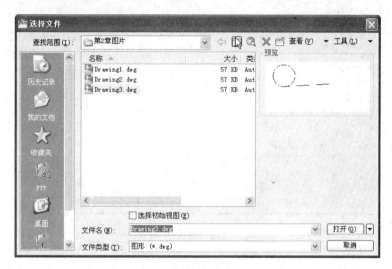

图 2-29　"选择文件"对话框

在"选择文件"对话框的文件列表框中，需要打开的图形文件，右侧的"预览"框中将显示该图形的预览图像。在默认情况下，打开的图形文件格式都为 ∗.dwg 格式。图形文件可以以"打开"、"以只读方式打开"、"局部打开"和"以只读方式局部打开"4 种方式打开。若以"打开"和"局部打开"两种方式打开图形文件，用户可以对图形文件进行编辑；若以"以只读方式打开"和"以只读方式局部打开"两种方式打开图形文件，用户则不能对图形文件进行编辑。

3. 保存图形文件

在 AutoCAD 2010 中，可以使用多种方式将图形以文件格式进行存盘。常用的图形文件保存方法有以下几种：

（1）单击菜单浏览器按钮，在弹出的菜单中选择【保存】选项；

（2）单击快速访问工具栏中的"保存"按钮；

（3）选择菜单栏中的【文件】|【保存】选项；

（4）利用键盘快捷键"Ctrl ＋S"保存文件；

（5）在"命令"提示符下输入"save"。

以上 5 种文件保存方式均是以当前使用的文件名称保存图形。以下几种文件保存方式则可以打开图 2-30 所示的"图形另存为"对话框，图形文件可以以新的文件名称和新的保存途径进行保存：

（1）单击菜单浏览器按钮，在弹出的菜单中选择【保存】|【另存为】选项；

（2）选择菜单栏中的【文件】|【另存为】选项；

（3）利用键盘快捷键"Ctrl ＋Shift ＋S"保存文件；

（4）在"命令"提示符下输入"saveas"。

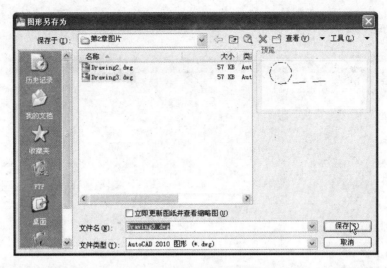

图 2-30　"图形另存为"对话框

默认状态下,在 AutoCAD 2010 中图形文件以 *.dwg 格式保存,也可以在"文件类型"下拉列表框中选择其他格式。

在 AutoCAD 2010 中,对重要或机密图形文件进行保存时,可以使用密码保护功能对文件进行加密保存。在图 2-30 所示的"图形另存为"对话框中选择【工具】|【安全选项】命令,弹出"安全选项"对话框,如图 2-31 所示。在【密码】选项卡中,可以在"用于打开此图形的密码或短语"文本框中输入密码,然后单击 确定 按钮弹出如图 2-32 所示的"确认密码"对话框,在"再次输入用于打开此图形的密码"文本框中输入确认密码。

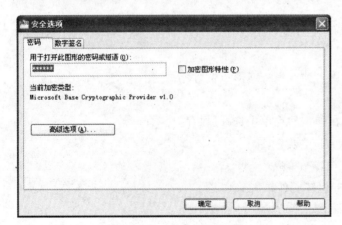

图 2-31　"安全选项"对话框

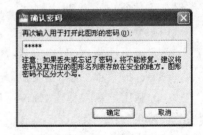

图 2-32　"确认密码"对话框

为所保存文件设置密码以后,在打开该文件时系统将弹出"密码"对话框,如图 2-33 所示。只有在文本框中输入正确的密码才能打开该图形文件。

在对保存文件进行加密设置时,可以选择 40 位、48 位、56 位等多种长度作为加密长度。在如图 2-31 所示的【密码】选项卡中单击  按钮,再打开的"高级选项"对话框中进行相关设置,如图 2-34 所示。

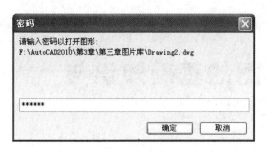

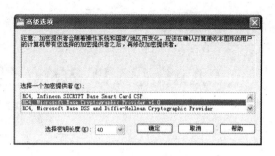

图 2-33　"密码"对话框　　　　　图 2-34　"高级选项"对话框

习　　题

2-1　如何启动、退出 AutoCAD 2010？

2-2　简述 AutoCAD 2010 用户界面的组成。

2-3　怎样新建、打开、保存（加密保存）一个 AutoCAD 2010 图形文件？

第3章

AutoCAD 2010 绘图的基础知识与绘图环境

3.1 坐标系统与数据输入

在绘图过程中常常需要使用某个坐标系作为参照。在 AutoCAD 中，坐标是基础，所有点的选择、线的定位都是靠坐标来完成的。

3.1.1 世界坐标系（WCS）与用户坐标系（UCS）

AutoCAD 2010 提供了两种主要的坐标系：一种为固定位置的世界坐标系（WCS），另一种为可移动的用户坐标系（UCS）。

当进入 AutoCAD 2010 的界面时，系统默认的坐标系统是世界坐标系。AutoCAD 2010"二维草图与注释"工作空间中，坐标系图标中标明了 X 轴和 Y 轴的正方向，原点位于图形窗口左下角，世界坐标系（WCS）如图 3-1 所示。

为了方便用户使用特定的坐标原点和坐标方向，用户可在 AutoCAD 2010 中创建属于自己的用户坐标系（UCS）。默认状态下，用户坐标系和世界坐标系是重合的。用户坐标系图标如图 3-2 所示，使用此坐标系比较灵活，它对于输入坐标、绘制平面和设置视图非常有用。

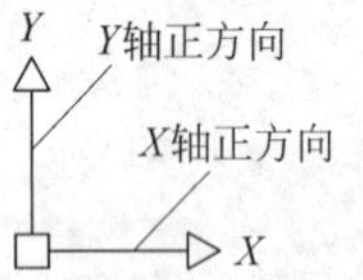

图 3-1 世界坐标系图标

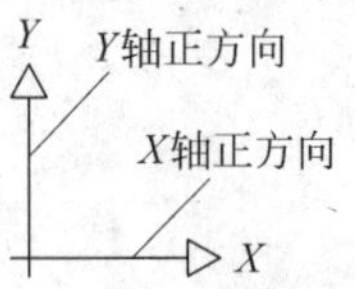

图 3-2 用户坐标系图标

要设置 UCS，可在快速访问工具栏中选择【显示菜单栏】命令，在弹出的菜单栏中选择【工具】菜单中的【命名 UCS】和【新建 UCS】命令及其子命令，或在功能区选项板中选择【视图】选项卡，在【坐标】面板中选择相应的用户坐标类型。

例如，要在图 3-3 中的圆心 O 点位置建立用户坐标系，只需选择【菜单栏】|【新建 UCS】|【原点】命令，单击圆心 O 点，此时世界坐标系即变为用户坐标系并移动到 O 点，O 点也成为所建用户坐标系的原点，如图 3-4 所示。

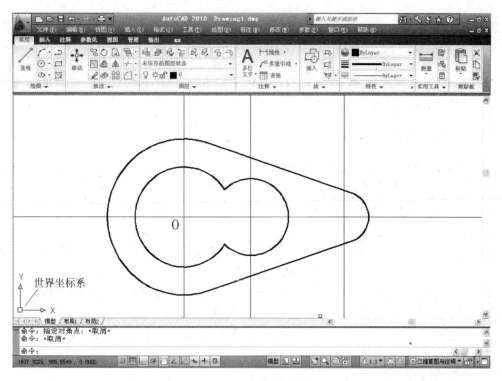

图 3-3　默认状态下，WCS 的原点位于窗口左下方

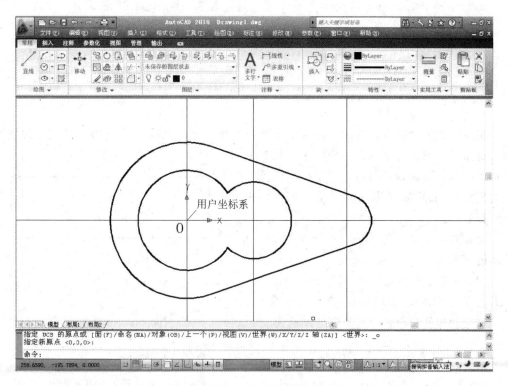

图 3-4　新建 UCS 的原点位于 O 点

3.1.2　坐标输入方法

在 AutoCAD 2010"二维草图与注释"工作空间中,点的坐标输入方法可以使用直角坐标输入和极坐标输入两种类型。

1. 直角坐标输入

在直角坐标输入方法中,用户可以通过键盘输入 X、Y 值来确定某个点的位置,数值可以用分数、小数或科学计数法来表示,数值之间用逗号隔开。直角坐标输入方法又可分为绝对直角坐标输入和相对直角坐标输入。

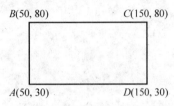

图 3-5　矩形图

1) 绝对直角坐标输入

绝对直角坐标输入是指通过点到坐标系中互相垂直的坐标轴的距离来确定点的位置。

例如,已知某点的 X 坐标值为 50,Y 坐标值为 30,执行点的坐标输入为:50,30。

用绝对直角坐标输入方法来绘制如图 3-5 所示的矩形。

单击绘制直线命令按钮,命令行提示为:

命令:_line 指定第一点:50,30↙　　　　　　/输入 A 点的绝对坐标值。
指定下一点或 [放弃(U)]:50,80↙　　　　　/输入 B 点的绝对坐标值。
指定下一点或 [放弃(U)]:150,80↙　　　　/输入 C 点的绝对坐标值。
指定下一点或 [闭合(C)/放弃(U)]:150,30↙　/输入 D 点的绝对坐标值。
指定下一点或 [闭合(C)/放弃(U)]:50,30↙　/输入 A 点的绝对坐标值,这时图形封闭。
指定下一点或 [闭合(C)/放弃(U)]:↙　　　　/按 Enter 键结束命令。

2) 相对直角坐标输入

相对直角坐标输入是指通过点到坐标系中某个固定的点的相对距离来确定点的位置。相对直角坐标输入与绝对直角坐标输入的方法基本相同,只不过 X、Y 轴的坐标是相对于前一点的坐标差,并且要在输入坐标值的前面加上"@"符号。

用相对直角坐标输入方法来绘制如图 3-6 所示的矩形。

图 3-6 中知道 A 点的绝对直角坐标值,B、C、D 点的坐标值就可以用相对直角坐标输入。

按绘制直线命令钮,命令行提示为:

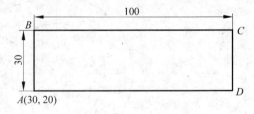

图 3-6　标注尺寸的矩形

命令:_line 指定第一点:30,20↙　　　　　　/输入 A 点坐标。
指定下一点或 [放弃(U)]:@0,30↙　　　　　/输入 B 点相对于 A 点的坐标值。
指定下一点或 [放弃(U)]:@100,0↙　　　　/输入 C 点相对于 B 点的坐标值。
指定下一点或 [闭合(C)/放弃(U)]:@0,-30↙　/输入 D 点相对于 C 点的坐标值。
指定下一点或 [闭合(C)/放弃(U)]:C↙　　　/输入字母 C 并按 Enter 键封闭图形。

"@0,30"中的"0"是 B 点的 X 坐标与 A 点的 X 坐标之差,"30"是 B 点的 Y 坐标与 A 点的 Y 坐标之差。此例通过相对直角坐标输入确定点非常方便,但要特别注意相对坐标的输入以及相对坐标值的算法,另外要注意坐标值的正负号问题。

2. 极坐标输入

极坐标输入是通过某点到坐标系原点的距离以及其在 XY 平面上相对于 X 轴的角度来表示二维平面上点的位置,两个数值之间用符号"<"隔开。默认状态下,角度按逆时针方向增大,按顺时针方向减小。极坐标输入方法又可分为绝对极坐标输入和相对极坐标输入。

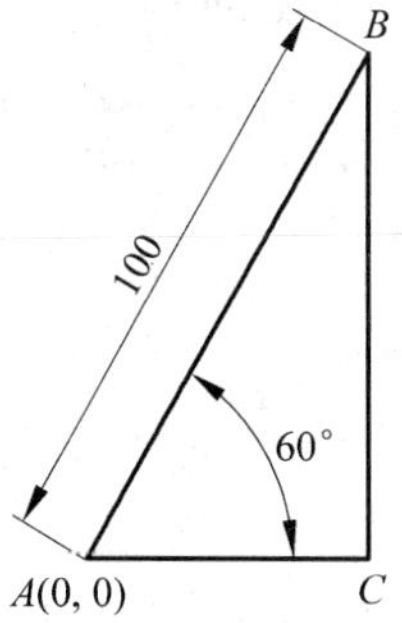

1) 绝对极坐标输入

绝对极坐标由极半径和极角构成,点的绝对极坐标的极半径是该点与原点之间的距离,极角是该点与原点的连线与 X 轴正方向的夹角,逆时针方向为正。在 AutoCAD 2010 中绝对极坐标按"极半径<极角"格式输入。

图 3-7　直角三角形

用绝对极坐标输入方法来绘制如图 3-7 所示的直角三角形。

单击绘制直线命令按钮 ✎,命令提示为:

```
命令:_line 指定第一点:0,0 ↙              /输入 A 点的绝对坐标值。
指定下一点或 [放弃(U)]:100<60 ↙          /输入 AB 的长度及夹角 60°。
指定下一点或 [放弃(U)]:50<0 ↙            /输入 AC 的长度及夹角 0°。
指定下一点或 [闭合(C)/放弃(U)]:C ↙       /输入字母 C 并按 Enter 键封闭三角形。
```

注意:输入时,应该输入绘制点与原点之间连线的长度和连线与 X 轴正方向的夹角,中间必须用半角的"<"隔开。在 AutoCAD 中,系统默认设置的 0° 是 X 轴的正方向,逆时针旋转为正值;反之,为负值。

2) 相对极坐标输入

相对极坐标输入要在输入坐标值的前面加"@"符号。输入点的相对极坐标是该点与前一点连线的长度以及该连线与 X 轴正向的夹角。

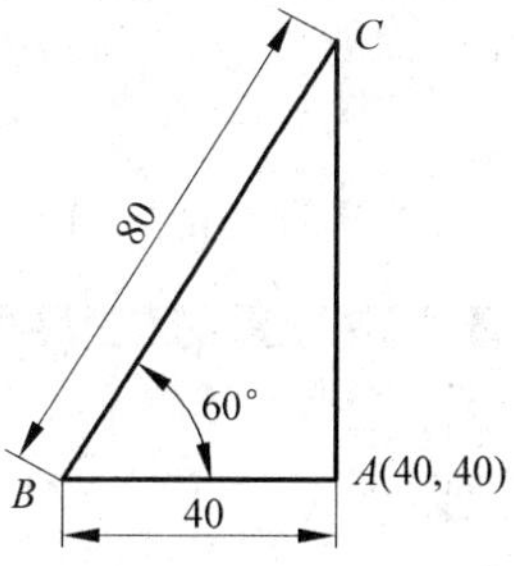

用相对极坐标输入方法来绘制如图 3-8 所示的直角三角形。

按绘制直线命令钮 ✎,命令行提示:

图 3-8　30° 直角三角形

```
命令:_line 指定第一点:40,40 ↙            /输入 A 点坐标值。
指定下一点或 [放弃(U)]:@40<180 ↙         /输入 B 点相对于 A 点的长度及夹角。
指定下一点或 [放弃(U)]:@80<60 ↙          /输入 C 点相对于 B 点的长度及夹角。
指定下一点或 [闭合(C)/放弃(U)]:C ↙       /输入字母 C 并按 Enter 键封闭图形。
```

3.1.3　创建与使用用户坐标系

在 AutoCAD 2010"二维草图与注释"工作空间中,用户可以很方便地创建和命名用户坐标系(UCS)。

1. 创建用户坐标系

创建用户坐标系的方法有很多,下边是最常用的两种创建 UCS 的方法:

(1) 选择菜单栏中的【工具】|【新建 UCS】命令的子命令,如图 3-9 所示。

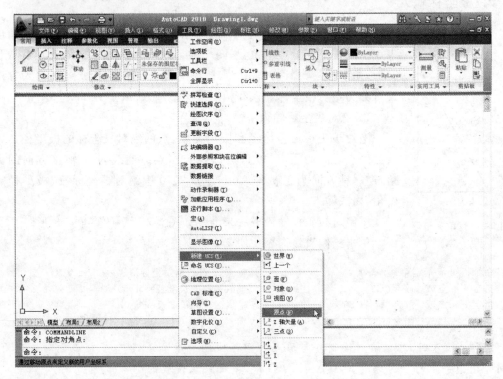

图 3-9　【工具】中【新建 UCS】命令

(2) 选择功能区选项板的【视图】选项卡,在 UCS 面板中单击相应的按钮,如图 3-10 所示。

图 3-10　功能区选项板的
【视图】选项卡

在【新建 UCS】选项中包括世界、上一个、面、对象、视图、原点、Z 轴矢量、三点和 $X/Y/Z$ 命令,其意义分别如下。

世界命令(按钮 ▣):从当前的坐标系恢复到世界坐标系。世界坐标系(WCS)是所有用户坐标系的基准,不能被重新定义。

上一个命令(按钮 ▣):从当前的坐标系恢复到上一个坐标系。

面命令(按钮 ▣):将用户坐标系与实体上的选定面对齐。

对象命令(按钮 ▣):根据选取的对象快速简单地建立用户坐标系,使对象位于新的 XY 平面,其中 X 轴和 Y 轴的方向取决于选择的对象类型。

视图命令(按钮 ▣):以垂直于观察方向的平面为 XY 平面,建立新的坐标系,用户坐标系的原点保持不变。

原点命令(按钮 ▣):移动当前坐标系的原点,保持 X、Y、Z 三个坐标轴的方向不变,定义新的用户坐标系。

Z 轴矢量命令(按钮 )：用特定的 Z 轴正半轴定义新的用户坐标系。需要选择两点，分别用于确定新的 UCS 的原点和 Z 轴正向，XY 平面垂直于所确定的 Z 轴。

三点命令(按钮)：在三维空间的任意位置指定三点，确定新的用户坐标系的原点及 X 轴和 Y 轴的正方向，Z 轴由右手定则确定。

X/Y/Z 命令(按钮 / /)：旋转当前的坐标系坐标轴来建立新的用户坐标系。

2. 命名用户坐标系

(1) 选择菜单栏中的【工具】|【命名 UCS】命令。

(2) 选择功能区选项板的【视图】选项卡，在 UCS 面板中单击"未命名"按钮 。打开"UCS"对话框，选择【命名 UCS】选项卡，如图 3-11 所示。

在"当前 UCS"列表中选择所要使用的坐标系，单击 置为当前(C) 按钮，可将其置为当前坐标系，此时该坐标系名称前将显示标记。用户也可单击 详细信息(T) 按钮，在"UCS 详细信息"对话框中查看坐标系的详细信息，如图 3-12 所示。

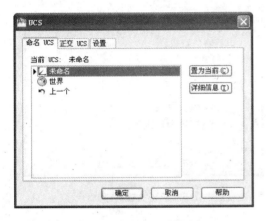

图 3-11　【命名 UCS】选项卡

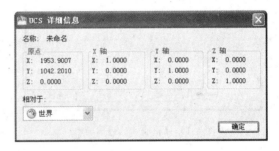

图 3-12　"UCS 详细信息"对话框

此外，在"当前 UCS"列表中的坐标系选项上右击，将弹出一个如图 3-13 所示的快捷菜单，可以重命名坐标系、删除坐标系或将该坐标系置为当前坐标系。

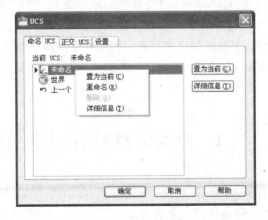

图 3-13　右击坐标系选项弹出的快捷菜单

3. 使用正交 UCS

在"UCS"对话框中,选择【正交 UCS】选项卡,在【正交 UCS】选项卡中可以选择所要使用的正交坐标系以及定义其所用的基准坐标系。【正交 UCS】选项卡如图 3-14 所示。

"当前 UCS"列表用来选择需要使用的正交坐标系。【名称】是根据坐标系观察角度命名的,包括俯视、仰视、前视、后视、左视和右视等;【深度】表示正交 UCS 的 XY 平面与通过坐标系统变量指定的坐标系统原点平行平面之间的距离。

"相对于"下拉列表框用于指定定义正交 UCS 的基准坐标系。

4. 设置 UCS

在"UCS"对话框中,选择【设置】选项卡,可以对 UCS 图标和 UCS 进行设置。【设置】选项卡如图 3-15 所示。

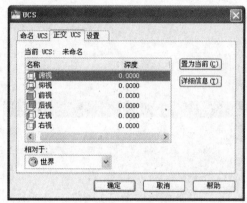

图 3-14 【正交 UCS】选项卡

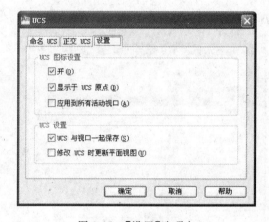

图 3-15 【设置】选项卡

【UCS 图标设置】用来设置当前视口的 UCS 图标的开闭、原点的显示状态以及应用情况。其中【开】复选框指定当前视口的 UCS 图标的开闭;【显示于 UCS 原点】复选框用来确定当前视口的 UCS 显示在原点还是显示在视口的左下角,选中该项 UCS 图标将显示在坐标系的原点位置;【应用到所有活动视口】复选框用来指定是否将 UCS 图标应用到当前图形中的所有活动视口。

【UCS 设置】用来设置 UCS 的保存和修改。【UCS 与视口一起保存】复选框用来指定坐标系设置是否与视口一起保存;【修改 UCS 时更新平面视图】复选框用来指定在修改视口中的坐标系时是否恢复平面视图。

3.2 命令的执行与操作

AutoCAD 2010 拥有强大的作图功能,而利用 AutoCAD 2010 进行作图操作时需要向系统提供命令,系统才能按照输入的命令进行操作。

命令的输入方法有很多,常用的输入命令方法有以下 5 种。

1. 单击命令按钮法

单击命令按钮法是指在绘图时直接从工具栏或者功能区选项板中单击相应的按钮来向系统提供命令。单击命令按钮法是 AutoCAD 2010 绘图最常用的方法。例如,绘制直线可以直接单击绘图工具栏中的【直线】命令 ╱ 按钮;要实现倒角操作,可以直接单击功能区选项板的【修改】选项卡【倒角】命令 ▱ 按钮。

2. 下拉菜单法

有时为了扩大可视区域空间,可以隐藏工具栏或功能区,而采用下拉菜单方法代替单击命令按钮法。而且有些命令在命令按钮中不存在,必须通过下拉菜单来实现这些命令。例如,要执行绘制射线命令可以单击菜单栏中的【绘图】选项,出现绘图下拉菜单,单击【射线】选项,即可实现绘制射线命令。

3. 键盘输入法

AutoCAD 2010 中所有的命令都可以用键盘输入,对于键盘输入熟练的用户,键盘输入仍不失为一种简单迅速的方法,特别是那些用命令按钮和下拉菜单都无法快速实现的命令。例如圆整命令"viewers",当放大观察所绘制的圆或圆弧时,就会发现它们并不是圆滑的,而是由一段段的线段组成。执行圆整命令,可以提高圆显示百分比,所设置的数值越大,圆或圆弧就越圆滑。

此外,如果需要对软件进行二次开发,用户必须熟悉命令的原文,只有这样才能在编程中灵活运用和操作。

4. 重复刚执行完的命令

用 AutoCAD 2010 作图时,还可以重复刚执行的命令。假设刚执行完画线命令,需要重复执行画线命令,实现这一操作的方法有很多,常用的方法主要有以下 3 种:

(1) 按 Enter 键或空格(Space)键重复刚执行完的命令;

(2) 右击绘图区弹出如图 3-16 所示的快捷菜单,在其中选择【重复 Line(R)】选项;

(3) 在命令行单击鼠标右键,则会弹出如图 3-17 所示的快捷菜单,在其中选择【近期使用的命令】|【LINE】选项。

5. 撤销与恢复命令

AutoCAD 2010 中提供了撤销、恢复和放弃命令执行撤销与恢复操作。

1)"放弃(Undo)"命令

"放弃(Undo)"命令是用来撤销前一命令或前一组命令的效果。在 AutoCAD 2010 中激活"放弃(Undo)"命令的方法主要有以下 3 种。

图 3-16　右击绘图区所弹出
　　　　　快捷菜单

（1）从快速访问工具栏中选择"放弃"按钮 ；

（2）从标准菜单栏【编辑】选项下拉菜单中选择"放弃"选项，如图3-18所示；

图3-17　右击命令行所弹出快捷菜单　　　图3-18　从【编辑】下拉菜单激活放弃(Undo)命令

（3）从"命令"提示符下输入"U"，并按空格(Space)键或Enter键。

2）"恢复(Oops)"命令

恢复(Oops)命令用于恢复不小心擦去的对象。但它只能恢复最后一次用"删除(ERASE)"命令擦去的对象。如果想后退不止一个"删除(ERASE)"命令，只能用"放弃(Undo)"命令。

要激活"恢复(Oops)"命令，直接在命令行中输入"Oops"命令，按空格(Space)键或回车(Enter)键，即可将擦去的对象恢复。

3）"重做(Redo)"命令

"重做(Redo)"命令允许取消上一个Undo命令，恢复原图。"重做(Redo)"命令必须紧跟在"放弃(Undo)"命令之后，否则"重做(Redo)"命令无效。

激活"重做(Redo)"命令的方法主要有以下3种：

（1）在快速访问工具栏中选择"重做"按钮 ；

（2）从标准菜单栏【编辑】选项下拉菜单中选择"重做"选项；

（3）从"命令"提示符下输入"Redo"，并按空格(Space)键或Enter键。

3.3　设置绘图环境

在使用AutoCAD 2010作图前，常常需要对绘图环境进行参数设置，使其更标准化或更符合自己的绘图习惯，从而可以使作图更方便快捷，提高绘图效率。

3.3.1　设置图幅

图形界限即为绘图区域，也称为图幅。为了方便绘图和打印输出，用户应该在作图前根据需要设置好绘图的界限。

在 AutoCAD 2010 中,用户可以在菜单栏中选择【格式】|【图形界限】命令(LIMITS)来设置图形界限。

用户也可以执行以下命令来设置图幅:

命令:Limits ↙
重新设置模型空间界限:
指定左下角点或[开(ON)/关(OFF)] <0.0000,0.0000>:↙　/此项默认,用来设置新绘图界限的
　　　　　　　　　　　　　　　　　　　　　　　　　　左下角的位置。用户空回车响应,
　　　　　　　　　　　　　　　　　　　　　　　　　　即确定绘图界限的左下角位置。
指定右上角点 <420.0000,297.0000>:↙　/空回车确定绘图界限右上角的位置,即可获得默认设
　　　　　　　　　　　　　　　　　　　　　置的图幅。

利用 Limits 命令的开关选项可以打开或关闭边界检验功能。如果执行"开(ON)"项,AutoCAD 打开边界检验功能,这时用户只能在规定的区域内绘图,若超出范围,AutoCAD 将拒绝执行。如果执行"关(OFF)"项,AutoCAD 关闭边界检验功能,用户绘图将不受指定范围的限制。

3.3.2　设置绘图单位

为了方便设置图形位置大小和尺寸标注,用户需要在绘图前对绘图单位进行适当设置。

在 AutoCAD 2010 中,用户可以在菜单栏中选择【格式】|【单位】命令(UNITS)来设置绘图单位,也可以在命令行中输入 Units 命令来设置绘图单位。

执行设置绘图单位的命令,弹出如图 3-19 所示的"图形单位"对话框,用户可通过此对话框设置绘图时使用的单位,对话框中各项功能如下。

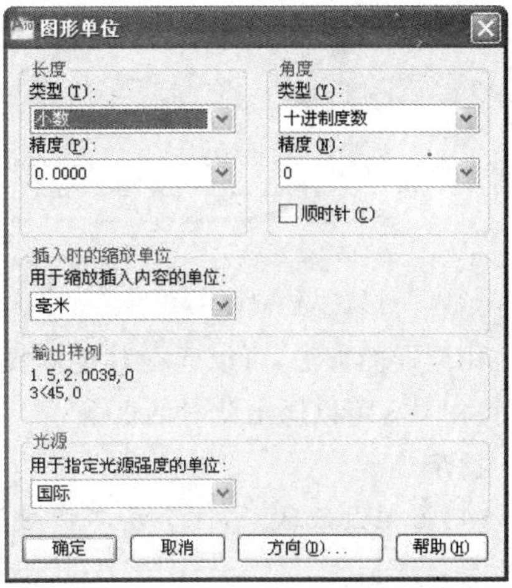

1.【长度】选项卡

【长度】选项卡用来设置绘图时的长度单位类型和精度,用户根据需要从中单击相应的按钮来设置。

2.【角度】选项卡

【角度】选项卡用于设置角度的单位类型与精度,其中【顺时针】复选框用来确定角度的正方向。

3.【方向】选项卡

图 3-19　"图形单位"对话框

单击对话框中的"方向"按钮　方向(D)... ,
AutoCAD 弹出如图 3-20 所示的"方向控制"对话框,此对话框用来确定角度的零度方向。其中"东"、"北"、"西"、"南"分别表示以东、北、西、南作为角度的零度方向。如果用户单击"其他"项,则表示以其他方向作为角度的零度方向,此时用户可以直接在"角度"文本框中输入零度方向与 X 轴正方向的夹角值,也可以单击角度拾取按钮 ,以拾取的方法确定零度方向。

3.3.3 设置图层

在 AutoCAD 中,图形通常包含多个图层,每个图层都包含了一种图形对象的特性,在绘图过程中使用不同的图层可以方便地控制对象的显示和编辑,提高绘图效率。图层有如下特性参数:状态、名称、打开/关闭、冻结/解冻、锁定/解锁、颜色、线型、线宽、打印样式、打印和说明,每一层都围绕这几个参数进行调整。

图 3-20 "方向控制"对话框

1. 建立新图层

单击"图层特性"按钮 ,出现"图层特性管理器"对话框,如图 3-21 所示。单击新建按钮 将在图层列表中自动生成一个新图层,名称为"图层 1",此时"图层 1"反白显示,用户可以直接从键盘输入新图层名称,例如要设置新图层名称为"中心线",用户可以直接输入"中心线",回车后将建立一个名为"中心线"的新图层。

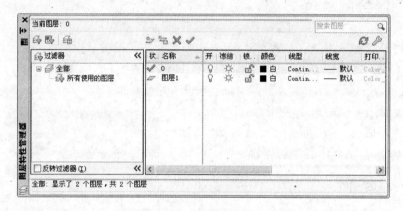

图 3-21 "图层特性管理器"对话框

用同样的方法,可以建立其他新图层,单击对话框左上角的 键或再次单击"图层特性"按钮 ,可以退出此对话框。

提示:

(1) 0 层是默认层,这个层不能被删除或改名,在没有建立新层之前,所有的操作都是在此层上进行的。

(2) 可以通过下拉菜单【格式】|【图层】命令建立新图层。

(3) 目前,图层的命名、线型、颜色、线宽等在我国还没有统一的标准,因此在设置图层参数时,个人或单位应以方便使用和区分为主。

2. 修改图层名称、颜色、线型和线宽

每一个图层都应该被指定一种颜色、线型和线宽,以便与其他图层区分开,若需要改变

图层的这些参数，可以进入到图层管理对话框中进行修改。

在图 3-21 中，把"图层 1"改名为"轮廓线"，可以单击"图层 1"所在的行使其变蓝，然后在名称"图层 1"处单击，使名称反白，进入文本输入状态，修改或重新输入名称即可。

若要改变图层颜色，可以单击"颜色"列表中相应的颜色块，弹出如图 3-22 所示的"选择颜色"对话框，为图层选择一种颜色后，单击 确定 按钮即可退出"选择颜色"对话框。

单击相应"线型"列表中的线型 Continuous ，系统会弹出"选择线型"对话框，如图 3-23 所示。

图 3-22　"选择颜色"对话框

图 3-23　"选择线型"对话框(1)

若列表中没有合适的线型选项，单击 加载(L)... 按钮进入"加载或重载线型"对话框，如图 3-24 所示，AutoCAD 2010 提供了丰富的线型，它们被存放在线型库 acadiso.lin 文件中，用户可以根据需要从中选择一种线型，单击 确定 按钮进行装载。另外用户还可以建立自己的线型，以适应特殊需要。

例如选择了"CENTER"线型，单击 确定 按钮，返回到"选择线型"对话框时，新线型在列表中出现，选择"CENTER"，如图 3-25 所示，单击 确定 按钮，该图层的线型便设置成了这种线型。

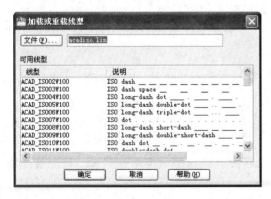

图 3-24　"加载或重载线型"对话框

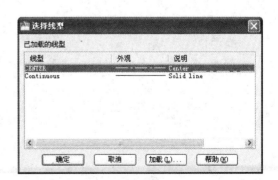

图 3-25　"选择线型"对话框(2)

图 3-26 "线宽"对话框

线宽的改变是通过单击"线宽"列表中的 —— 默认 ，弹出"线宽"对话框，如图 3-26 所示，选择合适的线宽，单击 确定 按钮，所选的线宽即赋给了该图层。

为了观察线型是否与图相配，在绘图过程中应该显示线宽，AutoCAD 2010 中系统默认设置为不显示线宽，可以单击状态栏中的"显示/隐藏线宽"按钮 ╋ 使其凹下以显示线宽。

3. 设置当前层与删除图层

正在使用的图层称为当前层，图形的绘制就在当前层上进行。用户可在"图层特性管理器"对话框中设置某图层为当前层，选中该图层，单击"置为当前"按钮 ✔，则选中的图层即被设置为当前层。

图层也可以被删除，删除的方法是：在"图层特性管理器"对话框中选择欲删除的图层，单击 ✖ 按钮即可。

提示：

（1）如果已经退回到绘图界面，可以单击图层工具条  右侧的 ⌄ 按钮，在图层下拉列表中选择要设置为当前层的图层。

（2）0 层、当前层和含有图形实体的层不能被删除。当删除这几种图层时，系统会给出图 3-27 所示的警告信息。

4. 图层的其他特性

1）打开/关闭图层

为方便图样的编辑，可以适时地关闭一些图层。被关闭的图层在屏幕上不能显示，

图 3-27 删除图层警告提示框

也不能被编辑及参与打印输出。关闭的层可以被重新打开，参与处理过程中的运算。

单击图层下拉列表中的 ⌄ 符号，在列表中选择要关闭图层的小灯泡 💡，使之由黄变蓝 💡，该图层被关闭；反之，图层打开。

提示：

打开/关闭图层命令也可以在"图层特性管理器"对话框中进行，方法相同。

2）冻结/解冻图层

图层被冻结，该图层上的图形不能被显示、绘制，也不能被编辑或打印输出，并且不能参与图形间的运算；解冻，反之。

单击图层下拉列表中的 ⌄ 符号，在列表中选择要冻结图层的冻结按钮 ☼，使它变成淡蓝色 ❄，图层被冻结；反之，图层解冻。

提示：

（1）冻结/解冻图层命令可以在"图层特性管理器"对话框中进行，方法相同。

（2）当前层不能被冻结，被冻结的层不能设置为当前层。如果冻结当前层系统会给出如图 3-28 所示警告提示。把冻结的层设为当前层时，系统会给出如图 3-29 提示。

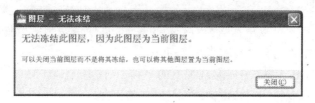

图 3-28　冻结当前层警告提示框

图 3-29　设置当前层警告提示框

3）锁定/解锁图层

图层锁定后并不影响图样的显示，可以在该层上绘图，可以捕捉到图层上的点，可以把它打印输出，也可以改变层的颜色和线型、线宽，但图样不能被修改。

锁定/解锁的方法与冻结/解冻的方法相同。锁定的符号是 🔒，解锁的符号是 🔓。

4）打印特性

打印特性的改变只决定图层是否打印，并不影响别的性质。打印符号是 🖨，不打印的符号是 🖶。

设置的方法与图层的锁定/解锁方法相同。

3.4　控制图形显示

在 AutoCAD 2010 中，可以使用多种方法来观察绘图窗口中所绘制的图形，以便灵活观察图形的整体效果或局部细节。

3.4.1　缩放与平移

1. 缩放视图

缩放视图是指用户可以根据需要放大或缩小图形在屏幕上的显示尺寸，而图形的真实尺寸保持不变。在 AutoCAD 2010 中缩放视图主要有以下 3 种方法：

（1）滚动鼠标中键，可以实现视图的缩放；

（2）单击状态栏中的"缩放"按钮 🔍，可以缩放视图；

（3）选择菜单栏中的【视图】|【缩放】命令（ZOOM）中的子命令，如图 3-30 所示，可以实

现视图的缩放。

2. 平移视图

平移视图是指用户可以根据需要重新定位图形,以便清楚地观察图形的其他部分。在 AutoCAD 2010 中缩放视图主要有以下 3 种方法:

(1) 按住鼠标中键不放,可以实现视图的平移;

(2) 单击状态栏中的"平移"按钮 ,可以平移视图;

(3) 选择菜单栏中的【视图】|【平移】命令(PAN)中的子命令,如图 3-31 所示,不仅可以向上、下、左、右 4 个方向平移视图,还可以使用【实时】和【定点】命令平移视图。

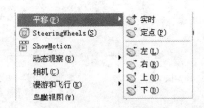

图 3-30 【视图】|【缩放】命令   图 3-31 【视图】|【平移】命令

3.4.2 命名视图

在 AutoCAD 2010 中,一张工程图纸上可以创建多个视图。如果用户需要查看或修改图纸上的某一部分视图时,将该视图恢复出来即可。

1. 命名视图操作

选择菜单栏中的【视图】|【命名视图】命令(VIEW),打开"视图管理器"对话框,如图 3-32 所示,使用该对话框可以创建、设置、重命名以及删除命名视图。

图 3-32 "视图管理器"对话框

2. 恢复命名视图

在 AutoCAD 2010 中，系统允许一次命名多个视图，当用户需要重新使用一个已命名视图时，只需将该视图恢复到当前视口即可。如果绘图窗口中包含多个视口，也可以将视图恢复到活动视口中，或将不同的视图恢复到不同的视口中，以同时显示模型的多个视图。

3.4.3　平铺视口

在 AutoCAD 2010 中，为了方便图形编辑，常常需要将图形的局部进行放大，以显示图形细节。当观察图形的整体效果时，仅仅使用单一的绘图视口已无法满足需要。此时，可使用 AutoCAD 2010 的平铺视口功能，把绘图窗口划分为若干视口。

1. 平铺视口的特点

平铺视口是指把绘图窗口划分成多个矩形区域，从而创建多个不同的绘图区域，其中每一个区域都可以用来查看图形的不同部分。在 AutoCAD 2010 中可以同时打开 32 000 个视口。用户在模型空间创建和管理平铺视口主要通过以下两种方法：

（1）选择菜单栏中的【视图】|【视口】命令的子命令，如图 3-33 所示；

（2）在功能区选项板中选择【视图】|【视口】面板中的相应按钮，如图 3-34 所示。

图 3-33　【视图】|【视口】命令　　　　图 3-34　【视图】|【视口】面板

2. 创建平铺视口

用户要创建平铺视口，主要有以下两种方法：

（1）选择菜单栏中的【视图】|【视口】|【新建视口】命令（VPOINTS）；

（2）在功能区选项板中选择【视图】|【视口】面板中的新建按钮 。

通过以上方法,用户可以打开"视口"对话框,在此对话框中包括【新建视口】和【命名视口】两个选项卡。

【新建视口】选项卡可以显示标准视口配置列表及创建并设置新的平铺视口,如图 3-35 所示。

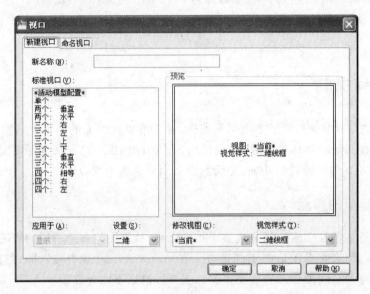

图 3-35　【新建视口】选项卡

【命名视口】选项卡可以显示图形已命名的视口配置。当选择一个视口配置后,配置的布局情况将显示在预览窗口中,如图 3-36 所示。

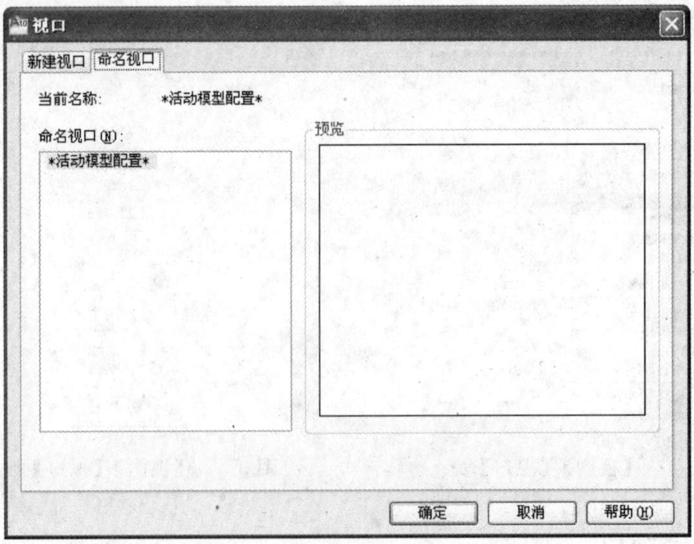

图 3-36　【命名视口】选项卡

3. 分割与合并视口

在 AutoCAD 2010 中,用户可以根据需要,在不改变视口显示的情况下,将当前视口进行分割和合并。选择菜单栏中的【视图】|【视口】命令的子命令,可以进行视口的分割与合并操作,如图 3-37 所示。

图 3-37　【视图】|【视口】命令

【视图】|【视口】命令中的【一个视口】、【两个视口】、【三个视口】和【四个视口】命令可以将当前视口分割为 1 个、2 个、3 个或 4 个视口,其效果图分别如图 3-38 中的(a)、(b)、(c)、(d)所示。

选择【视图】|【视口】命令中的【合并】命令,系统要求选定一个视口作为主视口,然后选择一个相邻视口,并将该视口与主视口合并。例如将图 3-38(d)图中右边两个视口合并为一个视口,其结果如图 3-39 所示。

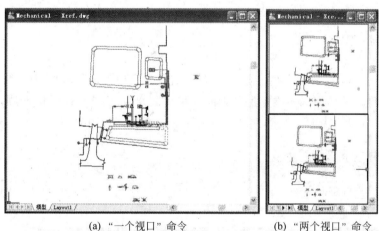

(a) "一个视口" 命令　　　　　　(b) "两个视口" 命令

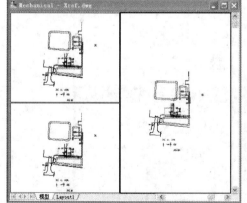

(c) "三个视口" 命令

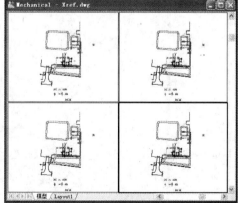

(d) "四个视口" 命令

图 3-38　分割视口效果图

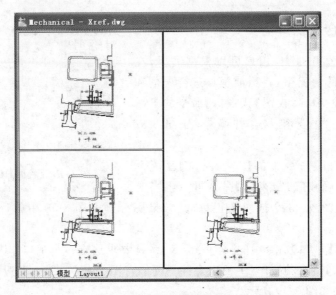

图 3-39　合并视口效果图

3.4.4　鸟瞰视图

鸟瞰视图向用户提供了一种可视化平移和缩放视图的方法。用户可以在另外一个独立的窗口中观察和移动图形视图。在绘制图形时如果保持鸟瞰视图为打开状态，则可以直接缩放和平移视图，可以实现图形视图方便快速地移动从而提高绘图效率。

1. 使用鸟瞰视图观察图形

选择【视图】|【鸟瞰视图】命令（DSVIEWER），打开如图 3-40 所示的鸟瞰视图。在鸟瞰视图中可以使用其中的矩形框来设置图形观察范围。

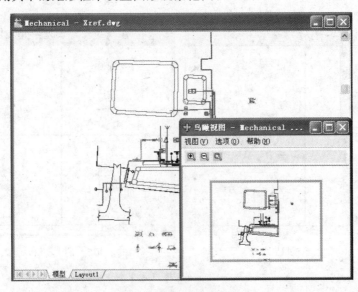

图 3-40　【鸟瞰视图】窗口

2．改变鸟瞰视图中图像大小

在鸟瞰视图中，可以使用【视图】菜单中的命令或者单击工具栏中的相应按钮，可以改变鸟瞰视图中图像的大小，但这些改变不会影响到绘图区域中的视图，其功能如下。

放大命令按钮：拉近视图，将鸟瞰视图放大一倍，更清晰地观察图像局部细节。

缩小命令按钮：拉远视图，将鸟瞰视图缩小为一半，以观察到更大的视图区域。

全局命令按钮：在鸟瞰视图中观察到整个图形。

在鸟瞰视图窗口中显示整幅图形时，缩小命令按钮无效；在当前视图快要填满鸟瞰视图窗口时，放大命令按钮无效；当显示图形范围时，以上两命令可能同时无效。

3．改变鸟瞰视图的更新状态

在默认状态下，AutoCAD 2010 自动更新鸟瞰视图窗口已反映在图形中所做的修改。在【鸟瞰视图】窗口中，使用【选项】菜单中的命令，可以改变鸟瞰视图的更新状态，如图 3-41 所示。【选项】菜单中包括自动视口、动态更新和实时缩放 3 个命令。

图 3-41　【选项】菜单

自动视口命令：该命令被选中时，视图自动地显示模型空间的当前有效视口。否则，鸟瞰视图就不会随着有效视口的变化而变化。

动态更新命令：用来控制鸟瞰视图的内容是否随绘图区中图形的改变而改变，该命令被选中时，绘图区中的图形可以随鸟瞰视图动态更新。

实时缩放命令：用来控制在鸟瞰视图中缩放时绘图区中的图形显示是否实时改变，该命令被选中时，绘图区中的图形显示可以随鸟瞰视图实时变化。

习　　题

3-1　绝对坐标与相对坐标的输入有何不同？

3-2　利用 4 种坐标输入方法绘制如图 3-42 所示的图形。

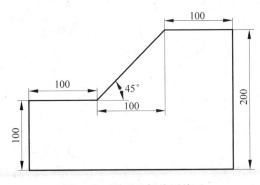

图 3-42　利用坐标绘图练习

3-3 参照表 3-1 所示的要求创建各图层。

表 3-1 图层设置要求

图 层 名	颜 色	线 型	线 宽
轮廓线层	黑色	Continuous	0.30 mm
辅助线层	红色	Dashed	默认
中心线层	黄色	Center	默认
标注层	蓝色	Continuous	默认

第 4 章

基本绘图命令

二维图形主要由一些图形元素组成,如点、直线、圆及圆弧、矩形、多边形、样条曲线等,AutoCAD 提供了绘制这些图形元素的基本绘图命令。因此,熟练掌握这些基本绘图命令是绘制二维图形的关键。

4.1 绘 制 点

在 AutoCAD 2010 中,点对象可以通过单点、多点、定数等分和定距等分 4 种方法创建。

4.1.1 绘制单点

在 AutoCAD 2010 中,激活绘制单点命令的方法有两种:

(1) 在菜单栏中选择【绘图】|【点】|【单点】命令,如图 4-1 所示。单击此命令可以在绘图窗口中一次绘制一个点;

(2) 在命令行中直接输入 POINT↙。

4.1.2 绘制多点

激活绘制多点命令的方法有两种:

(1) 在菜单栏中选择【绘图】|【点】|【多点】命令,可参考图 4-1,此命令可以在绘图区连续单击绘制多个点,直到按 Esc 键结束。

(2) 在功能区选择【常用】选项卡,在【绘图】面板中单击"多点"按钮 ⋮⋮ ,如图 4-2 所示。

在菜单栏中选择【格式】|【点样式】命令,可通过打开的"点样式"对话框对点的样式和大小进行设置,如图 4-3 所示。

【例 4-1】 在绘图窗口的任意位置创建 5 个点,如图 4-4 所示。

(1) 在菜单栏中选择【绘图】|【点】|【多点】命令。

(2) 在命令行的"指示点:"提示下,使用光标在屏幕上拾取 A、B、C、D、E 5 个点。

(3) 按 Esc 键结束绘制点命令,结果如图 4-4 所示。

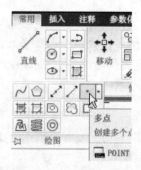

图 4-1 绘制单点命令   图 4-2 绘制多点命令

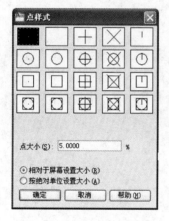

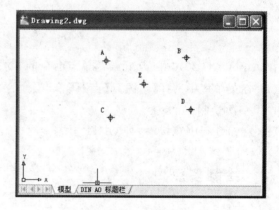

图 4-3 "点样式"对话框   图 4-4 绘制多点

4.2 绘制直线、射线和构造线

4.2.1 绘制直线

激活绘制直线命令的方法有 3 种：

(1) 在菜单栏中选择【绘图】|【直线】命令；

(2) 在命令行中直接输入 LINE↙；

(3) 在功能区选择【常用】选项卡，在【绘图】面板上单击"直线"按钮 。

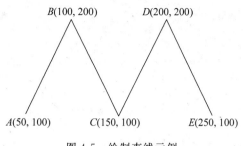

图 4-5　绘制直线示例

【例 4-2】　使用"直线"命令绘制如图 4-5
所示的图形。

命令：_line
指定第一点：50,100✓
指定下一点或 [放弃(U)]：100,200✓
指定下一点或 [放弃(U)]：150,100✓
指定下一点或 [闭合(C)/放弃(U)]：200,200✓
指定下一点或 [闭合(C)/放弃(U)]：250,100✓

提示：每次输入坐标值后按 Enter 键；在
绘制过程中，如果点的坐标值输入错误，可以输入字母 U 并按 Enter 键，撤销上一次操作，
重新输入，不必重新执行绘直线命令；输入字母 C，按 Enter 键即可得到封闭的图形。

4.2.2　绘制射线

　　射线为一端固定，另一端无限延伸的直线。指定射线的起点后，可以在"指定通过点："
提示下指定多个通过点，绘制以起点为端点的多条射线，直到按 Esc 键或 Enter 键退出
为止。

　　激活绘制射线命令的方法有 3 种：
　　(1) 在菜单栏中选择【绘图】|【射线】命令；
　　(2) 在命令行中直接输入 RAY✓；
　　(3) 在功能区选择【常用】选项卡，在【绘图】面板中单击"射线"按钮 。

4.2.3　绘制构造线

　　构造线为两端无限延伸的直线，没有起点和终点，
可以放置在三维空间的任何地方，主要用于绘制辅助
线。激活绘制构造线命令的方法有 3 种：
　　(1) 在菜单栏中选择【绘图】|【构造线】命令；
　　(2) 在命令行中直接输入 XLINE✓；
　　(3) 在功能区选择【常用】选项卡，在【绘图】面板
中单击"构造线"按钮 。

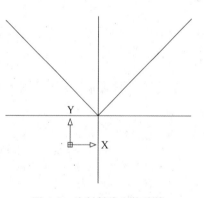

图 4-6　绘制射线和构造线

【例 4-3】　使用【射线】和【构造线】命令，绘制辅助
线。如图 4-6 所示。
命令行提示：

命令：_xline✓
指定点或 [水平(H)/垂直(V)/角度(A)/二等分(B)/偏移(O)]：h✓
指定通过点：100,100✓
指定通过点：
命令：XLINE✓
指定点或 [水平(H)/垂直(V)/角度(A)/二等分(B)/偏移(O)]：v✓

指定通过点：100,100 ✓
指定通过点：
命令：_ray ✓
指定起点：
指定通过点：
指定通过点：

4.3　绘制矩形和正多边形

4.3.1　绘制矩形

激活绘制矩形命令的方法有 3 种：
(1) 在菜单栏中选择【绘图】|【矩形】命令；
(2) 在命令行中直接输入 RECTANG ✓；
(3) 在功能区选择【常用】选项卡，在【绘图】面板中单击"矩形"按钮 ⊡。

发出绘制矩形命令后，命令行会显示如下提示信息：

命令：_rectang ✓
指定第一个角点或 [倒角(C)/标高(E)/圆角(F)/厚度(T)/宽度(W)]： /指定第一个角点
指定另一个角点或 [面积(A)/尺寸(D)/旋转(R)]： /指定第二个角点

指定两个角点绘制的矩形如图 4-7 所示。

图 4-7　两角点绘矩形

根据命令行提示选择"面积(A)"绘制矩形，命令行提示：

命令：_rectang ✓
指定第一个角点或 [倒角(C)/标高(E)/圆角(F)/厚度(T)/宽度(W)]： /指定第一个角点
指定另一个角点或 [面积(A)/尺寸(D)/旋转(R)]：a ✓ /选择按面积绘制矩形
输入以当前单位计算的矩形面积 <100.0000>：1000 ✓ /给定要绘制矩形的面积
计算矩形标注时依据 [长度(L)/宽度(W)] <长度>：L ✓ /选择以长度为依据宽度亦可
输入矩形长度 <20.0000>：40 ✓

根据命令行提示选择"尺寸(D)"绘制矩形，命令行提示：

命令：_rectang ✓
指定第一个角点或 [倒角(C)/标高(E)/圆角(F)/厚度(T)/宽度(W)]：
指定另一个角点或 [面积(A)/尺寸(D)/旋转(R)]：d ✓
指定矩形的长度 <40.0000>：✓ /把长度设为 40
指定矩形的宽度 <25.0000>：✓ /把宽度设为 25

根据命令行提示选择"旋转(R)"绘制矩形,通过设置旋转角度来绘制倾斜的矩形如图 4-8 所示。

另外,"倒角(C)"用来绘制一个带倒角的矩形,"圆角(F)"通过指定圆角半径绘制一个带圆角的矩形,"宽度(W)"指定矩形的线宽,按设定的线宽绘制矩形,如图 4-9 所示。"标高(E)"一般用于三维绘图,指定矩形所在的平面高度。"厚度(T)"一般用于三维绘图,按已设定的厚度绘制矩形。

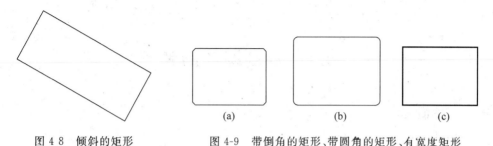

图 4-8　倾斜的矩形　　　　　图 4-9　带倒角的矩形、带圆角的矩形、有宽度矩形

4.3.2　绘制正多边形

该命令可以绘制边数为 3～1024 的正多边形。绘制正多边形时可以指定正多边形的边数、正多边形是圆内接还是圆外切,以及内接圆或外切圆的半径大小,从而绘制出合乎要求的正多边形。激活绘制正多边形命令的方法有 3 种:

(1) 在菜单栏中选择【绘图】|【正多边形】命令;

(2) 在命令行中直接输入 POLYGON ↙;

(3) 在功能区选择【常用】选项卡,在【绘图】面板中单击"正多边形"按钮 ⬡。

【例 4-4】　绘制如图 4-10 所示的正六边形。

执行绘制正多边形命令 ⬡,命令行提示如下:

```
命令:_polygon ↙输入边的数目 <4>: 6 ↙        /输入边数
指定正多边形的中心点或 [边(E)]: 100,100 ↙    /输入中心坐标值
输入选项 [内接于圆(I)/外切于圆(C)] <I>: ↙     /按 Enter 键设为圆内接
指定圆的半径: 20 ↙                          /输入内接圆半径
```

设为圆外切多边形,输入同样的坐标值,比较一下生成图形的差别。

执行绘制多边形命令:

```
命令:_polygon ↙
输入边的数目 <6>: ↙
指定正多边形的中心点或 [边(E)]: 100,100 ↙
输入选项 [内接于圆(I)/外切于圆(C)] <I>: c ↙
指定圆的半径: 20 ↙
```

生成的图形如图 4-11 所示。

通过这两幅图的比较,可以发现正多边形的方向控制点规律为:控制点 A 对圆内接时为正多边形的某一角点;而对圆外切时则为正多边形一条边的中点。

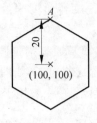

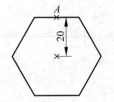

图 4-10　正六边形　　　　　　　　图 4-11　外切正六边形

4.4　绘制圆和圆弧

4.4.1　绘制圆

激活绘制圆命令的方法有三种：

(1) 在菜单栏中选择【绘图】|【圆】命令中的子命令；

(2) 在命令行中直接输入 CIRCLE ✓ 或者 C ✓；

(3) 在功能区选择【常用】选项卡，在【绘图】面板中单击圆的相关按钮 ⊙ 。

AutoCAD 提供了 6 种绘制圆的方式。

(1) 圆心，半径：通过指定圆心和半径画圆。

命令：_circle 指定圆的圆心或 [三点(3P)/两点(2P)/切点、切点、半径(T)]：100,100 ✓
指定圆的半径或 [直径(D)] <50.0000>：25 ✓

结果如图 4-12 所示。

(2) 圆心，直径：通过指定圆心和直径画圆。

命令：_circle 指定圆的圆心或 [三点(3P)/两点(2P)/切点、切点、半径(T)]：100,100 ✓
指定圆的半径或 [直径(D)] <25.0000>：_d 指定圆的直径 <50.0000>：40 ✓

结果如图 4-13 所示。

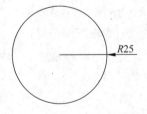

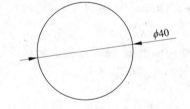

图 4-12　"圆心，半径"绘制圆　　　　图 4-13　"圆心，直径"绘制圆

(3) 两点：通过指定直径的两端点画圆。

命令：_circle 指定圆的圆心或 [三点(3P)/两点(2P)/切点、切点、半径(T)]：_2p 指定圆直径的第一
　　个端点：0,0 ✓
指定圆直径的第二个端点：@15,20 ✓

结果如图 4-14 所示。

（4）三点：通过指定圆周上的三点画圆。

命令：_circle 指定圆的圆心或 [三点(3P)/两点(2P)/切点、切点、半径(T)]：_3p 指定圆上的第一个
　　　　点：鼠标在屏幕拾取一点↙
指定圆上的第二个点：拾取第二点↙
指定圆上的第三个点：拾取第三点↙

结果如图 4-15 所示。

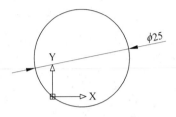

图 4-14　"两点"绘制圆

图 4-15　"三点"绘制圆

（5）切点，切点，半径(T)：通过先指定两个相切对象，再给出半径的方法画圆。

命令：_circle 指定圆的圆心或 [三点(3P)/两点(2P)/切点、切点、半径(T)]：_ttr
指定对象与圆的第一个切点：/ 移动鼠标到左边已知圆的下半部，出现拾取切点符号 ⊙… 时，单击鼠标左键
指定对象与圆的第二个切点：/ 移动鼠标到右边已知圆的下半部，出现拾取切点符号 ⊙… 时，单击鼠标左键
指定圆的半径 <57.9836>：↙

结果如图 4-16 所示。

（6）相切，相切，相切：选择"绘图"菜单中的"圆"命令，其子菜单中显示"相切、相切、相切"的画圆方式。

命令：_circle 指定圆的圆心或 [三点(3P)/两点(2P)/切点、切点、半径(T)]：_3p 指定圆上的第一个
　　　　点：_tan 到　　　　　　　　　　/选择三角形的一条边
指定圆上的第二个点：_tan 到　　　　　　/选择三角形的第二条边
指定圆上的第三个点：_tan 到　　　　　　/选择三角形的第三条边

结果如图 4-17 所示。

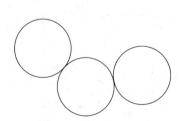

图 4-16　"切点，切点，半径"绘制圆

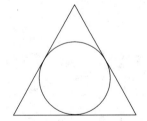

图 4-17　"相切，相切，相切"绘制圆

4.4.2　绘制圆弧

激活绘制圆弧命令的方法有 3 种：
（1）在菜单栏中选择【绘图】|【圆弧】命令中的子命令；

（2）在命令行中直接输入 ARC↙；

（3）在功能区选择【常用】选项卡，在【绘图】面板中单击圆弧的相关按钮 ⌒·。

AutoCAD 提供了 11 种绘制圆弧的方式。

（1）三点：通过指定圆弧上的三点画弧。

命令：_arc 指定圆弧的起点或 [圆心(C)]：100,80↙
指定圆弧的第二个点或 [圆心(C)/端点(E)]：150,150↙
指定圆弧的端点：200,80↙

结果如图 4-18 所示。

（2）起点，端点，半径：通过指定圆弧的起始点和半径画弧。

命令：_arc 指定圆弧的起点或 [圆心(C)]：200,100↙
指定圆弧的第二个点或 [圆心(C)/端点(E)]：_e
指定圆弧的端点：100,100↙
指定圆弧的圆心或 [角度(A)/方向(D)/半径(R)]：_r 指定圆弧的半径：90↙

结果如图 4-19 所示。

图 4-18　"三点"绘制圆弧　　　　　　　　　　图 4-19　凸圆弧

如果输入的起点坐标为(100,100)，终点坐标为(200,100)，绘制出的圆弧将如图 4-20 所示。这是因为 AutoCAD 中默认设置的圆弧正方向为逆时针方向，圆弧沿正方向生成。

（3）起点，端点，角度：通过指定圆弧的起始点和圆弧所对的圆心角画弧。

命令：_arc 指定圆弧的起点或 [圆心(C)]：200,100↙
指定圆弧的第二个点或 [圆心(C)/端点(E)]：_e
指定圆弧的端点：100,100↙
指定圆弧的圆心或 [角度(A)/方向(D)/半径(R)]：_a 指定包含角：60↙

结果如图 4-21 所示。

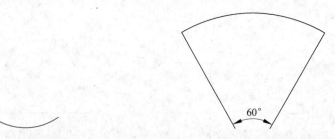

图 4-20　凹圆弧　　　　　　　图 4-21　"起点，端点，角度"绘制圆弧

（4）起点，圆心，端点：指定圆弧的起点、圆心和端点绘制圆弧。

（5）起点，圆心，角度：指定圆弧的起点、圆心和角度绘制圆弧。此时，需要在"指定包含角："提示下输入角度值。如果当前环境设置逆时针为角度方向，并输入正的角度值，则所绘制的圆弧是从起始点绕圆心沿着逆时针方向绘出；如果输入负角度，则沿着顺时针方向绘制。

（6）起点，圆心，长度：指定圆弧的起点、圆心和长度绘制圆弧。注意弦长不得超过起点到圆心距离的两倍（直径）。若所输入的长度为负值，则该值的绝对值将作为对应整圆的空缺部分圆弧的长度。

（7）起点，端点，方向：指定圆弧的起点、端点和方向绘制圆弧。

（8）圆心，起点，端点：指定圆弧的圆心、起点和端点绘制圆弧。

（9）圆心，起点，角度：指定圆弧的圆心、起点和角度绘制圆弧。

（10）圆心，起点，长度：指定圆弧的圆心、起点和长度绘制圆弧。

（11）连续：在命令行"指定圆弧的起点或［圆心（C）］："提示下直接按 Enter 键，系统将以最后一次绘制的线段或圆弧过程中确定的最后一点作为新圆弧的起点，以最后所绘线段方向或圆弧终止点处的切线方向为新圆弧在起始点处的切线方向，然后再指定一点，就可以绘制出一个圆弧。

4.5　绘制样条曲线

样条曲线是由用户给定若干点，AutoCAD 自动生成的一条光滑曲线。在 AutoCAD 的二维绘图中，样条曲线主要用于波浪线、相贯线、截交线和自由曲线的绘制。必须给定 3 个以上的点。

激活绘制样条曲线命令的方法有 3 种：

（1）在菜单栏中选择【绘图】|【样条曲线】命令；

（2）在命令行中直接输入 SPLINE ↙；

（3）在功能区选择【常用】选项卡，在【绘图】面板中单击"样条曲线"按钮 ⌁。

激活该命令后，命令行提示：

命令：_spline ↙
指定第一个点或 ［对象（O）］:
指定下一点：
指定下一点或 ［闭合（C）/拟合公差（F）］＜起点切向＞:

其选项说明如下：

（1）对象（O）：将二维或者三维的二次或三次样条曲线拟合多段线转换为等价的样条曲线，然后（根据 DELOBJ 系统变量的设置）删除该多段线。

（2）闭合（C）：将最后一点定义与第一点一致，并使其在连接处相切，以闭合样条曲线。

（3）拟合公差（F）：拟合公差表示样条曲线拟合所指定拟合点集时的拟合精度，公差越小，样条曲线与拟合点越接近。公差为 0，样条曲线通过拟合点。

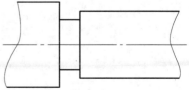

（4）＜起点切向＞：定义样条曲线的第一点和最后一点的切向。通过改变起始点的切向可以产生不同形状的样条曲线。

绘制切断面时经常用到样条曲线，如图 4-22 所示。　　　　　图 4-22　样条曲线绘制切断面

习　　题

绘制如图 4-23～图 4-26 所示图形。

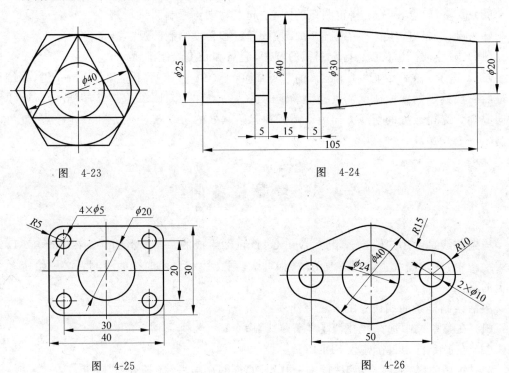

图　4-23

图　4-24

图　4-25

图　4-26

第 5 章

精 确 绘 图

为达到高效、精确地绘图，AutoCAD 提供了像栅格捕捉、对象捕捉、正交模式、极轴追踪等精确绘制工具，熟练掌握和运用这些工具将使绘图事半功倍。

精确绘图工具的功能键如表 5-1 所示。

表 5-1 功能键对应的命令

功 能 键	按 钮	功 能
F9	捕捉	栅格捕捉切换
F7	栅格	栅格显示切换
F8	正交	正交模式切换
F10	极轴	极轴追踪切换
F3	对象捕捉	目标捕捉切换
F11	对象捕捉追踪	目标捕捉追踪切换
F6	DUCS	允许/禁止动态 UCS
F12	DYN	动态输入

5.1 栅格、捕捉与正交模式

5.1.1 栅格和捕捉

栅格显示（GRID）是显示在屏幕上的一个个等距离点，且可以对点之间的距离进行设置，在确定对象长度、位置和倾斜程度时，通过数点就可以完成度量。栅格只是一种视觉辅助工具，类似于传统的坐标纸，可以随时打开和关闭，但打印时不被输出。

捕捉模式（SNAP）是十字光标按设定的步长移动。当单击窗口底部状态栏中的按钮▦，打开捕捉模式时，光标会捕捉到不可见的栅格点上。

栅格显示和捕捉模式各自独立，但实际工作中经常同时打开，配合使用。

1. 打开或关闭"捕捉"和"栅格"功能的方法

（1）在状态栏中单击"捕捉"按钮▦和"栅格显示"按钮▦。

（2）按 F7 键打开或关闭栅格显示，按 F9 键打开或关闭捕捉模式。

（3）在命令行中直接输入 snap↙打开捕捉功能。

2. 参数设置

在菜单栏中选择【工具】|【草图设置】命令，或者右击状态栏中的"栅格显示"按钮，打开"草图设置"对话框，如图 5-1 所示。

图 5-1　"草图设置"对话框

1)"捕捉"各选项意义

【启用捕捉】复选框：打开或关闭捕捉方式。选中该复选框，可以启用捕捉。

- 【捕捉间距】选项区域：设置 X 轴和 Y 轴方向上的捕捉间距。
- 【捕捉类型】选项区域：可以设置捕捉类型和样式，包括【栅格捕捉】和【PolarSnap】（极轴捕捉）两种。

2)"栅格显示"各选项意义

【启用栅格】复选框：打开或关闭栅格显示。选中该复选框，可以启用栅格。

- 【栅格间距】选项区域：设置 X 轴和 Y 轴方向上的栅格间距。
- 【栅格行为】选项区域：用来设置栅格线的显示样式。【自适应栅格】处于默认选择状态，如果放大或缩小图形，系统会自动调整栅格间距以适合其新的比例。选择【显示超出界限的栅格】则会在整个视口显示栅格，而不是局限于用户所设置的栅格界限。

3. 栅格与捕捉的应用

绘制如图 5-2 所示的图形：

（1）打开栅格（F7），并将其间距设置为 10；

（2）打开捕捉模式（F9），并将其捕捉间距设置为 10；

（3）执行绘制直线命令，鼠标在屏幕上移动，可以看到指针被自动锁定在栅格点上，按照尺寸要求用鼠标拾取点即可。

注意：栅格间距太密时栅格不能被显示。

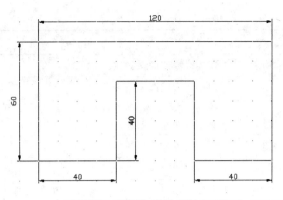

图 5-2 栅格捕捉示例

5.1.2 正交模式

打开或关闭正交模式有 3 种方法：

(1) 在状态栏中单击【正交模式】；

(2) 按 F8 键打开或关闭；

(3) 在命令行中直接输入 ORTHO✓,然后在命令行提示下选择打开或关闭。

当绘制水平或垂直线时,可以打开正交模式。在正交模式下,用鼠标拾取的方式确定点时,只能绘制平行于 X 轴或 Y 轴的线段或平行于某一轴测轴的线段(当捕捉为等轴测模式时)。打开正交模式,同时使用"栅格"和"栅格捕捉",可以使作图方便快捷。

打开正交模式时,可以使用直接输入距离的方法来创建指定长度的线段或将对象移动的距离。在应用对象捕捉时也将忽略正交模式。

要临时打开或关闭正交模式,可按住临时替代键 Shift。但是在使用临时替代键时无法使用直接距离输入方法。

5.2 对象捕捉

对象捕捉是在对象的精确位置上捕捉点,它可以捕捉端点、交点、中点、垂足、切点、圆的象限点和圆心等。对象捕捉命令不能单独使用,只能配合绘图或编辑命令来执行。

5.2.1 对象捕捉的类型及其功能

表 5-2 列出了 AutoCAD 所提供的相应的对象捕捉类型及其功能。

表 5-2 对象捕捉类型及其功能

图 标	名 称	功 能
	临时追踪点	捕捉一点作为临时基点,在正交方向上确定另一点
	捕捉自	捕捉一点为临时基点,用其确定另一点

图 标	名 称	功 能
⟋	捕捉到端点	捕捉线段或圆弧的端点
⟋	捕捉到中点	捕捉线段或圆弧的中点
✕	捕捉到交点	捕捉线段、圆弧、圆等对象的交点(相交或延长相交)。捕捉时,光标必须落在交点附近
—	捕捉到延长线	捕捉线段或圆弧的延长线上的点
◎	捕捉到圆心	捕捉圆或圆弧的中心
◈	捕捉到象限点	捕捉圆或圆弧 0°,90°,180°,270°位置上的点
⟳	捕捉到切点	捕捉在圆或圆弧上,与最后生成的一个点的连线形成相切的离光标最近的点
⊥	捕捉到垂足	捕捉到的点与另一点的连线垂直于捕捉点所在的图线
∥	捕捉到平行线	过已知点做已知直线的平行线
⧈	捕捉到插入点	捕捉块或文字等的插入点
∘	捕捉到节点	捕捉用 POINT、DIVIDE、MEASURE 等命令生成的点
⟋	捕捉到最近点	捕捉离拾取点最近的线段、圆、圆弧等对象上的点

5.2.2　对象捕捉功能的实现

AutoCAD 提供了 3 种执行对象捕捉命令的方法。

(1) 在菜单栏中选择【工具】|【工具栏】|【AutoCAD】|【对象捕捉】命令,打开对象捕捉工具栏,如图 5-3 所示。

图 5-3　"对象捕捉"工具栏

(2) 利用对象捕捉快捷菜单。按下 Shift 或 Ctrl 键并同时单击右键可激活该菜单,如图 5-4 所示。

(3) 命令行输入捕捉类型。当命令行提示输入点时,输入需要捕捉的点的类型。例如:若以已知圆的圆心为起点绘制一条直线,当执行绘制直线命令(Line)后,命令行提示"指定第一点 :",键盘输入需要捕捉的点的类型——圆心(Cen),然后根据提示点取已知的圆,就可以精确地捕捉到圆心。

5.2.3　设置自动对象捕捉

1. 设置捕捉点

右击状态栏中的对象捕捉按钮 ▢ ,选中"设置"项,进入"草图设置"对话框。或者利用菜单栏【工具】|【草图设置】命令,也可弹出"草图设置"对话框,如图 5-5 所示。此时,可选择一些经常用到的对象捕捉模式。

图 5-4 对象捕捉快捷菜单　　　图 5-5 在"草图设置"对话框中设置对象捕捉模式

2. 启用自动对象捕捉

在绘图和修改图形过程中,随时可以单击状态栏上的对象捕捉按钮 ▢ ,开启或关闭对象捕捉功能。与前述对象捕捉方式相比,这种方式的最大特点是不必每执行一次对象捕捉功能都按一次工具条按钮、菜单选项或输入字符。

3. 自动捕捉设置

在 AutoCAD 执行自动对象捕捉命令时,会自动在捕捉点处显示标记和工具栏提示,这些对象捕捉的相关参数可以利用 AutoCAD 提供的"自动捕捉设置"功能来设置。

菜单栏中选择【工具】|【选项】命令,打开如图 5-6 所示的"选项"对话框,单击【草图】选项卡,在【自动捕捉设置】组合框中有 4 个复选框。

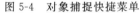

图 5-6 "选项"对话框

- 标记：当光标移到对象上或接近对象时会显示对象捕捉位置。其标记的形状由捕捉类型决定。
- 磁吸：吸引并将光标锁定到检测到的最接近的捕捉点。
- 显示自动捕捉工具提示：控制自动捕捉工具栏提示的显示。工具栏提示是一个标签，用来描述捕捉到的对象部分。
- 显示自动捕捉靶框：控制自动捕捉靶框的显示。靶框是捕捉对象时出现在十字光标内部的方框，靶框的大小可以被改变。

5.2.4 实例

绘制如图 5-7 所示的图形。

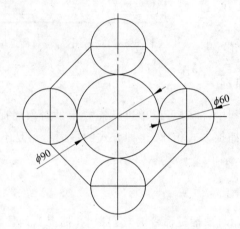

图 5-7   自动捕捉绘图实例

绘图步骤：

(1) 在"草图设置"对话框中设置自动捕捉类型：圆心，象限点，打开"自动对象捕捉"。

(2) 绘制 $\phi90$ 的圆。

命令：_circle 指定圆的圆心或 [三点(3P)/两点(2P)/相切、相切、半径(T)]：140,190 ↙
指定圆的半径或 [直径(D)]：45 ↙

(3) 利用临时追踪点捕捉确定 $\phi60$ 圆的圆心，绘制两侧 $\phi60$ 的圆。

命令：_circle 指定圆的圆心或 [三点(3P)/两点(2P)/切点、切点、半径(T)]：_tt 指定临时对象追踪点；
指定圆的圆心或 [三点(3P)/两点(2P)/切点、切点、半径(T)]：75

单击临时追踪点捕捉按钮，根据提示，捕捉 $\phi90$ 圆的圆心，拖动鼠标会出现一条水平或竖直虚线，键盘输入两圆中心距 75。

指定圆的半径或 [直径(D)] <45.0000>：30 ↙

(4) 重复执行(3)，捕捉其他 3 个不同方向的圆心，绘制其他 3 个 $\phi60$ 的圆。

(5) 利用对象自动捕捉功能，分别捕捉 4 个 $\phi60$ 圆的象限点，绘制直线。

5.3　自　动　追　踪

自动追踪是一种以已知点为基点，确定另一点的方法。系统提供了极轴追踪和对象捕捉追踪两种方法。这两种追踪功能的不同之处在于：对象捕捉追踪需要在图形中有可以捕捉到的对象，极轴追踪只是对方向的追踪。

5.3.1　极轴追踪

使用极轴追踪功能，可以使光标按指定的角度移动，这个指定角度就是极轴角度。所以必须事先设置追踪的方向（角度）。

1. 极轴追踪的设置

右击状态栏的"极轴追踪"按钮，选择"设置"选项，或者在菜单栏中选择【工具】|【草图设置】，弹出如图 5-8 所示对话框。

图 5-8　"草图设置"对话框

【启用极轴追踪】复选框：启动或关闭极轴追踪（与功能键 F10 功能一致）。
- 【极轴角设置】组合框：用来设置追踪角度。用户可以在【增量角】下拉列表中选择角度，表中 5、10、15、18、22.5、30、45、90 为系统给出的极轴追踪角度增量。

如果要使用特殊角的极轴角增量进行追踪，可以通过勾选【附加角】复选框，然后单击【新建】按钮，在随后出现的文本框中输入需要的角度值。
- 【对象捕捉追踪设置】组合框：用来控制对象捕捉追踪的方向。其中若选择【仅正交追踪】表示对象捕捉追踪只能沿垂直或水平方向；若选择【用所有极轴角设置追踪】表示对象捕捉追踪沿设置极轴角度的方向。

• 【极轴角测量】组合框：用于选择极轴角的量度基准。其中若选择【绝对】项，表示所设定的极轴角为绝对值；若选择【相对上一段】，表示极轴角为相对于前一线段的相对值。

2. 实例

绘制如图 5-9 所示的不同角度方向的直线，线段的长度都为 100。

绘图步骤：

（1）设置极轴追踪参数如图 5-9 所示，增量角为 15°，30°，45°，90°等。

（2）用绘制直线命令，任意给定一点为起点，移动鼠标会产生虚线并提示追踪角度和到起点的距离，键盘输入 100，即可绘制出直线。同样，移动鼠标到另外相应的角度，输入 100，即可绘制其他的图线。

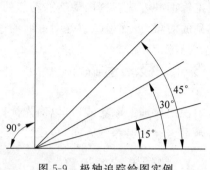

图 5-9　极轴追踪绘图实例

5.3.2　对象捕捉追踪

对象捕捉追踪是以对象捕捉点的对齐路径进行追踪。已获取的点将显示一个小（＋）号，一次最多可获取 7 个追踪点。获取点之后，当在绘图路径上移动光标时，将显示相对于获取点的水平、垂直或极轴对齐路径。

1. 对象捕捉追踪的设置

对象捕捉追踪的捕捉基点的设置可打开如图 5-5 所示的"草图设置"对话框，单击【对象捕捉】选项卡，从【对象捕捉模式】组合框中勾选。

对象捕捉追踪的方向由"草图设置"对话框【极轴追踪】选项卡中的【对象捕捉追踪设置】组合框设定。具体的设置过程如下：

（1）单击"草图设置"对话框中的【极轴追踪】选项卡，如图 5-8 所示；

（2）在【对象捕捉追踪设置】区，有两个选项。选择【仅正交追踪】选项，默认情况下只是沿正交方向追踪；当选择【用所有极轴角设置追踪】选项时，可以沿设定的极轴角方向进行对象捕捉追踪。

启用对象捕捉追踪时，必须同时启用对象捕捉功能。

2. 实例

绘制如图 5-10 所示的图形。

绘图步骤：

（1）用绘制矩形命令绘制矩形。

（2）设置对象捕捉参数：中点捕捉，打开对象捕捉和对象捕捉追踪。

（3）绘制圆。确定圆心时，移动鼠标，当出现如图 5-11 所示的提示时，单击确认。

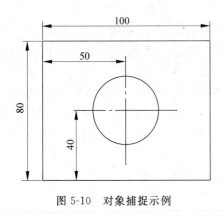

图 5-10 对象捕捉示例

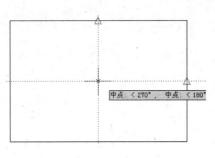

图 5-11 捕捉圆心

5.4 动 态 输 入

动态输入功能是在光标附近显示一个命令界面,帮助用户在绘图区域就可输入操作所需参数和提示,而无需在命令行实现操作。

5.4.1 启用动态输入

左击状态栏上的 按钮可以打开和关闭"动态输入",使用过程中可以按住 F12 键临时将其关闭。

5.4.2 设置动态输入

在菜单栏中选择【工具】|【草图设置】命令,或右击状态栏上的 按钮,则弹出如图 5-12 所示的对话框,选择【动态输入】选项卡。

图 5-12 【动态输入】选项卡

动态输入选项卡中包含 3 个组件：指针输入、标注输入和动态提示。

1. 指针输入

当启用指针输入后，在光标附近的工具栏提示中显示光标的当前位置坐标，如图 5-13 所示。此时可在提示框中输入坐标值，且输入的第二点和后续点默认采用相对极坐标显示，输入坐标值时不需"@"符号。若使用绝对坐标需使用"＃"作为前缀。按 Tab 键可激活下一个要激活的字段。

在【启用指针输入】复选框中单击【设置】按钮，打开"指针输入设置"对话框设置坐标值的输入方式和何时显示工具栏提示，如图 5-14 所示。

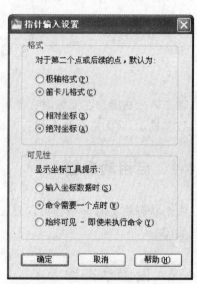

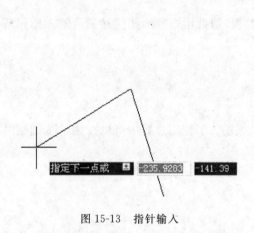

图 15-13　指针输入

图 5-14　"指针输入设置"对话框

2. 标注输入

当启用标注输入时，工具栏提示中将显示距离和角度值，如图 5-15 所示。可用 Tab 键激活下一个字段。

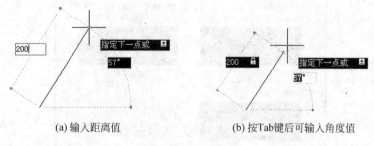

(a) 输入距离值　　　　　　　　(b) 按Tab键后可输入角度值

图 5-15　标注输入

在【可能时启用标注输入】复选框中单击【设置】按钮，打开"标注输入的设置"对话框设置标注的可见性模式，如图 5-16 所示。

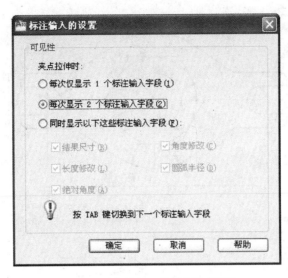

图 5-16　"标注输入的设置"对话框

3. 动态提示

　　启用动态提示时,工具栏提示显示在光标附近。并且可以利用键盘上的"↓"查看和选择选项,利用"↑"键显示最近的输入。

　　在"草图设置"对话框的【动态输入】选项卡中,利用【在十字光标附近显示命令提示和命令输入】复选框,可以启用和关闭动态显示功能,如图 5-12 所示。

习　　题

　　绘制如图 5-17～图 5-20 所示的图形。

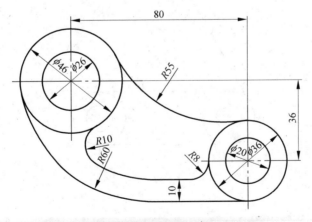

图　5-17

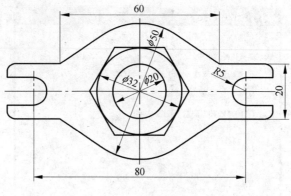

图　5-18

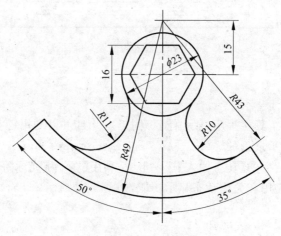

图　5-19

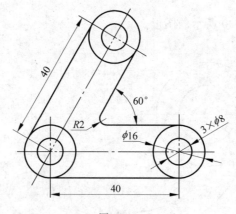

图　5-20

第 6 章

图 形 编 辑

图形编辑是指对已有的图形对象进行移动、旋转、缩放、复制、删除、参数修改等操作。AutoCAD 2010 具有强大的图形编辑功能，可以帮助用户合理地构造与组织图形，保证作图准确度，减少重复的绘图操作，从而提高绘图效率。AutoCAD 2010 提供了以下两种编辑方式：

（1）先发出一个命令，然后选择对象进行编辑；

（2）先选择要编辑的对象，然后对它们进行编辑。

常用的图形编辑命令如表 6-1 所示。

表 6-1 常用的图形编辑命令

图标	命令名	命令	功　能
	撤销	Undo	撤销上一个动作
	恢复	Redo	回复上一个用 Undo 或 U 放弃的效果
	删除	Erase	将选择的对象擦除
	复制	Copy	创建一个或多个与源对象完全相同的复制
	镜像	Mirror	以一条线为对称轴，创建对象的镜像
	偏移	Offset	在距选定对象指定距离处创建对象的类似体
	阵列	Array	选择对象按环形或矩形分布进行复制
	移动	Move	将选择对象在窗口中移动
	旋转	Rotate	将选择对象绕指定的基点旋转指定的角度
	缩放	Scale	将选择对象按比例放大或缩小
	拉伸	Stretch	移动或拉伸对象
	修剪	Trim	以对象为边界删除另一个或多个对象的一部分
	延伸	Extend	将对象延伸与另一对象相交
	打断于点	Break	将一个对象在所选点处分成两部分
	打断	Break	将一个对象分成两部分并删除所选两点之间的部分
	合并	Join	将一个对象的几部分合并成一个整体
	倒角	Chamfer	用一条斜线连接两个非平行对象，并进行延伸或修剪
	圆角	Fillet	用指定半径的圆弧光滑地连接两个对象
	分解	Explode	将复合对象分解成若干个基本对象

6.1　选 择 对 象

当对一个或多个对象进行编辑，首先需要选择所要编辑的对象。AutoCAD 2010 用虚线亮显所选择的对象，这些对象构成选择集。选择集可以包含单个对象，也可以包含多个对象构成的对象编组。

在 AutoCAD 2010 中，单击菜单浏览器按钮 ，在弹出的菜单中单击【选项】按钮，用户可以通过打开的"选项"对话框中的【选择集】选项卡，设置选择集模式、拾取框的大小及夹点功能，"选项"对话框【选择集】选项卡如图 6-1 所示。

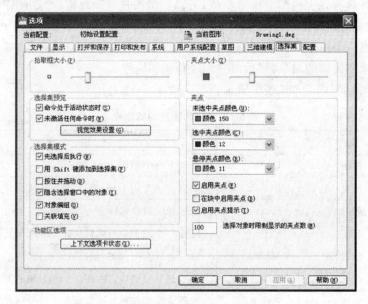

图 6-1　"选项"对话框【选择集】选项卡

在 AutoCAD 2010 中，选择对象的方法有很多种，这些选取方法不是命令，因此在任何菜单和工具栏上都不显示，但在 AutoCAD 2010 提示选择对象时能随时使用。

在命令行中输入 SELECT 命令，按 Enter 键，并且在命令行的"选择对象"提示下输入"?"，可显示 AutoCAD 2010 的对象选择方法，用户也可使用一个非法的选择关键字（例"d"）强迫 AutoCAD 2010 显示它的对象选择方法。例如执行一个编辑命令，AutoCAD 会提示如下信息：

需要点或窗口(W)/上一个(L)/窗交(C)/框(BOX)/全部(ALL)/栏选(F)/圈围(WP)/圈交(CP)/编组(G)/添加(A)/删除(R)/多个(M)/前一个(P)/放弃(U)/自动(AU)/单个(SI)/子对象(SU)/对象(O)

以上这些选项都是对象选择的方法，下面介绍选择对象的几种常用方式。

1. 直接点取选择

这是一种默认的选择对象方式。在选择状态下，AutoCAD 2010 将用一个拾取框代替屏幕十字光标,将拾取框放在要选择的对象上,单击其即可选中对象。每次选中一个对象后,便会出现一次"选择对象"提示,等待用户继续选择,直至空响应(按空格键或 Enter 键)表示结束构造选择集。按住 Shift 键,单击可一次选取多个对象。

2. 窗口(W)选项

窗口(W)选项可以选定一个矩形区域中包含的所有对象。在"选择对象:"提示符下输入"W",AutoCAD 2010 提示输入描述该窗口的两个对角点:

指定第一个角点: /给出第一个角点
指定对角点: /给出第二个角点

用户也可以不输入"W",而在屏幕上直接从左到右指定两个对角点从而指定该窗口。选定窗口后,完全属于窗口内的对象才被选中,如图 6-2 所示。

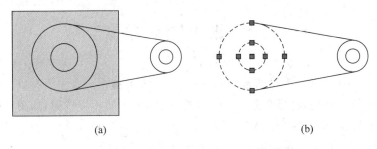

(a) (b)

图 6-2 使用"窗口(W)"方式选择对象

3. 窗交(C)选项

窗交(C)选项与窗口(W)选项类似,不同之处在于,与窗口边界相交和完全在窗口内的对象都被选中。在"选择对象:"提示符下输入"C"后,AutoCAD 2010 的提示与窗口(W)选项相同,只是交叉窗口用虚线表示。

用户也可以不输入"C",而在屏幕上直接从右到左指定两个对角点从而指定该窗口,如图 6-3 所示。

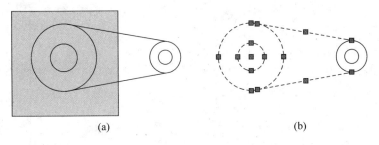

(a) (b)

图 6-3 使用"窗交(C)"方式选择对象

4. 添加(A)选项

添加(A)选项是向选择集中添加对象。当选项集中还有某些对象未被选取时,用户可以通过添加(A)选项功能进行选择。

5. 删除（R）选项

"选择对象"提示总是从添加模式开始。当选项集中选择了某些不想选取的对象时，用户可以通过删除（R）选项功能取消所选择的对象。删除（R）选项是从添加模式切换到清除模式的开关，一旦执行，有效到使用添加（A）选项为止。

6. 上一个（L）选项

上一个（L）选项用于选择最后创建的对象。

7. 放弃（U）选项

放弃（U）选项可以去除选择集中最后一次选择的对象，然后可继续向选择集中添加对象。

6.2   编辑图形命令

AutoCAD 2010 提供了大量的常用的编辑命令，激活编辑命令主要有以下几种方法：
(1) 单击功能区选项板【常用】选项卡中【修改】面板中的相应按钮，如图 6-4 所示；
(2) 单击标准菜单栏中【修改】选项的下拉菜单选项，如图 6-5 所示；
(3) 在"修改"工具条中单击编辑图形命令，如图 6-6 所示；

图 6-4 【修改】面板   图 6-5 【修改】下拉菜单   图 6-6 "修改"工具条

（4）在命令行中直接输入编辑命令名称。

6.2.1　删除命令（Erase）

在 AutoCAD 2010 中，可以非常方便地改正绘图中出现的错误。删除（Erase）命令允许用户删除对象。

激活"删除（Erase）"命令的方法主要有以下 3 种：

（1）在功能区选项板【常用】选项卡中【修改】面板中的选择删除按钮 ✐ ；

（2）从标准菜单栏【修改】选项下拉菜单中选择【删除】选项；

（3）从"命令"提示符下输入"Erase"。

激活"删除"命令后提示：

命令：erase ↙
选择对象：　　　　　　　　　　　　　　　　　/用各种选择方法选择要擦去的对象。

按空格（Space）键或回车（Enter）键结束选择。

6.2.2　复制命令（Copy）

在 AutoCAD 2010 中，可以使用复制（Copy）命令对已有的对象作出副本，创建与源对象相同的图形，并放置到指定位置。在 AutoCAD 2010 中激活"复制（Copy）"命令的方法主要有以下 3 种：

（1）在标准菜单栏【修改】选项下拉菜单中选择【复制】选项；

（2）在功能区选项板【常用】选项卡的【修改】面板中单击复制按钮 ✼ ；

（3）从"命令"提示符下输入"Copy"。

激活"复制（Copy）"命令后提示：

命令：Copy ↙
选择对象：　　　　　　　　　　　　　　　　　/用各种选择方法选择要复制的对象

按空格（Space）键或回车（Enter）键结束选择。

选择对象完成后，命令将显示一下提示信息：

指定基点或位移(D)/模式(O)<位移>：
指定第二个点或退出(E)/放弃(U)<退出>：
　　　　　　　　　　　　　　　　/通过连续指定位移的第二个点来创建该对象的其他副本

此时，可以不断指定新的第二点，从而实现多重复制。

<位移>：可直接输入距离确定第二点的位置，其复制方向为光标所在位置与基点连线的方向。

结束"复制（Copy）"命令直接按空格（Space）键或 Enter 键。利用"复制（Copy）"命令效果如图 6-7 所示。

6.2.3　镜像命令（Mirror）

在 AutoCAD 2010 中，可以使用"镜像（Mirror）"命令将源对象以镜像线对称复制。在

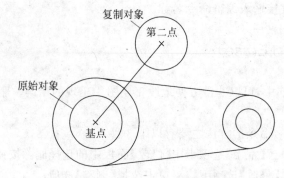

图 6-7　"复制(Copy)"命令效果

AutoCAD 2010 中激活"镜像(Mirror)"命令的方法主要有以下 3 种：

(1) 在菜单栏【修改】选项下拉菜单中选择【镜像】选项；

(2) 在功能区选项板【常用】选项卡的【修改】面板中单击"镜像"按钮 ⚶ ；

(3) 在命令行中输入"Mirror"。

激活"镜像"命令后提示：

命令：mirror ↙

选择对象：　　　　　　　　　　　　　　　/用各种选择方法选择要镜像的对象

按空格(Space)键或 Enter 键结束选择。

选择完成要镜像的对象后，需要指定镜像线上的
两个端点，命令行将显示以下提示信息：

指定镜像线的第一点：
指定镜像线的第二点：
要删除源对象吗？[是(Y)/否(N)] ＜N＞：

如果直接按空格(Space)键或回车(Enter)键，则
镜像复制对象，并保留原来的对象；如果选择 Y，则
在镜像复制对象的同时删除原对象。利用"镜像
(Mirror)"命令所得效果如图 6-8 所示。

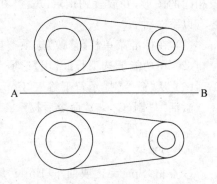

图 6-8　"镜像(Mirror)"命令效果

6.2.4　偏移命令(Offset)

在 AutoCAD 2010 中，可以使用"偏移(Offset)"命令对指定的直线、圆弧、圆等对象作
同心偏移复制。在实际应用中，常利用"偏移"命令的特性创建平行线或等距离分布图形。

在 AutoCAD 2010 中激活"偏移(Offset)"命令的方法主要有以下 3 种：

(1) 在菜单栏【修改】选项下拉菜单中选择【偏移】命令；

(2) 在功能区选项板【常用】选项卡的【修改】面板中单击"偏移"按钮 ⬭ ；

(3) 在命令行中输入"Offset"。

激活"镜像(Offset)"命令后提示：

命令：Offset ↙

当前设置：删除源＝否 图层＝源 OFFSETGAPTYPE＝0
指定偏移距离或［通过(T)/删除(E)/图层(L)］＜通过＞：

默认情况下，需要指定偏移距离，再选择要偏移复制的对象，然后指定偏移方向，以复制出对象。其他各选项的功能如下：

(1)【通过(T)】选项　在命令行输入"T"，命令行将提示以下信息：

选择要偏移的对象，或［退出(E)/放弃(U)］＜退出＞：/用各种选择方法选择要偏移的对象
指定通过点或［退出(E)/多个(M)/放弃(U)］＜退出＞：/指定对象经过的点或输入 M 将对象偏移多次

(2)【删除(E)】选项　在命令行输入"E"，命令行将提示以下信息：

要在偏移后删除源对象吗？［是(Y)/否(N)］＜否＞：　/输入"Y"或"N"确定是否删除源对象

(3)【图层(L)】选项　在命令行中输入"L"，命令行将提示以下信息：

输入偏移对象的图层选项［当前(C)/源(S)］＜源＞：/选择要偏移的对象的图层

使用"偏移(Offset)"命令复制对象时，复制结果不一定与源对象相同。例如对圆弧作偏移后，新圆弧与旧圆弧同心且具有同样的包含角，但圆弧的长度要发生改变。对圆或椭圆作偏移后，新圆与旧圆、新圆弧与旧圆弧有同样的圆心，但新圆的半径或新椭圆的轴长要发生变化。对直线段、构造线、射线作偏移，是平行复制。如图 6-9 所示为利用"偏移(Offset)"命令所得的实例。

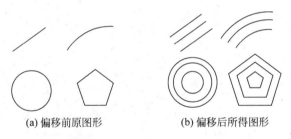

(a) 偏移前原图形　　　　　(b) 偏移后所得图形

图 6-9　利用"偏移(Offset)"命令所得的实例

6.2.5　阵列命令(Array)

在 AutoCAD 2010 中，可以使用"阵列(Array)"命令对指定的直线、圆弧、圆等对象作矩形或环形阵列复制。在 AutoCAD 2010 中激活"阵列(Array)"命令的方法主要有以下3 种：

(1) 在菜单栏【修改】选项下拉菜单中选择【阵列】选项；
(2) 在功能区选项板【常用】选项卡的【修改】面板中单击"阵列"按钮 ；
(3) 在命令行中输入"Array"。

以上操作都可以打开"阵列"对话框，用户可以在该对话框中设置以矩形阵列或者环形阵列方式多重复制对象。

1. 矩形阵列复制

在"阵列"对话框中，选择【矩形阵列】单选按钮，可以以矩形阵列方式复制对象，此时的

"阵列"对话框如图 6-10 所示。

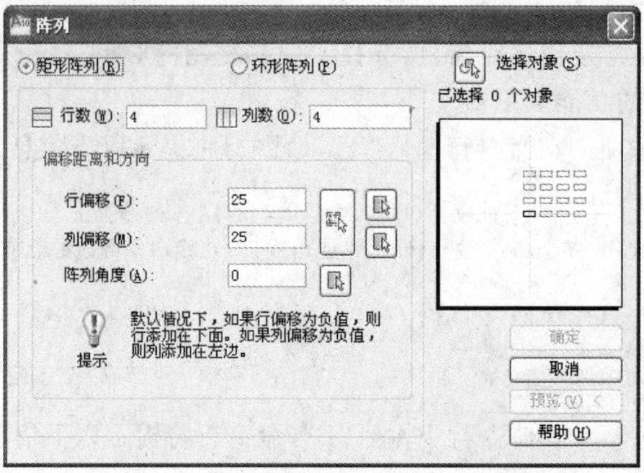

图 6-10   "阵列"对话框【矩形阵列】单选按钮

如图 6-10 所示,在相应选项卡里依次输入要阵列的行数、列数、行偏移量、列偏移量后,单击【选择对象】按钮,"阵列"对话框隐藏,选择要阵列的对象后,按 Enter 键返回"阵列"对话框,单击【确定】按钮,完成阵列。例如,将图 6-11(a)中的图按图 6-10 所选参数进行阵列后,其效果如图 6-11(b)所示。

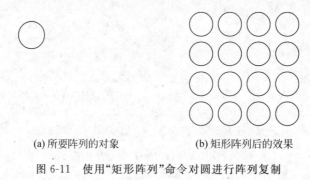

(a) 所要阵列的对象   (b) 矩形阵列后的效果

图 6-11   使用"矩形阵列"命令对圆进行阵列复制

2. 环形阵列复制

在"阵列"对话框中,选择【环形阵列】单选按钮,可以以环形阵列方式复制对象,此时的"阵列"对话框如图 6-12 所示。

如图 6-12 所示,在相应选项卡里依次输入要阵列的中心点坐标值、项目总数、填充角度等后,单击【选择对象】按钮,"阵列"对话框隐藏,选择要阵列的对象后,按 Enter 键返回"阵列"对话框,单击【确定】按钮,完成阵列。例如将图 6-13(a)中的圆按图 6-12 所选参数进行阵列后,其效果如图 6-13(b)所示。

6.2.6   移动命令(Move)

在 AutoCAD 2010 中,可以使用"移动(Move)"命令对指定的直线、圆弧、圆等对象进行

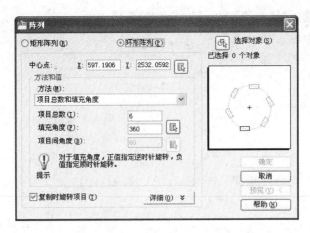

图 6-12　"阵列"对话框【环形阵列】单选按钮

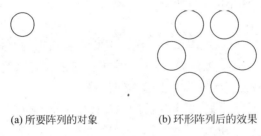

(a) 所要阵列的对象　　　　(b) 环形阵列后的效果

图 6-13　使用"环形阵列"命令对圆进行阵列复制

重定位,即可以将一个或多个对象从当前位置移动到新的位置,而不改变对象的大小和方向。在 AutoCAD 2010 中激活"移动(Move)"命令的方法主要有以下 3 种:

(1) 在菜单栏【修改】选项下拉菜单中选择【移动】选项;

(2) 在功能区选项板【常用】选项卡的【修改】面板中单击"移动"按钮 ✛;

(3)在命令行中输入"Move"。

激活"移动"命令提示:

命令: move ↙
选择对象:　　　　　　　　　　　　　/ 选择要移动的对象。
指定基点或 [位移(D)] <位移>:　　　/ 单击或键盘输入形式给出基点坐标。
指定第二个点或 <使用第一个点作为位移>:　　/ 指定第二点或给一个空响应,如果按 Enter
　　　　　　　　　　　　　　　　　　　键,那么所给出的基点坐标就作为偏移量。

6.2.7　旋转命令(Rotate)

在 AutoCAD 2010 中,可以使用"旋转(Rotate)"命令让指定的对象绕基点旋转指定的角度。"旋转"命令使对象绕指定点旋转,该点叫基点。输入角度值时,正角度按逆时针方向旋转对象,负角度按顺时针方向旋转对象。激活"旋转(Rotate)"命令的方法主要有以下 3 种:

(1) 在菜单栏【修改】选项下拉菜单中选择【旋转】选项;

（2）在功能区选项板【常用】选项卡的【修改】面板中单击"旋转"按钮 ⟳ ；

（3）在命令行中输入"Rotate"。

激活"旋转"命令提示如下信息：

命令：Rotate↙
UCS 当前的正角方向：ANGDIR＝逆时针　ANGBASE＝0.00
选择对象：　　　　　　　　　　　　　　　/选择要旋转的对象
指定基点：　　　　　　　　　　　　　　　/指定基点位置
指定旋转角度，或［复制(C)/参照(R)］＜0.00＞：　/指定旋转角度

【参照】选项是指定参考角度。若输入 r，AutoCAD 2010 命令行会接着提示：

指定参照角 ＜0＞：　　　　　　　　　　　/指定参考角度
指定新角度或［点(P)］＜0＞：　　　　　　/指定相对于参考角度的角度值

6.2.8 缩放命令（Scale）

在 AutoCAD 2010 中，可以使用"缩放(Scale)"命令对指定的对象按指定的比例因子相对于基点进行尺寸缩放。激活"缩放(Scale)"命令的方法主要有以下 3 种：

（1）在菜单栏【修改】选项下拉菜单中选择【缩放】选项；

（2）在功能区选项板【常用】选项卡的【修改】面板中单击"缩放"按钮 ⌁ ；

（3）在命令行中输入"Scale"。

激活"缩放"命令后提示如下信息：

命令：Scale↙
选择对象：　　　　　　　　　　　　　　　/选择要缩放的对象
指定基点：　　　　　　　　　　　　　　　/指定基点位置
指定比例因子或［复制(C)/参照(R)］＜1.0000＞：　/设定缩放比例因子

如果直接指定缩放的比例因子，对象将根据该比例因子相对于基点缩放，当比例因子大于 0 而小于 1 时缩小对象，当比例因子大于 1 时放大对象。

【参照】选项是指定参考长度。若输入 r，AutoCAD 2010 命令行会接着提示：

指定参照长度 ＜0＞：　　　　　　　　　　/指定参考长度值
指定新长度或［点(P)］＜0＞：　　　　　　/指定新的长度值

设定完成参照长度值和新长度值后，AutoCAD 会根据参照长度值和新长度值自动计算比例因子（比例因子＝新长度值/参照长度值），然后进行缩放。例如利用"缩放"命令将图 6-15(a)中所示的图形缩小为原来的一半，设定比例因子为 0.5，生成的效果如图 6-14(b)所示。

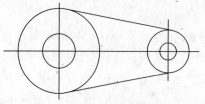 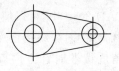

(a) 原始图形　　　　　　　　　　　(b) 缩放后的图形

图 6-14　使用"缩放"命令对图形进行缩放操作

6.2.9 拉伸命令（Stretch）

在 AutoCAD 2010 中，可以使用"拉伸（Stretch）"命令对指定的对象进行移动或拉伸，操作方式根据图形对象在选择框中的位置决定。执行该命令时，可以使用"交叉窗口"方式或者"交叉多边形"方式选择对象，然后依次指定位移基点和位移矢量，将会移动全部位于选择窗口之内的对象，而拉伸（或压缩）与选择窗口边界相交的对象。激活"拉伸（Stretch）"命令的方法主要有以下 3 种：

（1）在菜单栏【修改】选项下拉菜单中选择【拉伸】选项；

（2）在功能区选项板【常用】选项卡的【修改】面板中单击"拉伸"按钮 ；

（3）在命令行中输入"Stretch"。

"拉伸"命令可以通过拉伸对象来改变对象的形状，而不会影响其他部分。一个最普通的例子是将正方形拉伸为矩形，长度改变而宽度不变。

在使用"拉伸"命令时，与对象选取窗口相交的对象会被拉伸；完全在选取窗口外的对象不会有任何改变；完全在选取窗口内对象将发生移动，此时，"拉伸"命令等同于"移动"命令。

激活"拉伸"命令提示如下信息：

命令：Stretch ↙
选择对象：   /以交叉窗口或交叉多边形选择要拉伸的
                                          对象...
指定基点或［位移(D)］＜位移＞：   /指定基点或按 Enter 键
指定第二个点或 ＜使用第一个点作为位移＞： /指定位移的第二点或按 Enter 键

注意：要拉伸的对象必须用交叉窗口或交叉多边形的方式来选取。图 6-15 所示为对原始图形进行拉伸操作的实例。

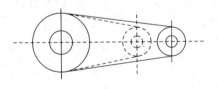
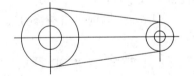

(a) 对图形进行拉伸   (b) 拉伸后的图形

图 6-15 使用"拉伸"命令对图形进行拉伸操作

6.2.10 修剪命令（Trim）

在 AutoCAD 2010 中，可以使用"修剪（Trim）"命令以某一对象为剪切边修剪其他对象。"修剪"命令用于修剪对象与剪切边实际相交或与剪切边隐含相交的部分。可修剪的对象包括直线、圆弧、椭圆弧、圆、二维和三维多段线、构造线、射线以及样条曲线等。有效的剪切边对象包括直线、圆弧、椭圆弧、圆、二维和三维多段线、构造线、填充区域、样条和文字等。

剪切边也可以同时作为被剪边。激活"修剪（Trim）"命令的方法主要有以下 3 种：

(1) 在菜单栏【修改】选项下拉菜单中选择【修剪】选项；

(2) 在功能区选项板【常用】选项卡的【修改】面板中单击"修剪"按钮 ⊬；

(3) 在命令行中输入"Trim"。

激活"修剪"命令后提示如下信息：

命令：Trim↙

当前设置：投影＝UCS,边＝无

选择剪切边…

选择对象或 ＜全部选择＞：　　　　　　　　　　　　/选择作为剪切边的对象

选择要修剪的对象,或按住 Shift 键选择要延伸的对象,或

［栏选(F)/窗交(C)/投影(P)/边(E)/删除(R)/放弃(U)］:/用各种方式选择要修剪的对象

默认情况下,选择要修剪的对象,系统将以剪切边为界,将被剪切对象上位于拾取点一侧的部分剪掉。如果按下 Shift 键,同时选择与修剪边不相交的被剪切对象,修剪边将变为延伸边界,将选择的被剪切边延伸至与修剪边界相交。该命令中主要选项的功能如下。

【投影(P)】选项　指定当修剪对象时 AutoCAD 2010 所使用的投影模式。默认情况下,投影模式设置为当前的 UCS。

【边(E)】选项　修剪与所选剪切边实际相交还是隐含相交的对象。当选择【边(E)】选项后,AutoCAD 2010 会提示如下信息：

输入隐含边延伸模式 ［延伸(E)/不延伸(N)］ ＜不延伸＞＜当前值＞:/选择一个选项或按 Enter 键。

命令中【延伸(E)】选项是将剪切边沿它的自然轨迹延伸,与一个对象相交(隐含相交点)。选择了该选项后,AutoCAD 将修剪与剪切边隐含相交的对象。【不延伸】选项只修剪与剪切边实际相交的对象,否则不予修剪。

【放弃(U)】选项　撤销"修剪"命令所作的最后一次修改。

为提高修剪效率,可采用快捷方式,即激活"修剪"命令后,选中所有的对象后,直接按空格(Space)键或 Enter 键,则单击被修剪边即可。

6.2.11　延伸命令(Extend)

在 AutoCAD 2010 中,可以使用"延伸(Extend)"命令延长指定的对象与另一对象相交或外观相交。"延伸"命令使所选直线、圆弧、椭圆弧、非封闭的二维和三维多段线以及射线延伸到指定的直线、圆弧、椭圆弧、圆、椭圆、二维和三维多段线、射线、构造线、区域、样条、文字串等。

激活"延伸"命令的方法主要有以下 3 种：

(1) 在菜单栏【修改】选项下拉菜单中选择【延伸】选项；

(2) 在功能区选项板【常用】选项卡的【修改】面板中单击"延伸"按钮 ⊸⁄；

(3) 在命令行中输入"Extend"。

激活"延伸"命令后提示如下信息：

命令：Extend ✓
当前设置：投影＝UCS,边＝无
选择边界的边…
选择对象或 ＜全部选择＞：　　　　　　　　　　　　　　/选择要延伸到的对象。
选择要延伸的对象,或按住 Shift 键选择要修剪的对象,或
[栏选(F)/窗交(C)/投影(P)/边(E)/放弃(U)]：/选择要延伸的对象,或选择其中一个选项。

【边(E)】选项用于确定对象是延伸到所选定的边界还是延伸到一隐含的交点。与"修剪"命令中的【边】选项相同；【放弃】选项也类同。如图 6-16 所示为将图(a)中矩形内的两条线段延伸至边,其延伸后的效果如图(b)所示。

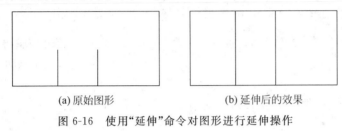

(a) 原始图形　　　　　　　　　　(b) 延伸后的效果

图 6-16　使用"延伸"命令对图形进行延伸操作

6.2.12　打断命令(Break)

在 AutoCAD 2010 中,可以使用"打断(Break)"命令部分删除对象或把对象分解成两部分。"打断"可用于直线、圆弧、椭圆、圆、圆环、二维和三维多段线、构造线、射线等。激活"打断"命令的方法主要有以下 3 种：

(1) 在菜单栏【修改】选项下拉菜单中选择【打断】选项；

(2) 在功能区选项板【常用】选项卡的【修改】面板中单击"打断"按钮 ☐ ；

(3) 在命令行中输入"Break"。

激活"打断"命令后提示如下信息：

命令：Break ✓
选择对象：　　　　　　　　　　　　　　　　/在对象上选择第一个打断点
指定第二个打断点 或 [第一点(F)]：　　　　　　/在对象上选择第二个打断点

AutoCAD 2010 将删除对象上位于第一点和第二点之间的部分。第一点即是选取该对象时的拾取点。如果第二点不在对象上,AutoCAD 将选择对象上离该点最近的一个点。如果需要截断直线、圆弧或多段线,可将第二点选在上述对象的端点之外。

如图 6-17 所示为将图(a)中圆上边界打断,按单击打断点的顺序的不同,其打断后的效果也不同,如图(b)、(c)所示。

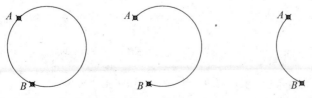

(a) 原始图形　　　　(b) 单击A和B产生的效果　　　　(c) 单击B和A产生的效果

图 6-17　使用"打断"命令对图形进行打断操作

6.2.13　打断于点命令(Break)

在 AutoCAD 2010 中,可以使用"打断于点(Break)"命令将对象在一点处断开成两个对象。它是从"打断"命令中派生出来的。执行该命令时,需要选择要被打断的对象,然后指定打断点,即可从该点打断对象。

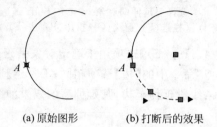

(a) 原始图形　　　　(b) 打断后的效果

图 6-18　使用"打断于点"命令对图形
进行打断操作

在功能区选项板中选择【常用】选项卡,在【修改】面板中单击"打断于点"按钮,可以将对象在一点处断开成两个对象。在如图 6-18 所示的图形中,要从点 A 处打断圆弧,可以执行"打断于点"命令,先选择圆弧,然后单击 A 点即可。

6.2.14　合并命令(Join)

在 AutoCAD 2010 中,可以使用"合并(Join)"命令部分连接某一连续图形的两部分,或者将某段圆弧闭合为整圆。激活"合并"命令的方法主要有以下 3 种:

(1) 在菜单栏【修改】选项下拉菜单中选择【合并】选项;

(2) 在功能区选项板【常用】选项卡的【修改】面板中单击"合并"按钮 ＋ ;

(3) 在命令行中输入"Join"。

激活"合并"命令后提示如下信息:

命令:Join↙
选择对象:　　　　　　　　　　　　　　　　　　/选择要合并的对象
选择圆弧,以合并到圆或进行[闭合(L)]:　　　　　/选择要合并的另一部分对象

按空格(Space)键或 Enter 键即可将这些对象合并。如图 6-19 所示的就是对在图(a)中同一个圆上的两段圆弧 A 和 B 进行合并后的效果。按选择圆弧的顺序的不同,其合并后的效果也不同,如图(b)、(c)所示。如果选择【闭合(L)】选项,表示可以将选择的任一段圆弧闭合为一个整圆。例如将图 6-19(a)中的圆弧 A 闭合为一个整圆,利用"闭合(L)"命令所得到的效果如图(d)所示。

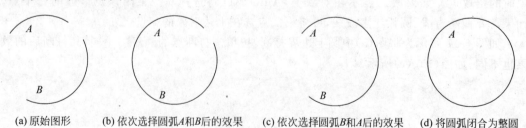

(a) 原始图形　　(b) 依次选择圆弧A和B后的效果　　(c) 依次选择圆弧B和A后的效果　　(d) 将圆弧闭合为整圆

图 6-19　使用"合并"命令对图形进行合并操作

6.2.15　倒角命令（Chamfer）

在 AutoCAD 2010 中，可以使用"倒角（Chamfer）"命令修改对象使其以平角相连。激活"倒角"命令的方法主要有以下 3 种：

（1）在菜单栏【修改】选项下拉菜单中选择【倒角】选项；

（2）在功能区选项板【常用】选项卡的【修改】面板中单击"倒角"按钮 ▱；

（3）在命令行中输入"Chamfer"。

激活"倒角"命令后提示如下信息：

命令：Chamfer ↙
（"修剪"模式）当前倒角距离 1 = 0.0000，距离 2 = 0.0000
选择第一条直线或［放弃（U）/多段线（P）/距离（D）/角度（A）/修剪（T）/方式（E）/多个（M）］：

默认情况下，AutoCAD 提示选择要倒角的第一个对象。如果选择了直线来倒角，则 AutoCAD 接着提示：

选择第二个对象，或按住 Shift 键选择要应用角点的对象：

【多段线（P）】选项：以当前设置的倒角大小在二维多段线的每个顶点处倒角。

【距离（D）】选项：设置倒角线上两个端点到顶点的距离。

【角度（A）】选项：AutoCAD 提示倒角线在第一条线上端点到顶点的距离和第一条线所夹的角度。

【修剪（T）】选项：控制 AutoCAD 是否修剪掉从所选的边到倒角线端点处的部分。

【方式（E）】选项：设置倒角的方法，控制 AutoCAD 是用两个距离还是用一个距离和一个角度来生成倒角。

【多个（M）】选项：对多个对象修倒角。

图 6-20 所示为对矩形直角进行倒角操作的效果。

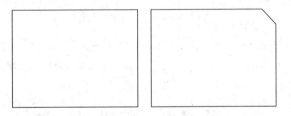

图 6-20　使用"倒角"命令对图形进行倒角操作

6.2.16　圆角命令（Fillet）

在 AutoCAD 2010 中，可以使用"圆角（Fillet）"命令修改对象使其以圆角相连。"圆角"命令用指定半径的圆弧将两条直线、圆弧、椭圆弧、圆、二维和三维多段线、构造线、射线以及样条曲线相连（圆弧过渡）。在 AutoCAD 2010 中激活"圆角"命令的方法主要有以下 3 种：

(1) 在菜单栏【修改】选项下拉菜单中选择【圆角】选项；

(2) 在功能区选项板【常用】选项卡的【修改】面板中单击"圆角"按钮 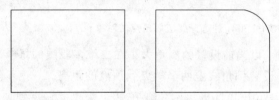；

(3) 在命令行中输入"Fillet"。

激活"圆角"命令后提示如下信息：

命令：Fillet↙
当前设置：模式 = 修剪，半径 = 0.0000
选择第一个对象或［放弃(U)/多段线(P)/半径(R)/修剪(T)/多个(M)］:
选择第二个对象，或按住 Shift 键选择要应用角点的对象：

选项含义如下：

【半径(R)】选项：用来改变当前圆角的半径值。

【多段线(P)】选项：在二维多段线的每个顶点处画圆角。

【修剪(T)】选项：控制 AutoCAD 是否修剪掉所选择的边到圆角端点的部分。

图 6-21 所示为对矩形直角进行倒圆角操作的效果。

图 6-21   使用"圆角"命令对图形进行倒圆角操作

6.2.17   分解对象(Explode)

在 AutoCAD 2010 中，可以使用"分解"命令将多段线、多义圆弧(Poyarcs)以及多线(Multiline)分离成独立的简单的直线和圆弧对象，也可以使块、填充图案和关联尺寸标注的这些整体对象分解成分离的对象。

在 AutoCAD 2010 中激活"分解"命令提示如下信息：

命令：explode
选择对象：   /选择要分解的对象并按 Enter 键结束选取

6.3   使用夹点编辑图形对象

在 AutoCAD 2010 中，对象的夹点是一种集成的编辑模式，提供了一种方便快捷的编辑操作途径。

在"命令"提示下选择一个或多个要操作的对象，一个小方框会出现在对象的特殊点上，这些点称为夹点。夹点出现在对象的端点、中点、中心点、象限点及插入点。在启动夹点后，AutoCAD 就可以移动、拉伸、旋转、复制、比例缩放及镜像所选择的对象。

1. 打开夹点功能的方法

选择【工具】菜单中的【选项】命令,打开"选项"对话框,单击【选择集】选项卡,选择【夹点】选项组中的【启用夹点】复选框。在该选项卡中还可以设置代表夹点的小方格大小和颜色。默认情况下夹点处于启用状态。

2. 使用夹点编辑对象

在"命令"提示下选择一个或多个要操作的对象,就可以显示对象上的夹点。当光标移动到一个夹点上时,它自动捕捉夹点,此时该夹点显亮显示,称为温夹点。

单击某个温夹点,该夹点变为红色,处于选择状态下的红色夹点也称为"热夹点",移动光标,会发现夹点随光标的移动而移动。按住 shift 键可同时选择多个夹点为热夹点,即当前选择集中的对象进入了夹点编辑状态,右击可弹出一个光标菜单,列出夹点编辑模式下的所有选项,选择后可以进行移动、拉伸、旋转、复制、比例缩放和镜像等图形编辑操作,如图 6-22所示。

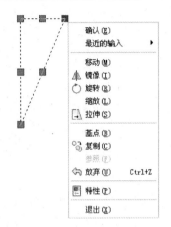

图 6-22　选择夹点编辑对象模式

在热夹点状态下,命令行中有如下提示:

命令:
** 拉伸 **
指定拉伸点或［基点(B)/复制(C)/放弃(U)/退出(X)］:

默认对象夹点编辑模式为"拉伸",按 Enter 键或空格键可遍历对象夹点编辑模式,从中可以选择要执行的操作。

在"拉伸"模式下,按住 Ctrl 键,可实现在拉伸的同时复制所选对象。

3. 关闭夹点的显示

要关闭夹点的显示,可按三次 Esc 键。第一次:所有热夹点变成温夹点;第二次:所有温夹点变成冷夹点;第三次:关闭所有夹点。

6.4　编辑对象特性

图形对象的特性包括很多方面,如基本特性、几何图形、打印样式、视图及其他特性等。图形的颜色、图层、线型、线型比例、线宽等一般归纳在基本特性的范畴之内。

可通过以下方法打开"特性"选项板:

(1) 在菜单栏中【修改】下拉菜单中选择【特性】选项;

(2) 在菜单栏中执行【工具】|【选项板】|【特性】命令;

（3）在功能区选项板【视图】选项卡的【选项板】面板中单击"特性"按钮▦；

（4）在命令行中输入"Ddmodify"或"Properties"。

执行上述操作后，打开"特性"选项板，如图 6-23 所示。其"特性"选项板的内容会根据选择对象的不同而变化，通过该选项板可以同时修改对象的一项或多项属性值。

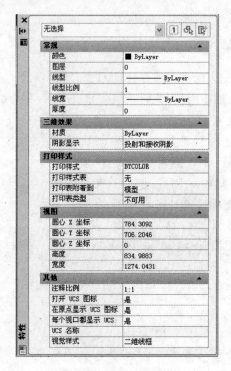

图 6-23 "特性"选项板

习　　题

绘制如图 6-24～图 6-27 所示的图形。

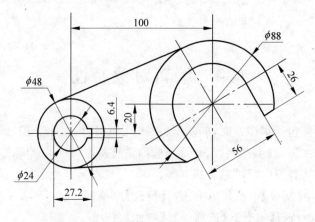

图　6-24

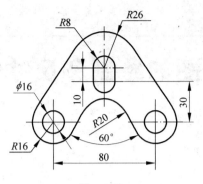

图 6-25

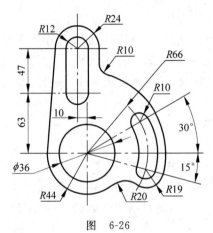

图 6-26

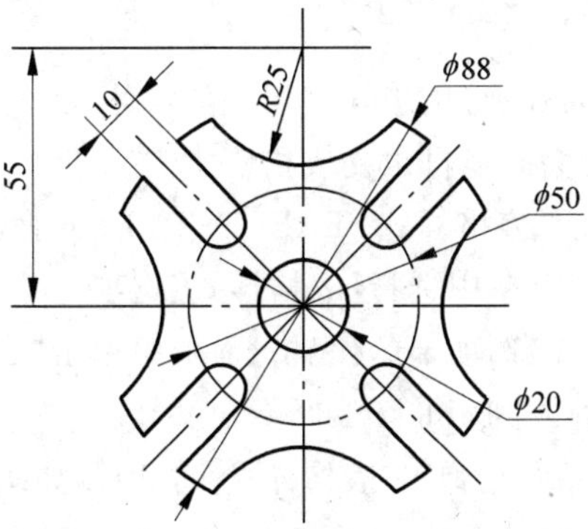

图 6-27

第7章

三视图的绘制和尺寸标注

7.1 表格与文字注释

当用 AutoCAD 2010 绘制一幅工程图样时,首先要设置图幅、图层、文本式样、标注尺寸式样、绘制边框、标题栏以及设置绘制单位、精确度等。为提高设计绘图效率,且使绘制图样风格统一,可将这些设置一次完成,保存为样板文件,供每次绘制图样时直接调用。

7.1.1 表格与标题栏

在 AutoCAD 2010 中,可以使用创建表格命令创建表格,还可以从 Microsoft Excel 中直接复制表格,并将其作为 AutoCAD 表格对象粘贴到图形中,也可以从外部直接导入表格对象。此外,还可以输出来自 AutoCAD 的表格数据,以供在 Microsoft Excel 或其他应用程序中使用。

1. 新建表格样式

表格样式控制一个表格的外观,用于保证标准的字体、颜色、文本、高度和行距。可以使用默认的表格样式,也可以根据需要自定义表格样式。

在 AutoCAD 2010 中激活"表格样式(TABLESTYLE)"命令的方法主要有以下 3 种:

(1) 在菜单栏【格式】下拉菜单中选择【表格样式】选项;

(2) 在功能区选项板【注释】选项卡的【表格】面板中单击"表格样式"按钮 ;

(3) 从"命令"提示符下输入"Tablestyle"。

激活"表格样式"命令后,系统会弹出"表格样式"对话框,如图 7-1 所示。单击 新建(N)... 按钮,即打开"创建新的表格样式"对话框,如图 7-2 所示,用户可以使用其创建新的表格样式。

在【新样式名(N)】文本框中输入新的表格样式名,在【基础样式(S)】下拉列表中选择默认的、标准的或者任何已经创建的表格样式,新样式将在该样式的基础上进行修改。然后单击 继续 按钮,将打开"修改表格样式"对话框,可以通过它指定表格的行格式、表格方向、边框特性和文本样式和表格的数据、标题和表头样式等内容,如图 7-3 所示。

2. 创建表格和编辑表格

在 AutoCAD 2010 中,可以使用"插入表格"命令来创建表格。激活"插入表格"命令主

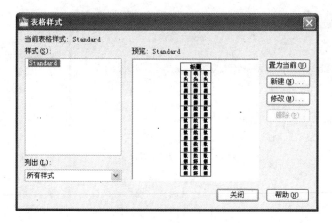

图 7-1　"表格样式"对话框　　　　　　图 7-2　"创建新的表格样式"对话框

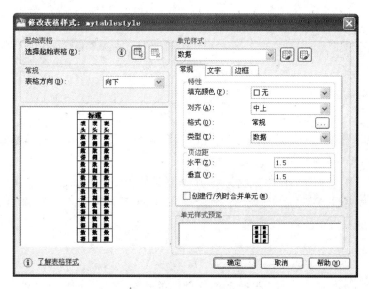

图 7-3　"修改表格样式"对话框

要有以下的方法：

（1）在菜单栏【绘图】选项下拉菜单中选择【表格】选项；

（2）在功能区选项板【注释】选项卡的【表格】面板中单击"表格"按钮 ；

（3）在命令行中输入"Table"。

激活"插入表格"命令后，系统将弹出"插入表格"对话框，如图 7-4 所示。

在【表格样式】选项区域中，可以从【表格样式名称】下拉列表中选择表格样式，或单击其后的 按钮，打开"表格样式"对话框，创建新的表格样式。

在【插入选项】选项区域中，选择【从空表格开始】单选按钮，可以创建一个空的表格；选择【自数据链接】单选按钮，可以从外部导入数据来创建表格；选择【自图形中的对象数据（数据提取）】单选按钮，可以从可输出到表格或外部文件的图形中提取数据来创建表格。

在【插入方式】选项区域中，选择【指定插入点（I）】单选按钮，可以在绘图窗口中的某点

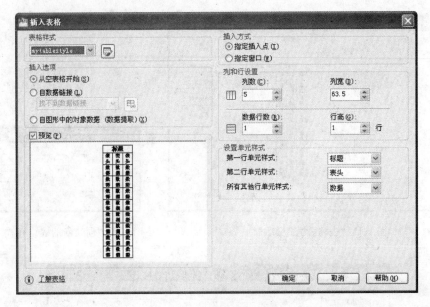

图 7-4　"插入表格"对话框

插入固定大小的表格；选择【指定窗口（W）】单选按钮，可以在绘图窗口中通过拖动表格边框来创建任意大小的表格。

在【列和行设置】选项区域中，可以通过改变【列数（C）】、【列宽（D）】、【数据行数（R）】和【行高（G）】文本框中的数值来调整表格的外观大小。

可以通过表格的快捷菜单对表格进行剪切、复制、删除、移动、缩放和旋转等简单操作，还可以均匀调节表格的行、列大小。当选择"输出"命令时，还可以打开"输出数据"对话框，以 .csv 格式输出表格中的数据。

3. 实例

利用"表格"命令完成如图 7-5 所示的标题栏的绘制。

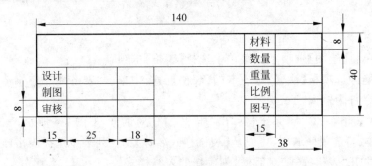

图 7-5　标题栏表格

（1）在菜单栏【格式】下拉菜单中单击【表格样式】选项，弹出"表格样式"对话框，单击【新建】按钮，弹出"创建新的表格样式"对话框，在【新样式名】文本框中输入"标题栏"，单击【继续】按钮，弹出"新建表格样式：标题栏"对话框，如图 7-6 所示。

图 7-6　"新建表格样式：标题栏"对话框

（2）在图 7-6 中，单击【单元样式】选项组中的【常规】选项卡，在【对齐】下拉列表框中选择"正中"，以使单元表格中的文字处于正中位置。在【文字】选项卡的【文字高度】文本框中设置文字高度为 3.5。在【边框】选项卡中选择【外边框】按钮，并设定线宽为 0.3，如图 7-6 所示。

（3）单击图 7-6 中的【确定】按钮，则返回到"表格样式"对话框，如图 7-7 所示。选择"标题栏"样式，并单击【置为当前】按钮，然后单击【关闭】按钮退出对话框。

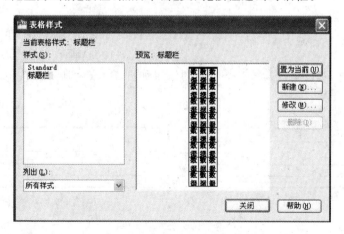

图 7-7　"表格样式"对话框

（4）在【绘图】下拉菜单中执行"表格"命令，弹出"插入表格"对话框，如图 7-8 所示。
在【插入方式】选项组中选择【指定插入点】；在【列和行设置】选项组中设置列数为 6，数

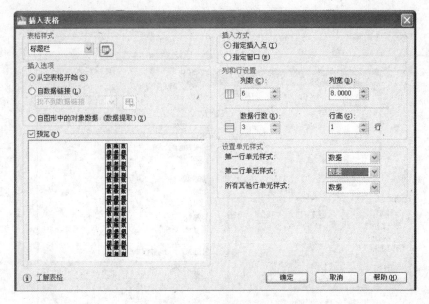

图 7-8 "插入表格"对话框

据行数为 3；在【设置单元样式】选项组中，3 个下拉列表框中都选择"数据"。然后单击【确定】按钮，则在绘图区就会显示 5 行 6 列的表格，单击绘图区中的一点即可生成表格，如图 7-9 所示。

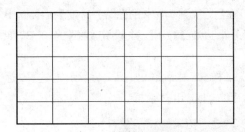

图 7-9 生成表格

（5）修改单元格尺寸。单击选中一单元格，再右击，弹出快捷菜单【特性】，或单击菜单栏【修改】|【特性】，打开特性对话框，根据图 7-5 中表格尺寸修改"单元宽度"值和"单元高度"值即可。按图 7-5 所示表格的尺寸修改其他单元格。

（6）合并单元格。单击左键选中一个单元格，然后按住 Shift 键单击多个单元格，直至满足要求，如图 7-10(a) 所示。单击右键，在弹出的快捷菜单中选择【合并】|【全部】，按 Esc 键后的结果如图 7-10(b) 所示。按图 7-5 所示的表格形式合并其他单元格。

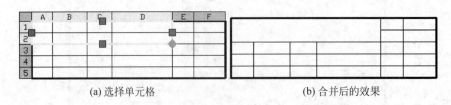

(a) 选择单元格   (b) 合并后的效果

图 7-10 合并单元格

（7）填写文字。双击要输入文字的单元格，AutoCAD 可直接打开文字编辑器，在单元格中输入文字即可。采用同样的方法可输入其他文字，结果如图 7-5 所示。

7.1.2 文字注释

文字对象是 AutoCAD 图形中很重要的图形元素,是工程图中不可缺少的组成部分。在一个完整的图样中,通常都包含一些文字注释来标注图样中的一些非图形信息。下面主要介绍文字注释中文字样式的设置、文字的输入、文字的编辑等内容。

1. 文字样式的设置

我国技术制图标准规定,工程图样中的汉字为长仿宋体,在不同的图幅中书写相应高度的文字。在 AutoCAD 2010 中,应先设定文字的样式,然后再在该样式下输入文字。

执行下拉菜单【格式】|【文字样式】,弹出"文字样式"对话框,如图 7-11 所示。

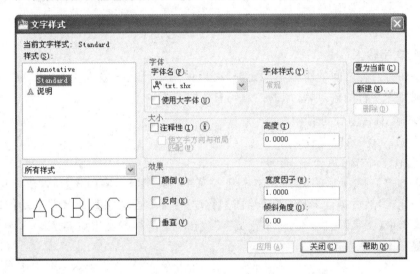

图 7-11 "文字样式"对话框

系统默认文字样式的名称为"Standard",它使用的字体文件为"txt.shx",不符合我国国标,需重新设置。单击 新建(N)... 按钮,弹出"新建文字样式"对话框,如图 7-12 所示,输入"汉字样式"作为新文字样式的名称。返回"文字样式"对话框后,从【字体名】下拉列表中选中"仿宋_GB2312"字体,字体高度设为 0(具体的字高在输入文字时确定),宽度因子设为 0.67(长仿宋体的宽高比),单击 应用(A) 按钮后关闭对话框,当前的文字样式即为"汉字样式",如图 7-13 所示。

图 7-12 "新建文字样式"对话框

2. 文字的输入

AutoCAD 2010 提供了两种文字输入方式:单行输入与多行输入。单行输入是指输入的每一行文字都被看作一个单独的实体对象,输入几行就生成几个实体对象;多行输入是指不管输入几行文字,系统都把它们作为一个实体对象来处理。

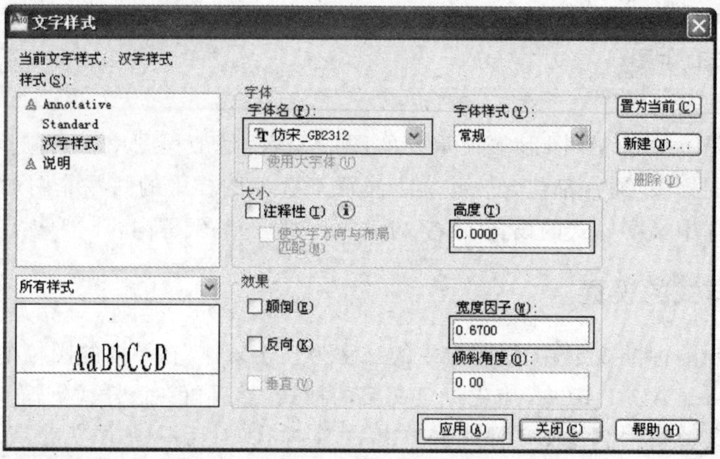

图 7-13　"汉字样式"的设置

1) 单行文字输入

当文字的行与行之间的距离不固定时,可以使用单行文字输入。AutoCAD 2010 采用控制码实现特殊字符的输入,常用的控制码有:

(1) ％％C 标注直径符号(ϕ);

(2) ％％D 标注角度符号(°);

(3) ％％P 标注"正负公差"符号(±)。

要输入如图 7-14 所示的文字,先执行下拉菜单【格式】|【文字样式】,将"汉字样式"设置为当前文字样式,然后执行下拉菜单【绘图】|【文字】|【单行文字】,或者单击功能区选项板【注释】选项卡中【文字】面板,选择"多行文字"按钮 下的单行文字按钮 A| 单行文字,在命令窗口根据系统提示作如下操作:

```
命令: _dtext
当前文字样式: "汉字式样" 文字高度: 2.5000 注释性: 否
指定文字的起点或［对正(J)/样式(S)］:
指定高度 ＜2.5000＞: 5 ↙
指定文字的旋转角度 ＜0＞: ↙
```

输入以下文字:

计算机辅助设计 AUTOCAD 2010 ↙
％％C50％％P0.001　30％％D　　50％↙

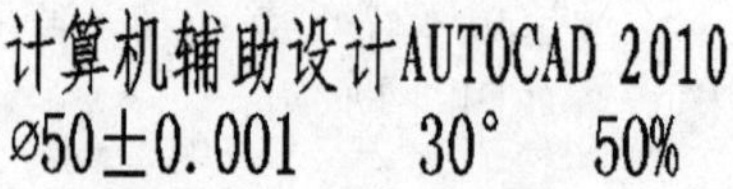

计算机辅助设计AUTOCAD 2010
⌀50±0.001　　30°　　50%

图 7-14　单行文字输入

系统提示当前文字样式为"汉字样式",字高为 2.5。首先在图形窗口拾取输入文字的起点;然后设置文字高度为 5,旋转角度为默认值 0;最后选择合适的输入法输入汉字和数字。每一行作为一个对象,可连续输入多行的单行文字,直接按 Enter 键可结束命令。

2）多行文字输入

如果输入的文字较多，用多行文字输入命令较方便。多行文字作为一个整体，可以进行移动、旋转、删除等多种编辑操作。

要输入如图 7-15 所示的文字，执行下拉菜单【绘图】|【文字】|【多行文字】，或单击功能区选项板【注释】选项卡中【文字】面板中的选择“多行文字”按钮 A ，或单击绘图工具栏里的“多行文字”按钮 A 。用户在系统提示下，在绘图窗口区确定多行文字窗口的第一角点和第二角点后，弹出多行文字编辑文字输入窗口，如图 7-16 所示。

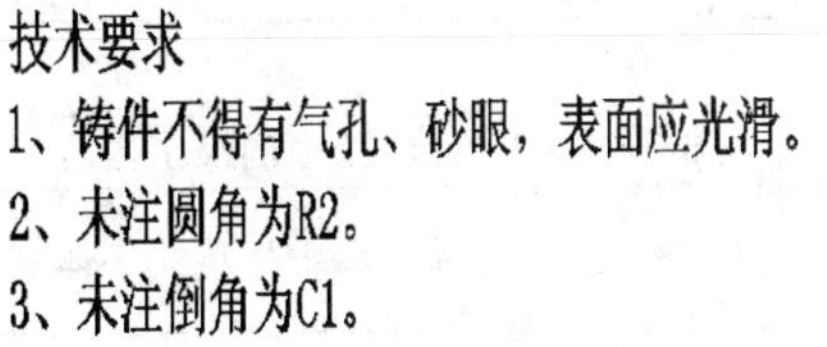
技术要求
1、铸件不得有气孔、砂眼，表面应光滑。
2、未注圆角为R2。
3、未注倒角为C1。

图 7-15　多行文字输入

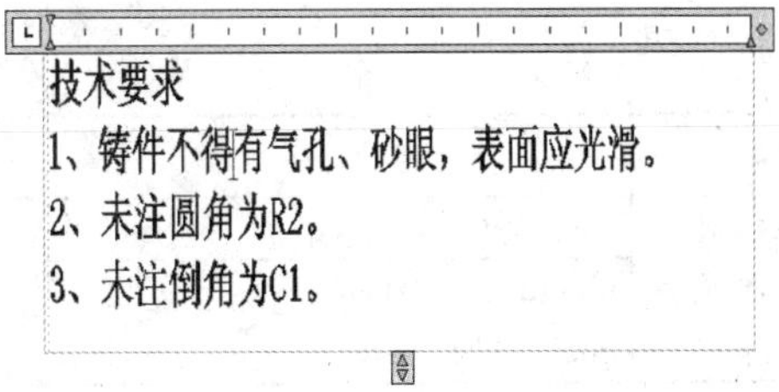
技术要求
1、铸件不得有气孔、砂眼，表面应光滑。
2、未注圆角为R2。
3、未注倒角为C1。

图 7-16　“文字格式”对话框

3. 文字的编辑

使用文字编辑命令可以很方便地修改文字或编辑文字的属性。双击要修改的文字，将打开文字输入窗口和【文字编辑器】选项卡，利用它们可以设置多行文字的样式、字体及大小等属性，如图 7-16 和图 7-17 所示。

文字编辑器
汉字样式
注释性
5.0000
样式
ByLayer
背景遮罩
格式
对正
项目符号和编号
行距
段落
分栏
符号
字段
插入
拼写检查
编辑词典
查找和替换
工具
选项
关闭文字编辑器
关闭

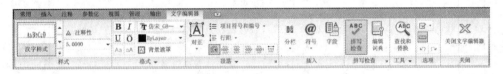

图 7-17　【文字编辑器】选项卡

7.2　建立绘图样板

1. 绘图环境设置

(1) 设置图纸幅面：根据第 3 章介绍的设置图形界限的方法，设置为 A3(420×297)图纸。

(2) 设置图层和文本样式：根据第 3 章介绍的设置图层的方法，设置如表 7-1 所列的图层。根据上述介绍的文本样式设置方法，设置如表 7-2 所列的文本样式。

(3) 设置尺寸标注样式：参见本章后面的相关内容介绍。

2. 绘制图框和标题栏

图框和标题栏是一幅完整工程图的重要组成部分，要绘制如图 7-18 所示的图幅，其具体步骤如下。

表 7-1　设置图层

图 层 名	颜　色	线　型	线宽/mm	功　能
粗实线	黑色	Continuous	0.35	绘制可见轮廓线
细点画线	红色	Center	0.18	绘制对称中心线、轴线
虚线	绿色	Hidden	0.18	绘制不可见轮廓线
细实线	淡绿色	Continuous	0.18	绘制细实线
剖面线	黄色	Continuous	0.18	绘制剖面线
标注尺寸	粉红色	Continuous	0.18	绘制尺寸线、尺寸界线

表 7-2　设置文本样式

样式名称	字　体	字　高	宽度因子	功　能
汉字样式	仿宋体	5	0.67	标注图中的汉字内容
英文样式	gbenor. shx(直体)	5	1	标注图中的英文字体和数字
数字样式	gbeitc. shx(斜体)			

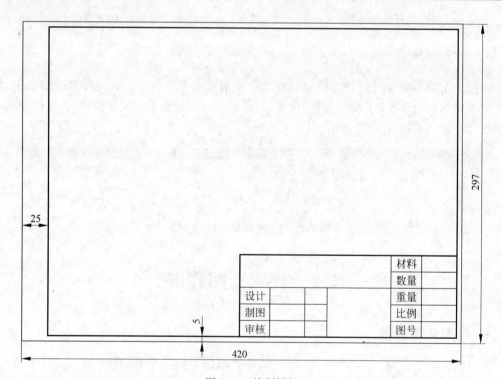

图 7-18　绘制图幅

（1）设置细实线层为当前层，执行绘制矩形的命令，绘制出图纸边框。

命令：_rectang　　　　　　　　　　　　/绘制矩形
指定第一个角点或 [倒角(C)/标高(E)/圆角(F)/厚度(T)/宽度(W)]：0,0
指定另一个角点或 [面积(A)/尺寸(D)/旋转(R)]：420,297
命令：z ZOOM　　　　　　　　　　　　/将矩形放大
指定窗口的角点，输入比例因子 (nX 或 nXP)，或者
[全部(A)/中心(C)/动态(D)/范围(E)/上一个(P)/比例(S)/窗口(W)/对象(O)] <实时>：a

（2）设置当前层为粗实线层，绘制图框

命令：_rectang　　　　　　　　　　　　　　　/绘制矩形
指定第一个角点或［倒角(C)/标高(E)/圆角(F)/
厚度(T)/宽度(W)］：_from 基点：＜偏移＞：@25,5
　　　　　　　　　　/执行工具栏上"捕捉自"按钮，左击图纸边框左下角点（状态栏上"对象捕捉"处
　　　　　　　　　　于开状态）
指定另一个角点或［面积(A)/尺寸(D)/旋转(R)］：_from 基点：＜偏移＞：@-5,-5
　　　　　　　　　　/执行工具栏上"捕捉自"按钮，左击图纸边框右上角点。

（3）插入标题栏
将如图 7-5 所示的标题栏定义成块后插入图幅中。

命令：_insert
指定插入点或［基点(B)/比例(S)/旋转(R)］：　　/捕捉图框的右下角点
指定旋转角度 ＜0＞：　　　　　　　　　　　/按 Enter 键

注意：定义标题栏块时，将块的插入点定义为标题栏的右下角点。

3. 保存样板文件

保存样板图文件，就是将完成的各种设置的图形文件以".dwt"为扩展名保存。
　　单击 ┌ 保存(S) ┐ 按钮，在弹出的"图形另存为"对话框中，将【文件类型】栏的文件扩展名
设置为 *.dwt，文件名为 A3，如图 7-19 所示。
　　单击【保存(S)】按钮，退出该对话框，弹出"样板选项"对话框，如图 7-20 所示，在【说明】
栏中输入"A3 样板图"。单击 ┌ 确定 ┐，退出对话框，完成样板图的存放。

图 7-19　"图形另存为"对话框

图 7-20　"样板选项"对话框

用同样的方法，可以建立 A0、A1、A2、A4 的样板文件。

7.3　绘制组合体三视图

绘制组合体三视图是绘制零件图和装配图的基础。因此，学会利用 AutoCAD 绘制三
视图是十分重要的。AutoCAD 绘制组合体三视图的关键是如何实现主视图与俯视图长对

正,主视图与左视图高平齐,俯视图与左视图宽相等的视图之间的投影关系。下面就以长方体的三视图绘制为例讲解"长对正"、"高平齐"、"宽相等"的实现。

1. 实现"长对正"和"高平齐"

"长对正"指的是主视图与俯视图的长度对正,如图 7-21 所示。"高平齐"是主视图和左视图在高度方向上对齐,如图 7-22 所示。在 AutoCAD 中可实现"长对正"的方法有:

(1) 利用"构造线(Xline)"或"射线(Ray)"命令,可以构造长对正的辅助线;

(2) 利用状态栏上的"对象捕捉"和"对象捕捉追踪"命令。

图 7-21 "长对正"   图 7-22 "高平齐"

2. 实现"宽相等"

"宽相等"指的是俯视图与左视图的宽度相等。实现"宽相等"的方法有:

(1) 利用 135°方向的"构造线(Xline)"或"射线(Ray)"命令作为辅助线,与"对象捕捉追踪"配合使用,可很方便地实现"宽相等",如图 7-23 所示。

(2) 先将俯视图旋转"-90°",然后利用"对象捕捉"与"对象捕捉追踪"配合,按"长对正"和"高平齐"的方式实现,如图 7-24 所示。

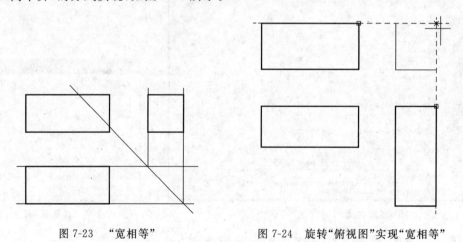

图 7-23 "宽相等"   图 7-24 旋转"俯视图"实现"宽相等"

7.4 组合体三视图的尺寸标注

在图形设计中,尺寸标注是绘图设计工作中的一项重要内容。在 AutoCAD 2010 系统中包含了一套完整的尺寸标注命令和实用程序,可以轻松完成图纸中要求的尺寸标注。

7.4.1　尺寸要素的参数设置

一个完整的尺寸是由尺寸线、尺寸界限、箭头及尺寸数字组成。标注尺寸前,必须对尺寸要素进行设置,以符合我国制图标准的要求。

执行下拉菜单【格式】|【标注样式】,弹出"标注样式管理器"对话框,如图 7-25 所示。AutoCAD 2010 本身带有一个名为"ISO-25"的尺寸式样,但不符合我国制图标准。因此,进行尺寸标注之前,应先按照制图标准建立符合我国制图标准的尺寸样式。

单击"标注样式管理器"对话框中的　新建(N)…　按钮,则弹出"创建新标注样式"对话框,如图 7-26 所示,在【新样式名(N)】栏输入"基本样式"后,单击　继续　按钮,进入"新建标注样式:基本样式"对话框,如图 7-27 所示。

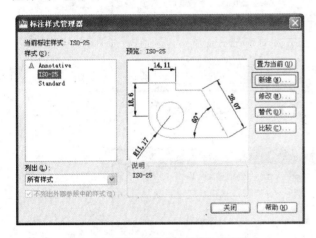

图 7-25　"标注样式管理器"对话框

图 7-26　"创建新标注样式"对话框

1. 尺寸线与延长线参数设置

在"新建标注样式:基本样式"对话框的【线】选项卡中包括尺寸线、延伸线两个选项组,如图 7-27 所示。

(1)【尺寸线】区域:尺寸线的颜色、线型和线宽设为随层(ByLayer),基线标注的各尺寸线间的距离即"基线间距"设置为 7,其他选项为默认值。

(2)【延伸线】区域:延伸线的颜色、线型和线宽设为随层(ByLayer),延伸线超出尺寸线的长度即"超出尺寸线"设为 2~3,延伸线离轮廓线的起点偏移量即"起点偏移量"设置为 0,延伸线的复选框不选中,即不进行抑制。

2. 尺寸线终端参数设置

在"新建标注样式:基本样式"对话框的【符号和箭头】选项卡中包括箭头、圆心标记、折断标注、弧长符号、半径折弯标注、线性折弯标注 6 个选项组,如图 7-28 所示。

(1)箭头区域　箭头大小设为 3,箭头形式可根据下拉列表中选择,图中选择为"实心闭合"。

(2)圆心标记区域　类型选为"无",即不标注圆心(见图 7-28),其他为默认值。

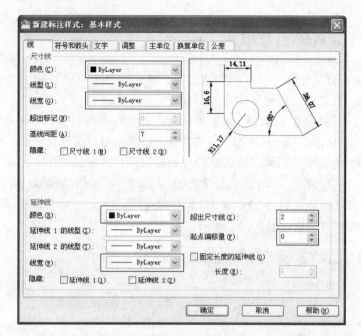

图 7-27   "新建标注样式：基本样式"对话框

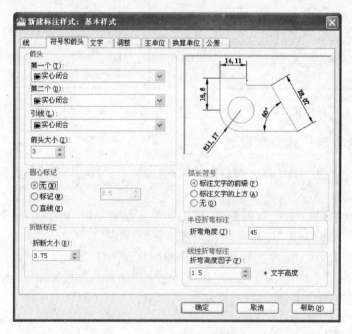

图 7-28   符号和箭头的设置

3. 尺寸数字的参数设置

1）文字选项卡

在"新建标注样式：基本样式"对话框的【文字】选项卡中包括文字外观、文字位置、文字对齐 3 个区域，如图 7-29 所示。

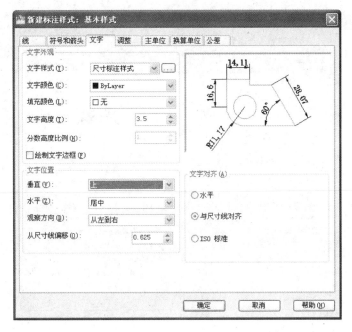

图 7-29　文字的设置

（1）文字外观区域　文字样式选为"尺寸标注样式"，其字体应设置为"gbenor. shx"，以符合技术制图国家标准，颜色设为随层（ByLayer），高度设置为 3.5。

（2）文字位置区域　选用默认值，即垂直方向上设为文字在尺寸线的上方，水平方向上设为文字在尺寸线的居中，"从尺寸线偏移"设置为 0.625。

（3）文字对齐区域　选用默认值"与尺寸线对齐"。

2）调整选项卡

在"新建标注样式：基本样式"对话框的【调整】选项卡中主要分为调整选项、文字位置、标注特征比例、优化 4 个选项组，如图 7-30 所示。

（1）调整选项区域　选用"文字或箭头"，则表示当尺寸界线之间的空间狭小时，自动按最佳效果选择文字或箭头放在延伸线之外。

（2）文字位置区域　选用默认设置，即当尺寸文字不是放在默认位置时，将其放在尺寸线旁边。

（3）标注特征比例区域　选用默认设置，即"使用全局比例"设置为 1，全局比例不影响尺寸的数值，只影响尺寸数字、箭头等要素的大小。

（4）优化区域　选择第二项，强制在延伸线之间绘制尺寸线。

3）主单位选项卡

在"新建标注样式：基本样式"对话框的【主单位】选项卡中主要包括线性标注、角度标注两大区域，如图 7-31 所示。

（1）线性标注区域

① 单位格式：选择"小数"。

② 精度：设为 0，即取整数。

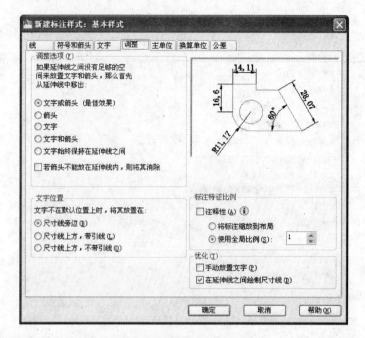

图 7-30　【调整】选项卡的设置

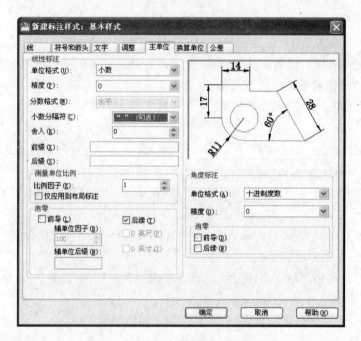

图 7-31　【主单位】选项卡的设置

③ 小数分隔符：设为"."（句点）即可。

④ 尺寸文字的前缀与后缀：不添加。

⑤ 测量单位比例：比例因子设为 1，即标注图形的实际尺寸。测量比例是指标注的尺寸数值与所绘图形的实际尺寸之间的比例。

⑥ 消零：前导零(小数点前面的零)不抑制，后续零抑制。

(2) 角度标注区域

① 单位格式：选择"十进制度数"。

② 精度：设为 0，即取整数。

③ 消零：都不抑制。

在"新建标注样式：基本样式"对话框中还包含【换算单位】选项卡和【公差】选项卡。【换算单位】选项卡在工程制图中一般不用；【公差】选项卡暂时设置为不标注公差。

当所有的设置完成后，返回"标注样式管理器"对话框，如图 7-32 所示。若要以"基本样式"作为当前标注样式，单击格式列表中的"基本式样"，使之变蓝，再单击 置为当前(U) 按钮，最后关闭对话框即可。

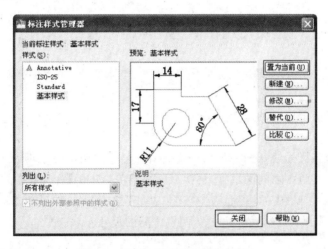

图 7-32 "标注样式管理器"对话框

7.4.2 各类尺寸标注方法

工程图中主要包括水平尺寸、竖直尺寸、倾斜尺寸和角度尺寸标注等，AutoCAD 可以方便地实现对上述尺寸的标注。

1. 水平和竖直尺寸标注

水平和竖直尺寸可用线性标注、基线标注和连续标注 3 种标注形式实现。

1) 线性标注

线性标注用于标注图形的线性距离或长度。选择"基本式样"标注如图 7-33 所示的图形，执行标准菜单栏中选择【标注】|【线性】命令(DIMLINEAR)，或在【功能区】选项板【常用】选项卡的【注释】面板中单击"线性"按钮 ┤线性，或在功能区选项板【注释】选项卡的【标注】面板中单击"线性"按钮 ┤，然后捕捉 a 点和 b 点，拖动光标确定尺寸标注位置按 Enter 键即可。

重复执行线性标注命令，即可标注 b 点和 c 点之间的尺寸。

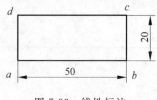

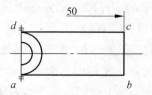

图 7-33 线性标注   图 7-34 抑制尺寸线的标注

在工程图样中,经常要绘制和标注对称图形,如图 7-34 所示,可以建立一个专门的标注样式——抑制样式,它与基本样式的设置基本相同,仅需要修改如图 7-27 所示的【线】选项卡,在【尺寸线】区域勾选复选框【尺寸线 2(D)】,在【延伸线】区域勾选复选框【延伸线 2(2)】。设置好抑制样式后,执行线性标注命令:

命令: _dimlinear↙
指定第一条延伸线原点或 <选择对象>:   /捕捉 c 点
指定第二条延伸线原点: /捕捉 d 点
指定尺寸线位置或
〔多行文字(M)/文字(T)/角度(A)/水平(H)/垂直(V)/旋转(R)〕:/准备修改尺寸数值
标注文字 = 50

最后拖动光标确定尺寸的位置按 Enter 键即可。

2) 基线标注

基线标注是指各尺寸线从同一尺寸界线引出。要标注如图 7-35 所示的图形,先用线性标注命令标注出 a、b 两点之间的尺寸,再执行标准菜单栏下的【标注】|【基线】命令或在功能区选项板【注释】选项卡的【标注】面板中单击"基线"按钮 ⊟·,然后单击 e 点自动标出 a、e 两点之间的尺寸,单击 f 点自动标出 a、f 两点之间的尺寸。

3) 连续标注

连续标注是指相邻尺寸线共用同一尺寸界线。要标注如图 7-36 所示的图形,先用线性标注命令标注出 a、b 两点之间的尺寸,再执行下拉菜单【标注】|【连续】,或在功能区选项板【注释】选项卡的【标注】面板中单击"连续"按钮 ⊓·,然后单击 e 点自动标出 c、d 两点之间的尺寸,单击 f 点自动标出 e、f 两点之间的尺寸,按 Enter 键可结束命令。

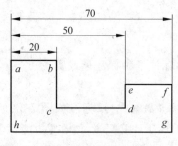

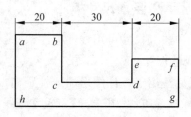

图 7-35 基线标注   图 7-36 连续标注

2. 倾斜尺寸标注(对齐标注)

倾斜尺寸标注用对齐标注可实现。对齐标注是指尺寸线与两尺寸界线始末点的连线平行,它可以标注水平或垂直方向的尺寸,也可以标注倾斜的尺寸,而线性标注只能标注水平或垂直的尺寸,所以对齐标注可以完全代替线性标注。

执行标准菜单栏中的【标注】|【对齐】命令,或在功能区选项板【常用】选项卡的【注释】面板中单击"对齐"按钮 ⟨⟩对齐 ,或在功能区选项板【注释】选项卡的【标注】面板中单击"对齐"按钮 ⟨⟩ ,在"基本样式"下标注如图 7-37 的图形。

3．角度尺寸标注

角度尺寸标注的两条直线必须能相交,它不能标注平行的直线。

执行标准菜单栏中的【标注】|【角度】命令,或在功能区选项板【常用】选项卡的【注释】面板中单击"角度"按钮 △角度 ,或在功能区选项板【注释】选项卡的【标注】面板中单击"角度"按钮 △ ,在"基本样式"下标注如图 7-38 的图形。

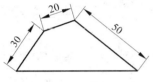
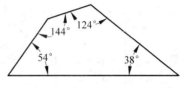

图 7-37　对齐标注　　　　　　　　　　　图 7-38　角度尺寸标注

7.4.3　建立尺寸标注样式

1．直径标注(包括非圆视图、尺寸数字水平放置)

执行标准菜单栏中的【标注】|【直径】命令,或在功能区选项板【常用】选项卡的【注释】面板中单击"直径"按钮 ⊘直径 ,或在功能区选项板【注释】选项卡的【标注】面板中单击"直径"按钮 ⊘ ,命令行会有如下提示:

```
命令：_dimdiameter
选择圆弧或圆：                          /拾取要标注的圆弧或圆
标注文字 ＝60                           /提示当前尺寸数值
指定尺寸线位置或［多行文字(M)/文字(T)/角度(A)］：m   /调用多行文字编辑器
```

如图 7-39 所示是标注圆直径的常见形式。

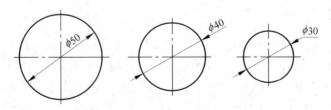

图 7-39　直径标注

在图样的绘制过程中,经常会在非圆视图上标注直径尺寸,如图 7-40 所示。标注 φ40h7 时,在基本样式下利用"替代",生成一个替代样式,修改"主单位"选项,在前缀文本框中输入"%%c",后缀文本框中输入"h7"即可,如图 7-41 所示。替代样式是一个临时样式,当要切换到其他标注样式时,替代子样式即被删除,但用它所标注的尺寸不受任何影响。

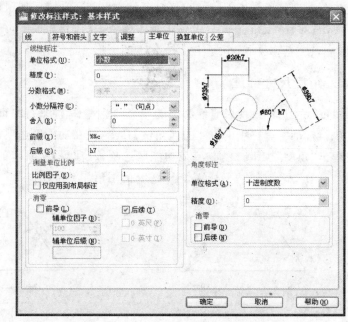

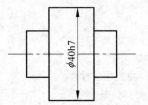

图 7-40　非圆视图　　　　　　　　　图 7-41　尺寸数字前、后缀的设置

2. 半径标注(包括尺寸数字水平放置)

要标注如图 7-42 所示的图形,执行标准菜单栏中的【标注】|【半径】命令,或在功能区选项板【常用】选项卡的【注释】面板中单击"半径"按钮 ⊙半径 ,即可直接标注出"R15"。要想标注出"R11"的形式,可先调出"标注样式管理器"对话框,将"基本样式"设为当前,单击 替代(O)… 按钮,选择【文字】选项卡,设置文字对齐为"水平",如图 7-43 所示;返回"标注样式管理器"对话框,会发现在"基本样式"下生成了一个替代子样式,如图 7-44 所示;随后执行半径标注命令,即可标注出"R11"。

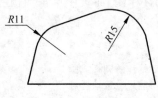

图 7-42　半径标注

3. 角度尺寸

国家标准中规定,在工程图样中标注的角度值必须水平放置,而"基本样式"中设置的尺寸数值与尺寸线平行,所以需要建立一个适合标注角度的样式。

在"标注样式管理器"对话框中,将"基本样式"设为当前,单击 新建(N)… 按钮,弹出如图 7-45 所示对话框,在【用于(U)】栏中选择角度标注,然后单击 继续 按钮,进入"新建标注样式:基本样式:角度"对话框,选择【文字】选项卡,设置角度文字水平放置,如图 7-46 所示。再单击【调整】选项卡,设置手动调节文字位置,如图 7-47 所示。尺寸管理对话框则会显示在"基本样式"下已生成角度标注子样式,如图 7-48 所示。当执行标注角度命令时,AutoCAD 2010 会自动采用"基本样式"下的角度标注子样式。

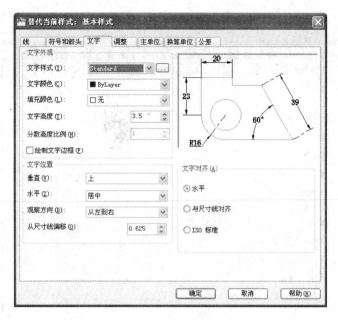

图 7-43　【文字】选项卡的设置

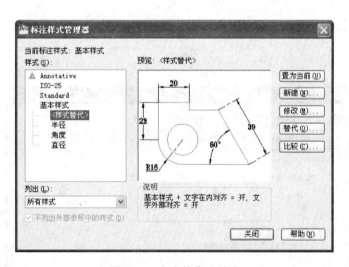

图 7-44　生成替代子样式

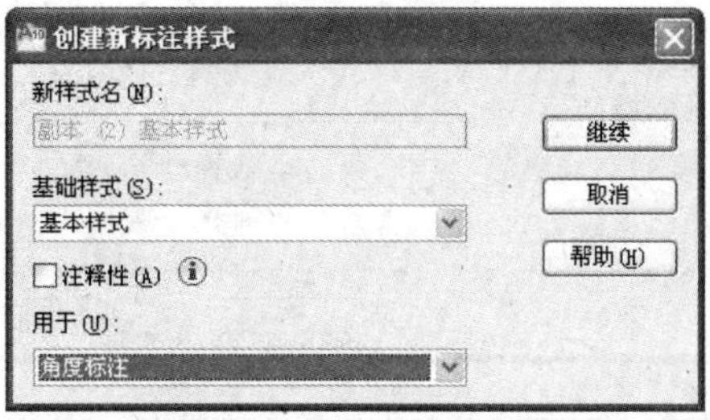

图 7-45　生成角度子样式

图 7-46　设置文字水平放置

图 7-47　设置角度位置

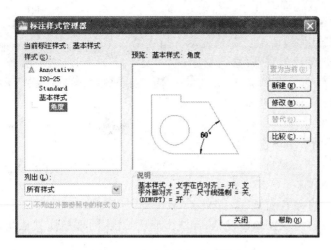

图 7-48　生成角度标注子样式

7.4.4　实例

对如图 7-49 所示的组合体三视图进行尺寸标注。

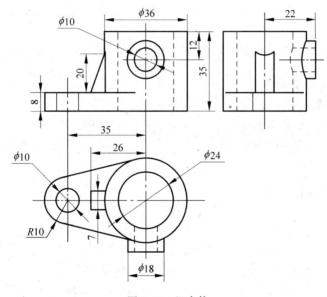

图 7-49　组合体

1. 设置标注样式

在菜单栏中选择【格式】面板中的【标注样式】，在"标注样式管理器"对话框中根据"尺寸要素的参数设置"所述方法，按照国家标准设置标注参数。

2. 主视图尺寸标注

1）大圆柱直径尺寸标注

（1）在【标注】面板中单击"线性"按钮 ⊟ 。

（2）在"指定第一条延伸线原点或 ＜选择对象＞："命令提示下，指定第一条延伸线原点，在"指定第二条延伸线原点："命令提示下指定第二点。

（3）在"指定尺寸线位置或［多行文字（M）/文字（T）/角度（A）/水平（H）/垂直（V）/旋转（R）］："命令提示下输入"T"，按 Enter 键，在"输入标注文字 ＜36＞："提示下输入"％％c36"，然后选择合适位置单击左键确认，如图 7-50 所示。

2）长度尺寸标注

（1）在【标注】面板中单击"线性"按钮 ⊟ 。

（2）在"指定第一条延伸线原点或 ＜选择对象＞："提示下选择第一点，在"指定第二条延伸线原点："提示下选择第二点。

（3）在"指定尺寸线位置或［多行文字（M）/文字（T）/角度（A）/水平（H）/垂直（V）/旋转（R）］："提示下在适当位置单击确认，标注出底座长度，同理标注其他线性尺寸，如图 7-51 所示。

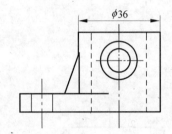

图 7-50　主视图轴线性尺寸标注

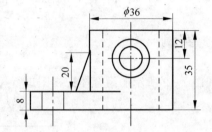

图 7-51　主视图长度尺寸标注

3）小圆柱直径尺寸标注

（1）在【标注】面板中单击"直径"按钮 ⊘ 直径 。

（2）在"选择圆弧或圆："提示下选择图形中需要标注的圆弧。

（3）在"指定尺寸线位置或［多行文字（M）/文字（T）/角度（A）］："提示下在适当位置单击确认，如图 7-52 所示。

3. 俯视图尺寸标注

1）半径标注

（1）在【标注】面板中单击"半径"按钮 ⊙ 半径 。

（2）在"选择圆弧或圆："提示下选择所要标注的圆弧。

（3）在"指定尺寸线位置或［多行文字（M）/文字（T）/角度（A）］："提示下，在圆弧外部适当位置单击，标注出圆弧的半径，如图 7-53 所示。

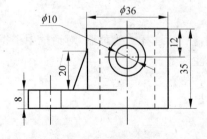

图 7-52　主视图直径标注

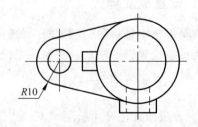

图 7-53　俯视图半径标注

2）其他线性尺寸标注

按照主视图线性尺寸标注方法标注其他线性尺寸，完成俯视图尺寸标注，如图 7-54 所示。

4. 左视图尺寸标注

按照前述标注方法标注左视图尺寸，如图 7-55 所示。

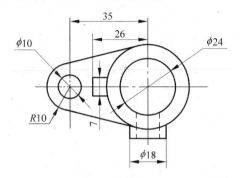

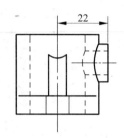

图 7-54　俯视图线性尺寸标注　　　　　图 7-55　左视图尺寸标注

7.5　剖视图的绘制

在工程图中，为了清晰地表达零件的内部结构形状，往往用剖视图或断面图表达。画剖视图时为了区分内部结构和剖切面与零件实体的接触部分，国家标准规定，在剖切面与机件实体接触部分要画剖面符号，而且规定不同材料要用不同的剖面符号。AutoCAD 的图案填充（BHATCH）功能可用于绘制剖面符号，表现表面纹理或涂色。它应用在绘制机械图、建筑图、地质构造图等各类图样中。AutoCAD 为用户提供了具有丰富填充图案的图案文件，同时还允许用户自己定义填充图案文件。

7.5.1　图案填充与剖面符号

进行图案填充时，首先要确定填充的边界，且填充区域必须是封闭的区域。

在 AutoCAD 2010 中激活图案填充命令，可以通过以下 3 种方式：

（1）在标准菜单栏【绘图】选项下拉菜单中选择【图案填充】选项；

（2）在功能区选项板【常用】选项卡的【修改】面板中单击"图案填充"按钮 ；

（3）从"命令"提示符下输入"Bhatch"并按空格键或 Enter 键。

激活图案填充命令后，AutoCAD 弹出"图案填充和渐变色"对话框，如图 7-56 所示。

此对话框提供了两个选项卡（图案填充和渐变色）和两个选项组（边界和选项）。用户可以在此对话框中定义边界、图案类型、图案特性以及填充对象的属性。

1. 【图案填充】选项卡

在"图案填充和渐变色"对话框的【图案填充】选项卡中，用户可以定义填充图案的外观，

图 7-56　"图案填充和渐变色"对话框

它包括以下控件。

（1）【类型】下拉列表框可以设置填充图案的类型，它有 3 个选项：预定义、用户定义和自定义。

【预定义】选项指定一个预定义的 AutoCAD 填充图案。用户可以控制任何预定义图案比例系数和旋转角度。

【用户定义】选项让用户用当前线型定义一个简单的图案。用所希望的间距和角度选择一组平行线或两组平行线（90°交叉）就可以定义一个简单的图案。

【自定义】选项可用于其他自定义填充图案。

（2）【图案】下拉列表框列出了可用的预定义图案名称，如图 7-57 所示。最后使用的 6 个预定义图案出现在列表的顶部。【图案】下拉列表框只有在"类型"下拉列表框中选择了"预定义"时才可以用。

单击【图案】下拉列表框后的 ... 按钮，将显示"填充图案选项板"对话框，如图 7-58 所示。在该对话框中共有 4 个选项卡：ANSI、ISO、其他预定义和自定义。每个选项中列出了以字母顺序排列、用图像块来表示的填充图案和实体填充颜色。

（3）【样例】编辑框　显示了所选图案的预览图像。单击该框也将显示如图 7-58 所示的"填充图案选项板"对话框。

（4）【角度】下拉列表框　可以让用户指定填充图案相对于当前 UCS 的 X 轴的旋转角度，如图 7-59 所示。

（5）【比例】下拉列表框　用于设置填充图案的比例系数，以使图案的外观更稀疏或更紧密，见图 7-59。

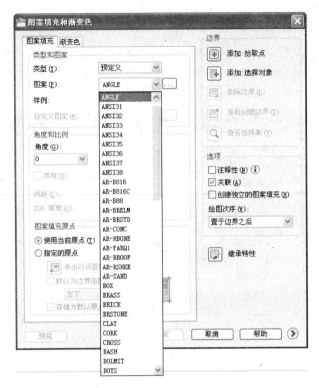

图 7-57　从【图案】下拉列表中选择图案

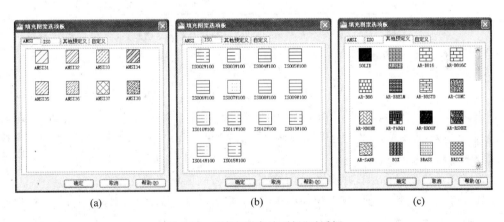

(a)　　　　　　　　　　　(b)　　　　　　　　　　　(c)

图 7-58　"填充图案选项板"对话框

（6）【间距】编辑框　用于指定用户定义图案中线的间距。此选项只有在【类型】下拉列表中选择了"用户定义"时才可用。

（7）【ISO 笔宽】下拉列表框　用于设置ISO 预定义图案的笔宽。此选项只有在【类型】下拉列表中选择了"预定义"并且选择了一个可用的 ISO 图案时才可用。

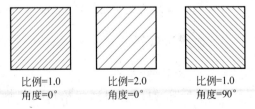

| 比例=1.0 | 比例=2.0 | 比例=1.0 |
| 角度=0° | 角度=0° | 角度=90° |

图 7-59　具有不同比例和角度值的填充图案

2.【渐变色】选项卡

1）设置渐变色填充

【渐变色】选项卡定义了 AutoCAD 如何创建及填充边界，可以使用其创建单色或双色渐变色，并对图案进行填充，如图 7-60 所示。

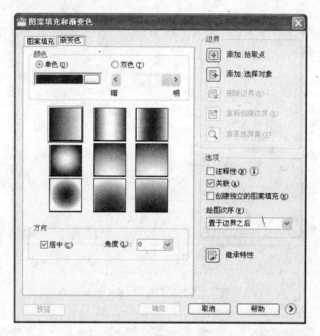

图 7-60 "图案填充和渐变色"对话框中的【渐变色】选项卡

2）设置孤岛

在进行图案填充时，通常将位于一个已定义好的填充区域内的封闭区域称为孤岛。单击对话框右下角的 ⊙ 按钮，扩展原来隐藏的对话框选项，如图 7-61 所示。组合框【孤岛检测】包括 3 种填充方式：普通、外部和忽略（注意：如果没有内部边界存在则指定的孤岛检测样式将没有任何效果）。

普通样式将从最外边区域开始向内填充，在交替的区域间填充图案。

外部样式将从最外边区域开始向内填充，遇到第一个内部边界后即停止填充，仅仅对最外边区域进行填充。

忽略样式将忽略所有内部对象，对最外端边界所围成的全部区域进行图案填充。

3 种样式的填充效果如图 7-62 所示。

3. 边界选项组

1）"拾取点"按钮

"拾取点"按钮 ⊞ 中是通过拾取边界内部一点而确定边界的方法进行图案填充，由封闭区域中的已有对象确定填充的边界。使用此按钮时，怎样填充将根据【孤岛检测】来选择。

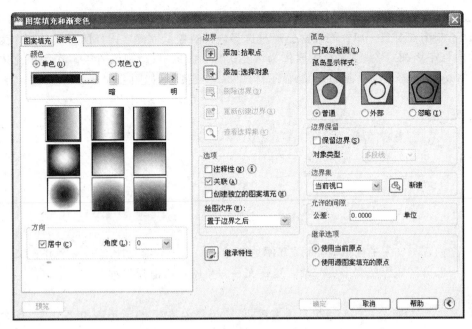

图 7-61　展开的"图案填充和渐变色"对话框

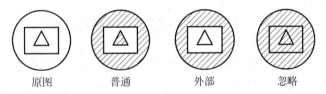

图 7-62　以普通、外部和忽略 3 种样式进行填充

单击"拾取点"按钮将暂时关闭"图案填充和渐变色"对话框,然后 AutoCAD 提示:

拾取内部点或〔选择对象(S)/删除边界(B)〕:在图案填充区域内拾取一个点。
拾取内部点或〔选择对象(S)/删除边界(B)〕:选择一个点、选择 U 放弃选择或按 Enter 键结束选取。

图 7-63 给出了一个通过在边界内拾取一个点来填充图案的示例。

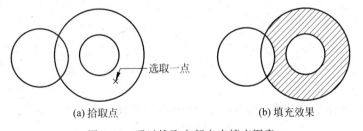

图 7-63　通过拾取内部点来填充图案

2)"选择对象"按钮

"选择对象"按钮用选取对象确定边界的方法来进行图案填充。单击"选择对象"按钮,暂时关闭对话框。AutoCAD 2010 会有如下提示:

选择对象:　　　　　　　　　　　　　　　/选择一个对象并按 Enter 键结束选取

如果有内部对象,则当用户通过使用选择对象的方法来确定填充对象时,AutoCAD 不会自动检测内部对象。用户必须自己通过选择内部对象从而确定内部的对象是否作为填充边界(选择了内部对象,则该对象要作为填充边界;如果不选,则该对象不作为填充边界),然后 AutoCAD 再根据当前的"孤岛显示样式"来填充图案,如图 7-64 所示。

(a) 选择第一个对象   (b) 选择文字对象   (c) 填充的结果

图 7-64　填充有文字的区域

填充内部有文字的区域时,可以方便地使 AutoCAD 不填充所选的文字并在文字的周围留有一部分区域以使文字更易读。这样文字对象就可以清晰显示。

提示:

(1) 利用"拾取点"按钮 ⊞ 填充图案时,边界图形必须封闭,若不封闭 AutoCAD 会给出如图 7-65 的提示。而利用"选择对象"按钮 ⊞ 进行图案填充时则不需要边界严格封闭,其效果如图 7-66 所示。

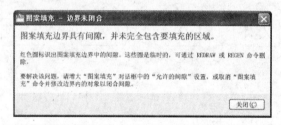

图 7-65　"拾取点"按钮填充不封闭图案时的警告框

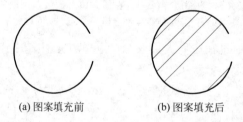

(a) 图案填充前   (b) 图案填充后

图 7-66　"选择对象"按钮填充不封闭图案时的效果

(2) 边界不能够重复选择,若重复选择 AutoCAD 会给出如图 7-67 的提示。

4. 实例

对如图 7-68 所示的零件图进行图案填充。

(1) 根据上述方法打开如图 7-56 所示的"图案填充和渐变色"对话框。

(2) 在【图案填充】选项卡单击【样例】编辑框,打开如图 7-58 所示的"填充图案选项板"对话框,在【ANSI】选项组中选中"ANSI31"图案填充样式。角度设置为 0,比例设置为 1。

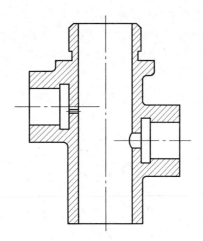

图 7-67　边界重复选择时的警告框　　　图 7-68　需要填充图案的零件视图

（3）在【边界】选项组中单击"拾取点"按钮囲，依次选中如图 7-69 所示的 5 个区域，单击 Enter 键结束"拾取点"命令，回到"填充图案和渐变色"对话框，单击【确定】按钮，即可完成零件图剖面线的填充工作。

7.5.2　半剖视图的尺寸标注

在工程图中，对于半剖视图的尺寸标注，其尺寸界线只画一条，尺寸线应略超过对称中心线，并在尺寸线一端画出箭头。

在工程图样中，标注半剖视图的方法和标注对称图形的方法相同，即可以建立一个专门的标注样式——抑制样式，它与基本样式的设置基本相同，仅需对"新建标注样式：基本样式"对话框【线】选项卡作一些修改，即在【尺寸线】区域勾选复选框【尺寸线 2(D)】，在【延伸线】区域勾选复选框【延伸线 2(2)】，然后标注半剖视图即可。如图 7-70 所示为支座的主、俯视图的尺寸的标注。

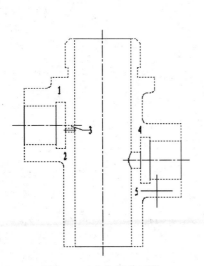

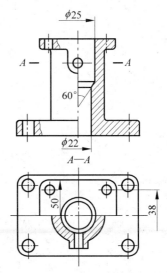

图 7-69　选中填充区域　　　　　图 7-70　支座的主、俯半剖视图的尺寸标注

习　　题

绘制如图 7-71 所示物体的三视图并标注尺寸。

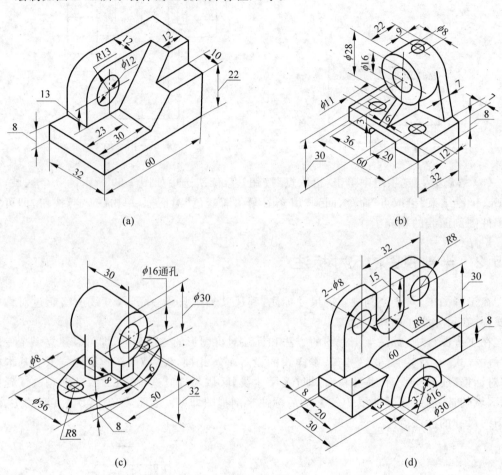

(a)

(b)

(c)

(d)

图　7-71

第 8 章

绘制零件图

8.1 设计中心与设置绘图环境

8.1.1 设计中心

1. 设计中心的功能

AutoCAD 2010 提供的设计中心是一个设计资源的集成管理工具。通过设计中心,用户可以组织对图形、块、图案填充和其他图形内容的访问;可以向图形添加块、文字样式、尺寸标注样式等内容;可以在不同的图形之间复制和粘贴图层定义、布局和文字样式等内容;也可以进行联机设计,通过互联网共享资源。熟练使用设计中心可以大大提高图形管理和图形设计的效率。

使用 AutoCAD 设计中心可以进行如下工作:

(1) 浏览不同的图形资源,从当前打开的图形到 Web 上的图形库;

(2) 观察诸如块、层的定义,并可插入、添加、复制这些定义到当前图形中;

(3) 对经常访问的图形、文件夹及 Internet 网址创建快捷方式;

(4) 在用户计算机和网络驱动器上寻找所需图形;

(5) 通过显示板显示与图形相关的描述信息和预览图像。

2. 启动设计中心

启动设计中心的方式有 4 种:

(1) 在菜单栏中选择【工具】|【选项板】|【设计中心】命令;

(2) 在功能区选择【视图】选项卡,在【选项板】面板中单击"设计中心"按钮 🖼 ;

(3) 利用快捷键 Ctrl+2;

(4) 在命令行直接输入 ADCENTER ↙ 。

设计中心窗口如图 8-1 所示。

设计中心界面由标题栏、工具栏、选项卡、状态栏、树状图和内容显示区域组成,其中设计中心窗口的左边为树状图,右边为内容显示区域。

- "搜索"按钮 🔍 :单击该按钮会打开"搜索"对话框,如图 8-2 所示。用于快速查找诸如图形、块、图层及尺寸样式等图形内容或设置。

- "收藏夹"按钮 🖼 :单击该按钮可以打开"文件夹列表"中显示 Favorites/Autodesk

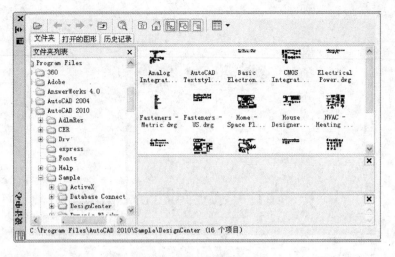

图 8-1 设计中心窗口

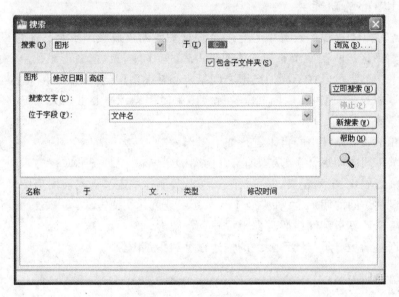

图 8-2 "搜索"对话框

文件夹中的内容。

- "树状图切换"按钮 ：单击该按钮可以显示和隐藏树状视图。
- "预览"按钮 ：用来打开和关闭预览窗格，以确定是否显示预览图像。单击控制板中的图形文件，如果该文件包含预览图像，则在预览窗格中显示该图像；若文件不包含预览图像，则预览窗格为空。
- "说明"按钮 ：用来打开和关闭说明窗口，以确定是否显示说明内容。说明内容主要是文字描述信息。
- "视图"按钮 ：用来确定控制板显示内容的显示格式，包括大图标、小图标、列表、详细信息 4 种显示格式。

AutoCAD 2010 设计中心选项卡包括【文件夹】、【打开的图形】、【历史记录】3 个选项卡。

（1）单击【文件夹】选项卡，在选项卡中显示计算机或网络驱动器中的文件和文件夹的层次结构。

（2）单击【打开的图形】选项卡，该选项卡（见图 8-3）中显示在当前环境中打开的所有图形，或者某个图形的有关设置，或者是某个设置的具体内容。

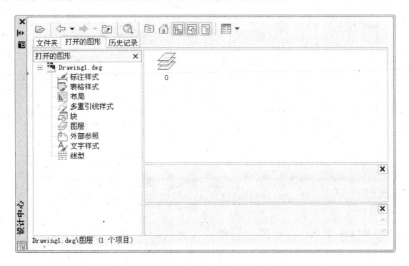

图 8-3　【打开的图形】选项卡

（3）【历史记录】选项卡中显示的是最近操作时访问过的文件，包括具体的文件路径，如图 8-4 所示。

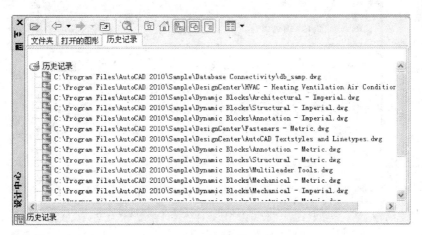

图 8-4　【历史记录】选项卡

3．设计中心的使用

1）利用"搜索"对话框查找内容

"搜索"对话框可用来快速查找诸如图形、块、图层以及尺寸样式等图形内容或设置。"搜索"对话框包含 3 个选项卡，可在每个选项卡中设置不同的搜索条件。

（1）【图形】选项卡：提供按文件名、标题、主题、作者和关键字查找图形文件的条件，如图 8-5 所示。

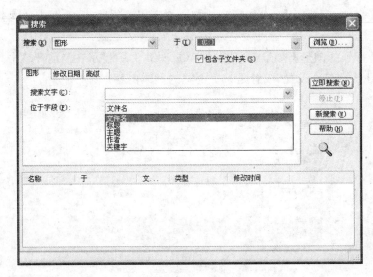

图 8-5　"搜索"对话框中的【图形】选项卡

（2）【修改日期】选项卡：按照图形创建或修改的日期或者指定日期范围来查找图形文件，如图 8-6 所示。

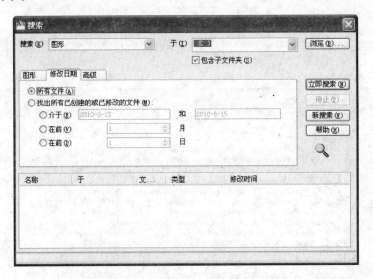

图 8-6　"搜索"对话框中的【修改日期】选项卡

（3）【高级】选项卡：指定其他搜索参数。例如可查找包含块名、块和图形说明、属性标记和属性值的图形，或者在【大小】下拉列表中按照文件大小来进行查找。

2）利用设计中心打开图形文件

用户在设计中心中可以通过以下两种方式打开所选的图形文件。

（1）在设计中心的内容显示区域的列表中，选择要打开的图形文件的图标，然后使用左键拖动图标到 AutoCAD 2010 的主窗口中除绘图区域以外的任何地方，释放鼠标左键，可打开文件。

（2）在设计中心的内容显示区的列表中，右击要打开的图形文件的图标，然后从快捷菜单中选择【在应用程序窗口中打开(O)】选项，即可打开文件，如图 8-7 所示。

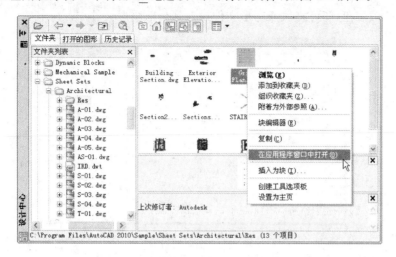

图 8-7　利用设计中心打开图形文件

3）插入图块

利用设计中心可以很方便地将块添加到当前图形文件中，用户可以通过以下两种方式在设计中心中实现块的插入。

（1）在设计中心的内容显示区域列表中，右击要插入的图形文件，选择【插入为块(I)】，则该文件会以块的形式插入到绘图区的指定位置，如图 8-8 所示。

图 8-8　利用设计中心插入图块

命令行提示：

命令：acdcinsertblock ↙

重复的块定义将被忽略

指定插入点或 ［基点(B)/比例(S)/X/Y/Z/旋转(R)］：

（2）"插入块"是把已经定义好的块插入到绘图区的指定位置。在设计中心的内容显示区域列表中，右击要插入的块，然后从快捷菜单中选择【插入块】选项。无论是【插入为块】，还是【插入块】选项被执行后，系统都弹出如图 8-9 所示的"插入"对话框，在对话框中设置完参数后单击【确定】按钮，即可将块或图形文件插入到当前图形文件中。

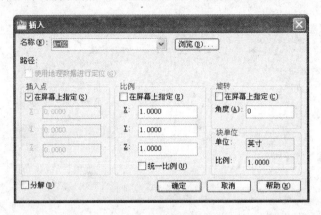

图 8-9 "插入"对话框

4）在图形之间复制图层、文字样式、尺寸样式和布局等

利用设计中心可以将图层、文字样式、尺寸样式和布局等从一个图形文件复制到其他图形文件中，节省时间，并保证图形间的一致性。下面主要介绍图层的复制。

（1）拖动图层到当前打开的图形中，可按以下步骤进行：

① 确认要复制图层的图形当前是打开的。

② 在内容显示框中，选择要复制的图层，如图 8-10 所示。

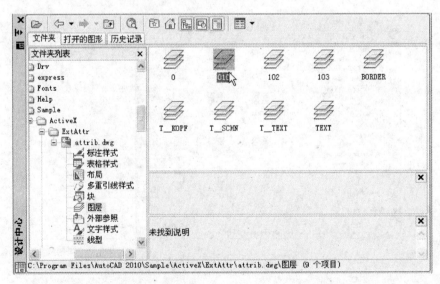

图 8-10 在设计中心中选择要复制的图层

③ 用鼠标左键拖动所选的图层到当前图形区，然后松开鼠标键，所选的图层就被复制到当前图形中，且图层的名称不变。

（2）通过剪贴板复制图层，可按以下步骤进行：

① 确认要复制图层的图形当前是打开的。

② 在内容显示框中，选择要复制的图层。

③ 右击所选图层，打开快捷菜单，选择菜单中的复制命令，如图 8-11 所示。

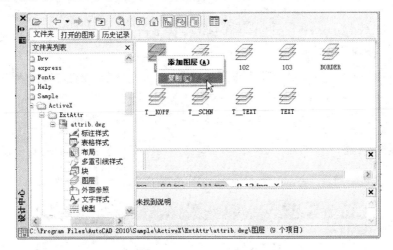

图 8-11　图层操作的快捷菜单

④ 在图形区右击，打开另一个快捷菜单。

⑤ 选择该菜单中的粘贴命令，则所选图层被复制到当前图形中。

8.1.2　设置绘图环境

在使用 AutoCAD 绘图前，首先要设置图幅、图层、文本式样、标注尺寸式样、绘制边框、标题栏以及设置绘制单位、精确度等，使之符合自己的绘图习惯，提高设计绘图效率，且使绘制图样风格统一。可将这些设置一次完成，保存为样板文件，供每次绘制图样时直接调用。关于绘图环境的设置可参考本书第 3、7 章，或者利用设计中心进行绘图环境的设置。

8.2　图块与表面粗糙度标注

8.2.1　图块

图块是一个或多个有名字的图形对象组成的对象集合，常用于绘制复杂、重复的图形。组成图块的各对象可以有各自的图层、线型、颜色等特征，但 AutoCAD 将图块作为一个独立的、完整的对象来操作。用户可以根据作图需要用图块名将该组对象按给定的比例因子和旋转角度插入到图中指定位置；也可以对整个图块进行复制、移动、旋转、比例缩放、镜像、删除等操作。

1. 图块的特点

（1）提高绘图效率　在设计中，经常会遇到一些重复出现的图形，若将这些图形定义成图块保存,可根据需要在不同位置任意多次插入该图块,即把绘图变成了拼图,从而避免了大量的重复工作,提高了绘图速度和效率。

（2）便于图形修改　在方案设计、技术改造等工程项目中,需要反复修改图形。只要将已定义的图块进行修改,AutoCAD 将会自动更新插入的图块。

（3）节省存储空间　在图形数据库中,插入当前图形中的同名块,只存储为一个块定义,而不记录重复的构造信息,可以大大地减少文件占用的磁盘空间。图块越复杂,插入的次数越多,越能体现出其优越性。

（4）可以添加属性　AutoCAD 中很多块还要求有文字信息以进一步解释其用途,即加入文本信息。这些信息可以在每次插入图块时改变,而且还可以像普通文本一样显示或不显示。另外,这些信息可以从图形中提取出来,为数据管理提供数据源。

2. 图块的创建

有 3 种方法可以打开"块定义"对话框,如图 8-12 所示。

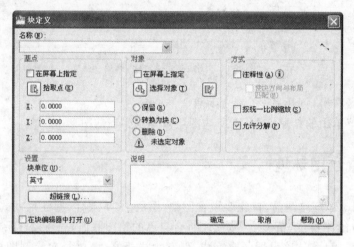

图 8-12　"块定义"对话框

（1）在菜单栏中选择【绘图】|【块】|【创建】。

（2）在功能区选项板中选择【常用】选项卡,在【块】面板中单击"创建"按钮。

（3）在命令行直接输入 BLOCK✓。

对话框中各选项的功能:

- 【名称】选项　在该框中输入块名。单击右边的下拉按钮,显示已定义的块。
- 【基点】选项　指定块的插入基点。用户可以直接在【X】、【Y】、【Z】3 个文本框中输入基点坐标；也可以单击"拾取点"按钮,则切换到绘图窗口并提示:

指定插入基点:

在绘图区中指定一点作为新建块的插入基点,然后返回到"块定义"对话框,此时刚指定的基点坐标值显示在【X】、【Y】、【Z】3 个文本框中。

- 【对象】选项　设置组成块的对象。单击"选择对象"按钮,返回绘图窗口选择组成块的对象,选取完毕,按 Enter 键即返回对话框。单击"快速选择"按钮,可以

使用弹出的"快速选择"对话框设置所选对象的过滤条件；选择【保留】单选按钮，定
义块后保留原对象；选择【转换为块】单选按钮，将当前图形中所选对象转换为块；
选择【删除】，定义块后绘图区删去组成块的原对象。

- 【方式】选项　设置组成块的对象的显示方式。

  选择【注释性】复选框，将对象设置成可注释性对象。

  【使块方向与布局匹配】：指定在图纸空间视口中的块参照的方向与布局的方向匹
  配。如果未选择【注释性】选项，则该选项不可用。

  【按统一比例缩放】：设置对象是否按统一比例缩放。

  【允许分解】：设置对象是否可以被分解。

- 【设置】选项　设置块的基本属性。单击【块单位】下拉列表框，根据需要选择单位，
  也可指定无单位。单击"超链接"按钮，将打开"插入超链接"对话框，在该对话框中
  可以插入超链接文档，如图 8-13 所示。

- 【说明】选项　用于输入块文字描述信息。

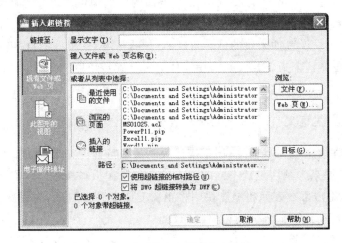

图 8-13　"插入超链接"对话框

3. 图块的插入

有 3 种方法可以打开块的"插入"对话框，如图 8-14 所示。

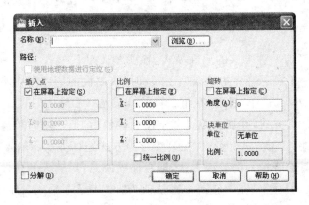

图 8-14　"插入"对话框

（1）在菜单栏中选择【插入】|【块】。

（2）在功能区选项板中选择【常用】选项卡，在【块】面板中单击"插入"按钮 。

（3）在命令行直接输入 INSERT ✓。

对话框中各选项的功能：

- 【名称】选项　在该框中选择要插入的图块。单击右边的下拉按钮，则显示已定义的块。可以从中选取要插入的图块。单击"浏览"按钮，则打开"选择图形文件"对话框，可在该对话框中选择图形文件，将所选择图形文件作为块插入。

- 【插入点】选项　指定块的插入位置。【在屏幕上指定】表示直接从绘图窗口或命令窗口指定，也可以在【X】、【Y】、【Z】文本框中输入插入点的坐标。

- 【比例】选项　设置块的插入比例。可直接在【X】、【Y】、【Z】文本框中输入块在这 3 个方向的插入比例；也可以选中【在屏幕上指定】复选框，在屏幕上指定。【统一比例】用来确定所插入的块在 X、Y、Z 这 3 个方向上插入的比例是否相同，若选择此框，表示比例将相同，只需要确定在 X 方向的比例即可。Y、Z 方向采用与 X 方向相同的比例。

- 【旋转】选项　设置插入块的旋转角度。可在【角度】文本框中直接输入角度值，也可以选择【在屏幕上指定】复选框，在屏幕上指定旋转角度。

- 【分解】选项　选择此项，在插入块的同时把块分解成单个的对象。

4. 图块的属性定义

属性是存储在块中的文本信息，用于描述块的某些特征。如果图块带有属性，在插入该图块时，可通过属性来为图块设置不同的文本信息。如在机械图中，表面粗糙度的 Ra 值有 6.3、12.5、25 等，用户可在表面粗糙度块中将粗糙度值定义为属性，当每次插入表面粗糙度时，AutoCAD 将自动提示输入表面粗糙度的数值。

属性的定义有如下形式。

1）命令行方式定义属性

```
命令：_Attdef ✓
当前属性模式：
不可见＝N  常数＝N  验证＝N  预设＝N  锁定位置＝Y  注释性＝N  多行＝N
输入要更改的选项［不可见(I)/常数(C)/验证(V)/预设(P)/锁定位置(L)/注释性(A)/多行(M)］
<已完成>：
```

上面提示显示当前 4 种方式的属性模式，各项含义如下：

（1）"不可见"　不可见显示方式，即插入块时，该属性的值在图中不显示。该方式的默认值为"N"，即采用可见方式；否则，在第二行的方式选择后输入"I"。

（2）"常数"　常量方式，在属性定义时给出属性值后，插入块时该属性值固定不变。默认值为"N"，即不采用常量方式；否则，在第二行的方式选择提示后输入"C"。

（3）"验证"　属性值输入的验证方式，即在插入块时，对输入的属性值又重复给出一次提示，以校验所输入的属性值是否正确。默认值为"N"表示不采用常量方式。否则，在第二行的方式选择提示后输入"V"。

（4）"预设" 属性的预置方式。当插入包含预置属性的块时，不请求输入属性值，而是自动填写默认值。默认值为"N"表示不采用预置方式，否则，在第二行的方式选择提示后输入"P"。

设置完属性模式后，AutoCAD 继续提示：

输入属性标记名：	/输入属性标签，不能为空
输入属性提示：	/输入属性提示
输入默认属性值：	/输入属性的默认值
当前文字样式： "Standard" 文字高度：0.2000	/当前文本的格式
指定文字的起点或［对正(J)/样式(S)］：	
指定高度＜0.2000＞：	/指定字高
指定文字的旋转角度＜0＞：	/指定文字行的倾斜角度

2）对话框方式定义属性

通过以下方式可弹出"属性定义"对话框：

（1）在命令提示下输入 Attdef 并按 Enter 键或空格键；

（2）在菜单栏中选择【绘图】|【块】|【定义属性】；

（3）在功能区选项板选择【插入】选项卡，在【属性】面板中单击"定义属性"按钮 。

具体操作过程如下：

命令：_Attdef

执行"Attdef"命令后，弹出如图 8-15 所示的"属性定义"对话框。

图 8-15 "属性定义"对话框

对话框中各选项的功能：

（1）【模式】选项 设置属性模式。通过【不可见】、【固定】、【验证】等复选框可以设置属性是否可见、是否为常量、是否验证以及是否预置。

（2）【属性】选项 设置属性标志、提示以及默认值。

- 标记：设置属性标签。

- 提示：设置属性提示。

· 默认：设置属性的默认值。

（3）【插入点】选项　确定属性文字的插入点，选中【在屏幕上指定】，则单击【确定】后，AutoCAD 切换到绘图窗口要求指定插入点的位置。也可以在【X】、【Y】、【Z】文本框内输入插入基点的坐标。

（4）【文字设置】选项　设置属性文字的格式，该设置区中各项的含义如下。

· 对正：该下拉列表框中的选项用于设置属性文字相对于插入点的排列形式。

· 文字样式：设置属性文字的样式。

· 文字高度：设置属性文字的高度。

· 旋转：设置属性文字行的倾斜角度。

（5）【在上一个属性定义下对齐】选项　选择该复选框，表示该属性采用上一个属性的字体、字高以及倾斜角度，且与上一个属性对齐，此时【插入点】与【文字设置】均为低亮度显示。

确定了各项内容后，单击对话框中的【确定】，即完成了属性定义。

5. 修改块的属性定义

有两种方法可以打开"编辑属性定义"对话框。

（1）在菜单栏中选择【修改】|【对象】|【文字】|【编辑】。

（2）在命令提示下输入 Ddedit 并按 Enter 键或空格键。

操作过程如下：

命令：_Ddedit
选择注释对象或[放弃(U)]：

在此提示下选取要修改属性定义的属性标签，AutoCAD 弹出"编辑属性定义"对话框，如图 8-16 所示。用户可通过各编辑框修改属性定义标记、提示以及默认值。

图 8-16　"编辑属性定义"对话框

8.2.2　表面粗糙度的标注

在 AutoCAD 中，没有直接定义表面粗糙度的标注。我们可以事先按照机械制图国家标准画出表面粗糙度符号，然后定义成带属性的块，在标注时用插入块的方法进行标注。

1. 制作表面粗糙度符号图块

在技术图样中，由于幅面不同，在其上所标注的字号也不同，为了在使用过程中能够比较容易地确定表面粗糙度符号的缩放比例值与所标注的字号相匹配,将表面粗糙度符号绘制在尺寸为 1×1 的正方形中。

(1) 首先在尺寸为 1×1 的正方形中,根据表面粗糙度基本符号的画法及其尺寸绘制表面粗糙度符号,如图 8-17 所示。

(2) 在下拉菜单中,单击【绘图】|【块】|【定义属性】,打开"属性定义"对话框。

(3) 在【属性】区域中的【标记】、【提示】、【默认】各栏中,分别在对应的栏目中填入"表面粗糙度的值"、"粗糙度"、"12.5"等内容;在【文字设置】区域的【高度】栏中输入"5"。注意"文字样式"应利用下拉菜单【格式(O)】|【文字样式】设置为"gbenor.shx"字体。

(4) 在【文字选项】区域【对正】的下拉框,选中"布满"。

(5) 单击【确定】按钮,有以下提示:

命令:_Attdef
指定文字基线的第一个端点:
指定文字基线的第二个端点:

(6) 单击【创建块】按钮,打开"块定义"对话框,输入块名"表面粗糙度"。

(7) 单击【选择对象】按钮,有以下提示:

命令:_Block
选择对象:指定对角点:找到 5 个
选择要生成的图块

(8) 单击"拾取点"按钮,选择表面粗糙度符号的插入点。

(9) 单击【确定】按钮,完成表面粗糙度符号的制作,见图 8-18。

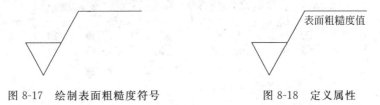

表面粗糙度值

图 8-17 绘制表面粗糙度符号   图 8-18 定义属性

2. 标注粗糙度

标注表面粗糙度的过程就是插入表面粗糙度符号图块的过程,即将已制作好的表面粗糙度符号图块插入到机械图样需要标注的位置。

单击插入图块工具,出现"插入图块"对话框。按照对话框要求选择相应选项,即可完成一个表面粗糙度的标注。在插入图块对话框选项中将"插入点"、"缩放比例"、"旋转"等选项选中。在插入图块时,注意缩放比例值的输入。

表面粗糙度还有其他一些参数需要标注,如加工要求,镀、涂表面处理或其他说明;取样长度;加工纹理方向符号;加工余量等。可以按照机械制图国家标准要求进行填写,并逐一增加所需内容。当将其生成带属性的图块后,保存为图形文档,可以随时调用,非常方便、快捷。

如图 8-19 所示为表面粗糙度的标注示例。

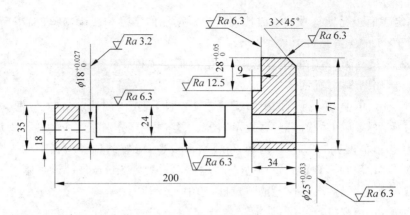

图 8-19　表面粗糙度的标注

8.3　形位公差标注

1. 打开"形位公差"对话框的方式

(1) 在菜单栏中选择【标注】|【公差】命令。

(2) 在功能区选择【注释】选项卡,在【选项板】面板中单击"公差"按钮 ⊞ 。

(3) 在命令行直接输入 tolerance ↙。

"形位公差"对话框如图 8-20 所示。

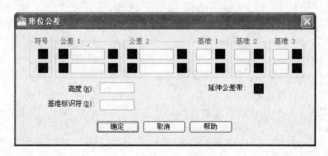

图 8-20　"形位公差"对话框

对话框中各区域的功能:

(1)【符号】选项区域:单击"符号"下面的▇框,打开"特征符号"对话框,可以为第一个或第二个公差选择几何特征符号,如图 8-21 所示。

(2)【公差 1】、【公差 2】选项区域:单击左边的▇框,将插入一个直径符号;中间的文本框中可以输入公差值;单击右边的▇框,将打开"附加符号"对话框,如图 8-22 所示。

(3)【基准 1】、【基准 2】和【基准 3】选项区域:用来设置公差基准和相应的包容条件。右边的文本框中可以输入公差值;单击右边的▇框,将打开"附加符号"对话框。

(4)【高度】文本框:用来设置投影公差带的值。

(5)【延伸公差带】选项:单击该▇框,可以在延伸公差带值的后面插入延伸公差带符号。

图 8-21 "特征符号"对话框   图 8-22 "附加符号"对话框

（6）【基准标识符】文本框：创建由参照字母组成的基准标识符号。

2. 形位公差标注方法

在 AutoCAD 中标注形位公差，通常应用打开菜单中【标注】|【标注，引线】命令，或单击标注工具栏上的 按钮，按 Enter 键后会弹出如图 8-23 所示的"引线设置"对话框。

要标注如图 8-24 所示的形位公差，可在【注释】选项卡中设置为【公差】选项；在【引线和箭头】选项卡中将引线的【角度约束】区域的"第一段"和"第二段"均设为 90°，其余项为默认值。确认后或按 Enter 键后返回屏幕，在适当位置依次拾取起点 a、拐点 b 和终点 c，随后弹出"形位公差"对话框，如图 8-20 所示，单击【符号】项中的"■"，弹出"特征符号"对话框，如图 8-21 所示，选择所需的形位公差符号，确认后返回"形位公差"对话框，输入公差值和基准符号等项目。若引线不需要转折，依次拾取起点 d、拐点 e 之后，不必拾取终点直接按 Enter 键即可进入下一步。

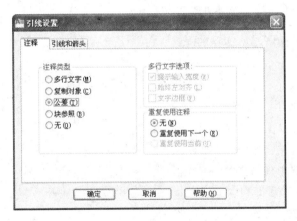

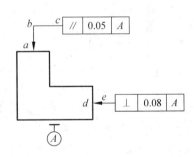

图 8-23 "引线设置"对话框   图 8-24 形位公差标注

8.4 绘图实例

绘制如图 8-25 所示的套盘零件图。

1. 建立绘图环境

单击下拉菜单【文件】|【新建】，在弹出的"选择样板"对话框中选择已建立的"A3. dwt"样板图文件。利用"设计中心"查看绘图环境，如图层、标注样式、文字样式等是否满足要求，

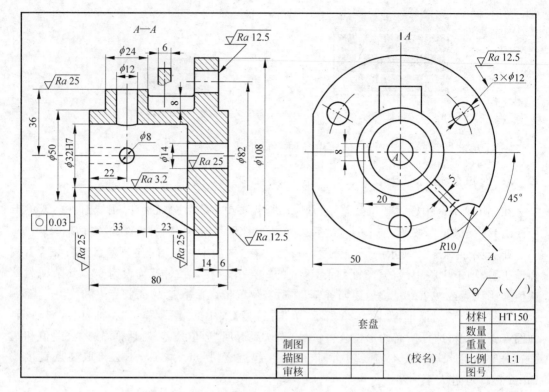

图 8-25　套盘零件图

或利用"设计中心"再添加必需的绘图环境设置项目。

2. 绘制图形

1）绘制作图基准线

手工绘图时需要在图纸上准确布置作图的基准线，因为视图定位后则不能再移动。但计算机绘图可以使用"移动"命令移动视图到任何位置，因此，绘制作图基准线时，可以不需要考虑视图之间的距离，只要使视图间保持正确的投影关系即可。对于如图 8-25 所示的零件图，可以轴线作为宽度和高度方向的作图基准线，以法兰的右端面作为长度方向的基准线，如图 8-26 所示。

图 8-26　绘制作图基准线

2）绘制视图

利用绘图命令和精确绘图工具将视图完整地画出。在绘制过程中，对于相互平行的线段经常使用"偏移"命令来完成，多余的线段则经常使用"修剪"和"擦除"命令处理。如图 8-27 所示，先画出左视图上直径为 $\phi108$ 的圆，利用"偏移"命令依次画出 $\phi50$、$\phi32$、$\phi14$ 的圆，再利用"对象捕捉追踪"将主视图画出。主视图中的竖直线都可以利用"偏移"命令获得，再利用"修剪"命令整理图线，如图 8-27 所示。

绘图中，特别是绘制圆柱孔的转向轮廓线时，经常是利用该孔的轴线作为"偏移"对象，得到的转向线是点画线，此时需要利用"特性匹配"命令转换为粗实线。这样，可以避免画不同线型时来回切换图层。通过利用"环形阵列"、"样条曲线"、"圆角"、"图案填充"等命令，获得的图形如图 8-28 所示。

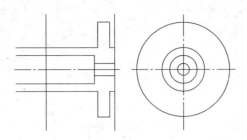

图 8-27　绘制视图

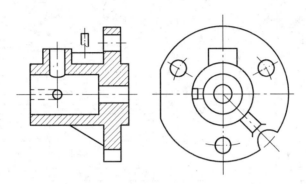

图 8-28　完成的视图

3）标注尺寸

AutoCAD 提供了两种标注零件图的尺寸的方式。其一是在模型空间标注且在模型空间中打印。打印时可根据图形的打印比例设置系统变量 DIMscale 的值，以使尺寸数字的高度不随打印比例的变换而变换。此时，只要设置 DIMscale 的值为打印比例的倒数值即可。其二是在布局中标注。这种标注方式无需考虑缩放问题，当视口比例发生变化时，只要利用"DIMregen"命令即可更新尺寸标注的位置。在默认情况下，图样空间标注和模型空间对象之间保持关联性。

另外，标注尺寸时应切换到"尺寸标注层"进行标注，这样有利于对零件图的修改和在装配图中的利用。如图 8-25 所示的零件图尺寸是在模型空间中标注的。

4）标注表面粗糙度和形位公差

利用"块插入"将事先定义好的表面粗糙度图块插入到视图中。形位公差的标注方法参考本章相关内容。标注后的结果如图 8-25 所示。

5）填写标题栏

切换到"文字"层，利用设置好的文本样式填写标题栏中的零件名称、材料及绘图比例等内容即可。结果如图 8-25 所示。

习　　题

绘制如图 8-29、图 8-30 所示的零件图。

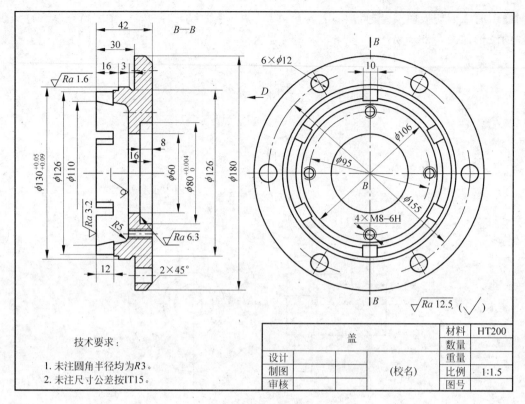

技术要求：

1. 未注圆角半径均为R3。
2. 未注尺寸公差按IT15。

图 8-29　盖零件图

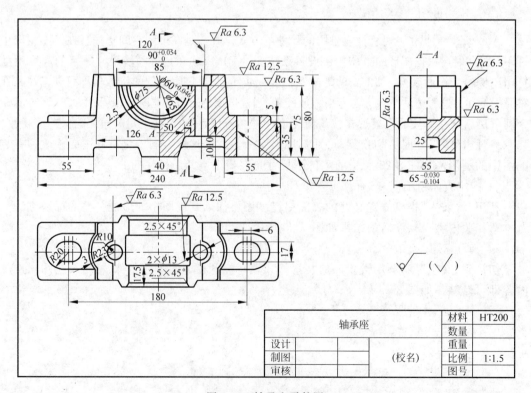

图 8-30　轴承座零件图

第 9 章

绘制装配图

装配图是表达机器或者部件的工作原理及装配关系等的一种图样。二维装配图的内容应该包括：一组视图、尺寸标注、技术要求以及编号、标题栏及明细表 4 部分。其中二维零件图的绘制方法、尺寸标注、技术要求以及标题栏等内容已在前边的章节中做过介绍，在这里就不再赘述，下面重点介绍 AutoCAD 绘制二维装配图的方法。

9.1　装配图的绘制方法

在 AutoCAD 2010 中，绘制装配图的方法有两种：一种是直接绘制法，即根据各零部件的具体尺寸，在一个图形文件中利用绘图、编辑等命令直接绘制装配图；另一种是用已经绘制的零件图或外部文件插入拼装法，即先绘制出各个零部件的图样后，将它们拼画在一起形成装配图。下面我们将结合实例分别介绍这两种绘图方法。

9.1.1　直接绘制二维装配图

这种绘制装配图方法，一般按照手工绘图顺序，以一条"装配干线"为基准，由内及外或由外到内一步一步画出；或先画出一个主体零件，以便于确定装配关系，然后再画出相关零件。在绘制简单的装配图时，只设置区分各种线型等内容的图层，将所有零件画在一起即可。但在绘制零件数量较多且结构比较复杂的装配图时，为了便于画图和编辑，最好能够将不同的零件绘制在不同图层上。下面以图 9-1 的手动气阀装配图为例，简单介绍绘制装配图的方法和步骤。

（1）单击标准工具栏上的"新建"按钮 ，以前面创建的"A3. dwg"为样板创建一个新文件。

（2）建立通用的图线图层。

（3）建立各零件专用图层，手动气阀共由 6 种零件组成，为这 6 种零件各建立一个图层：手柄球、芯杆、螺母、阀体、O 形密封圈和气阀杆。

（4）先从主体零件"阀体"开始画，将图层切换到"阀体"层，绘制出阀体，如图 9-2 所示。

（5）将图层切换到"气阀杆"层，将气阀杆画入阀体的轴孔中，如图 9-3 所示。

（6）将图层切换到"螺母"层，将螺母画在气阀杆的端部，如图 9-4 所示。

（7）将图层切换到"芯杆"层，将芯杆画入气阀杆的端部轴孔，如图 9-5 所示。

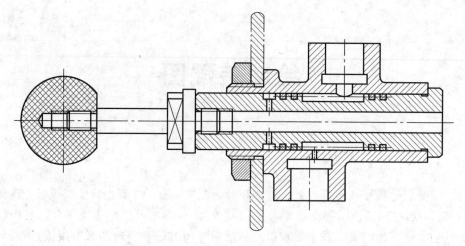

图 9-1   手动气阀装配图（主视图）

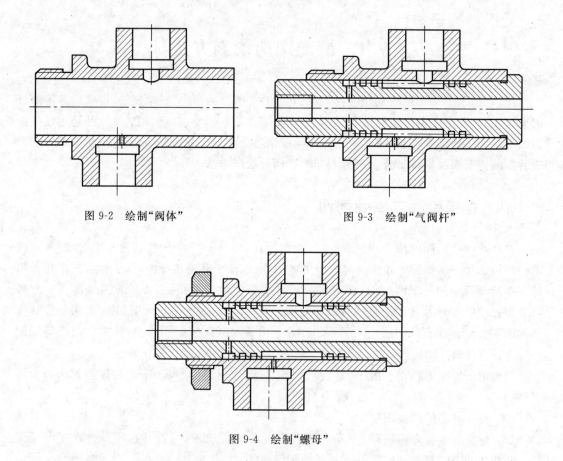

图 9-2   绘制"阀体"   图 9-3   绘制"气阀杆"

图 9-4   绘制"螺母"

（8）用相同的方法将手柄球和 O 形密封圈画出。

（9）根据要求，在剖视图层添加剖视图和局部剖视图，在假想零件层绘出假想工作零件，如图 9-1 所示。

在画图过程中，应根据遮挡关系，及时删除被遮挡零件的轮廓线。另外，绘制较复杂轮

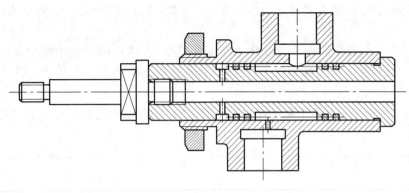

图 9-5　绘制"芯杆"

廓线时可适时关闭或冻结一些不相关零件的图层,使画面简洁便于画图。

9.1.2　根据已有的零件图拼装二维装配图

　　如果之前已经绘制好了组成装配体的各个零件的零件图,即可根据这些零件图拼装成装配图,而不需要从头开始一步步绘制。

　　(1) 画图前要先熟悉机器或部件的工作原理、零件的形状、连接关系等,以便确定装配图的表达方案,选择合适的各个视图。

　　(2) 根据视图数量和大小确定图幅,用"样板"新建文件。用"复制"、"粘贴"方式,或使用设计中心将图形文件以"插入为块"的方式,将已经绘制好的所有零件图(最好关闭尺寸标注、剖面线图层)的信息传递到当前文件中来。

　　(3) 确定拼装顺序。画装配图要以装配干线为单元进行拼装,当装配图中有多条装配干线时,先拼装主要装配干线,再拼装其他装配干线,相关视图一起进行。同一装配干线上的零件,按定位关系确定拼装顺序。

　　(4) 根据装配图中各个视图的需要,将零件图中的相应视图分别定义为图块文件或附属图块,或通过右键快捷菜单中的"带基点复制"和"粘贴为块"命令,将它们转化为带基点的图形块,以便拼装。值得注意的是,定义图块时必须要选择合适的定位基准,以便插入时辅助定位。

　　(5) 分析零件的遮挡关系,对要拼装的图块进行细化、修改;或边拼装边修改。如果拼装的图形不太复杂,可在拼装之后,确定不再移动各个图块的位置时,把图块分解,统一进行修剪、整理。

　　(6) 对装配图进行标注尺寸,添加零件序号和技术要求。

　　(7) 填写明细表和标题栏。

　　根据已有的零件图拼装装配图,首要的工作是将已有零件图导入到所绘制的装配图中。导入零件图的方法主要有以下两种。

　　(1) 利用设计中心导入。利用第 8 章介绍的关于设计中心添加图形文件的方法将零件图导入装配图。将源图形作为一个块插入时,将插入所有模型空间中的内容,因此,当模型空间包含有尺寸标注、技术要求等内容时,插入后还要将这些内容删除,非常不方便。所以在相应的零件文件中,将需要导入的内容做成一个块,然后使用设计中心将该块导入到装配图中。

(2) 使用复制、粘贴导入。其具体方法非常简单,在零件图文件中锁定并关闭相关图层,使用窗口或窗交方式选择要导入的零件图形,利用<Ctr+C>和<Ctr+V>组合键操作将相关图形导入装配图文件中。

下面以图 9-6 所示的手动气阀装配图为例,详细介绍根据已有零件拼装二维装配图的过程步骤。

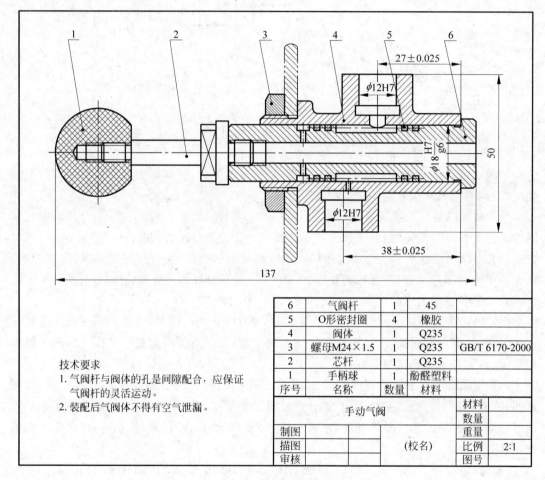

图 9-6　手动气阀装配图

如图 9-6 所示手动气阀装配图,它是由件 1 手柄球(见图 9-7)、件 2 芯杆(见图 9-8)、件 3 螺母(见图 9-9)、件 4 阀体(见图 9-10)、件 5 O 形密封圈(见图 9-11)和件 6 气阀杆(见图 9-12)组成。

手动气阀装配图的绘制步骤如下:

(1) 画图前要先熟悉手动气阀的工作原理、其组成零件的形状、连接关系等,确定装配图的表达方案。

(2) 打开图 9-7～图 9-12 所示的文件,关闭尺寸和标题栏图层。

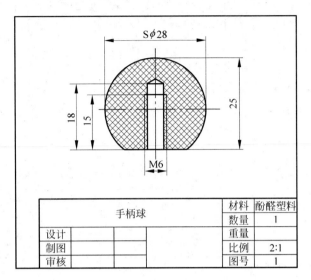

图 9-7 手柄球

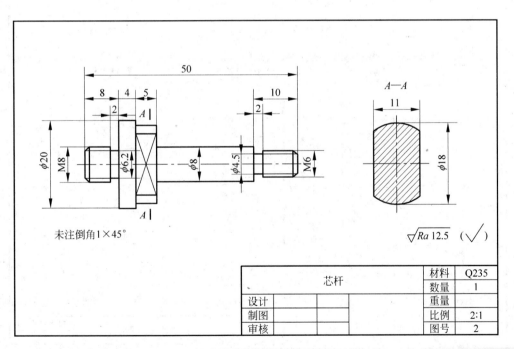

图 9-8 芯杆

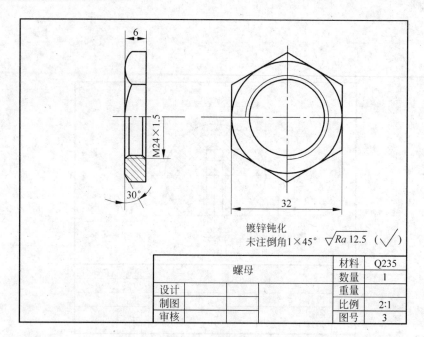

图 9-9　螺母

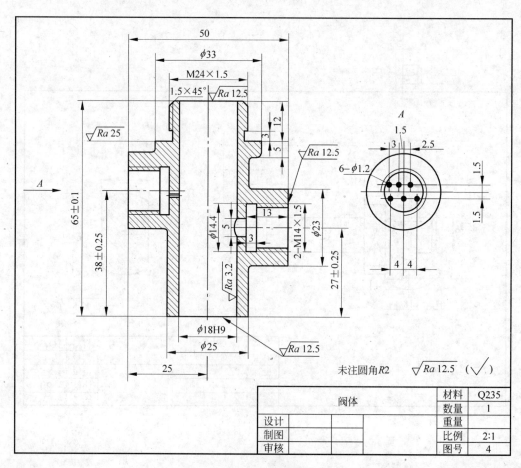

图 9-10　阀体

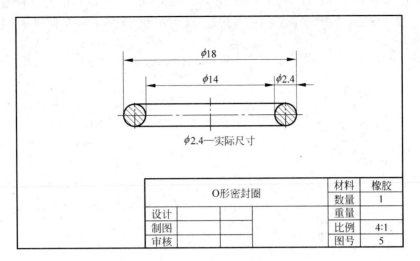

图 9-11 O 形密封圈

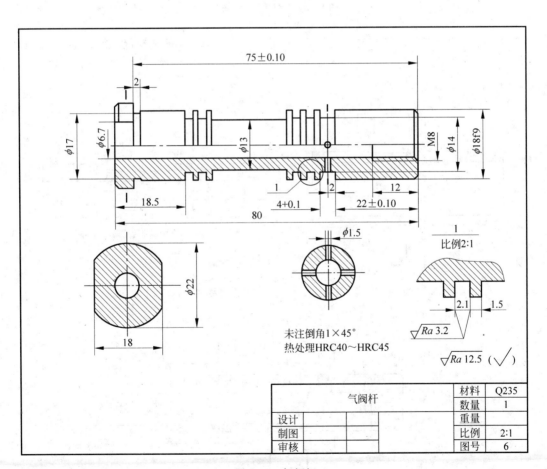

图 9-12 气阀杆

（3）单击标准工具栏上的"新建"按钮 🗋 ，以前面创建的"A3. dwg"为样板创建一个新文件。打开设计中心，选中"阀体"文件，右键选择【插入为块】选项，将零件图导入装配图中，如图 9-13 所示。

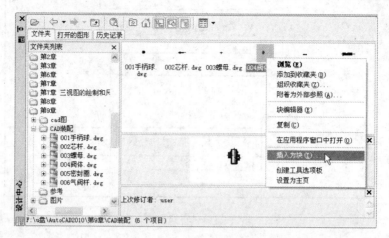

图 9-13　导入阀体零件图

（4）将如图 9-12 所示的"气阀杆"零件图由半剖改为局部剖，按照步骤（3）将"气阀杆"零件图导入装配图中，选中如图 9-14 所示的安装定位点，将"气阀杆"零件图插入到"阀体"零件的孔腔中，如图 9-15 所示。

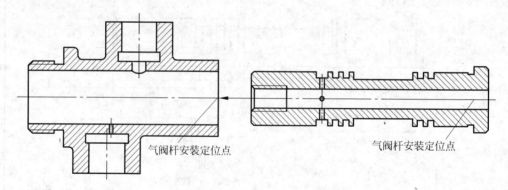

图 9-14　导入气阀杆零件图

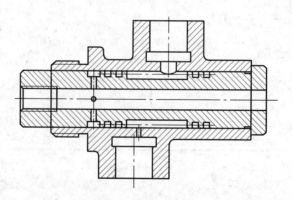

图 9-15　把"气阀杆"零件图插入"阀体"零件图中

（5）选中"阀体"零件，选择标准工具栏中【修改】|【分解】选项，将零件块分解打散，如图 9-16 所示。用同样的方法将"气阀杆"零件块分解打散，以便于对其进行修剪，去掉被其他零件遮挡住的线条。

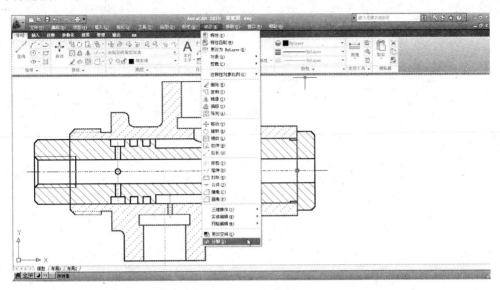

图 9-16　将零件块分解打散

（6）根据零件间的遮挡关系，对装配图进行修剪，去掉多余的线条，如图 9-17 所示。

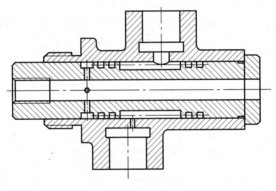

图 9-17　修剪装配图

（7）参照上述步骤（3）～（6），依次将 O 形密封圈、螺母、芯杆和手柄球装入装配图中，结果如图 9-18 所示。

（8）对装配图进行标注尺寸。按照装配图的尺寸标注要求和第 7 章所述尺寸标注方法，对装配图进行尺寸标注，如图 9-19 所示。

（9）添加零件序号和技术要求。零件序号的添加参考本章"添加零件序号"中相关内容；技术要求则依照第 7 章中"文字注释"相关内容进行添加。

（10）填写明细栏和标题栏。明细栏的绘制和填写参考本章"明细栏的绘制及填写"中相关内容；标题栏的填写则依照第 7 章中"表格与标题栏"的相关内容进行填写。

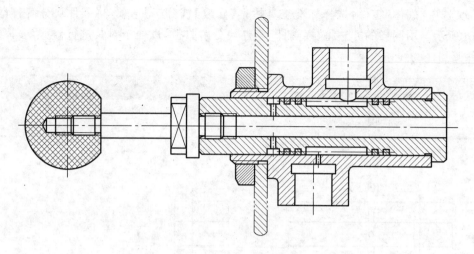

图 9-18　装入其他零件图

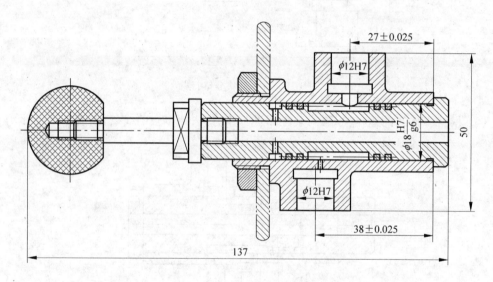

图 9-19　对装配图进行尺寸标注

9.2　零件序号和明细栏

9.2.1　添加零件序号

在装配图中,序号是按各组成部分在装配图中的顺序所编排的号码,装配图中所有的零部件均应编号。装配图中编写零部件序号的表示方法主要有图 9-20(a)、(b)、(c)3 种,在这里主要介绍图 9-20(a)中的零件序号样式的添加方法。

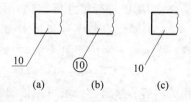

图 9-20　装配图中编注序号的方法

（1）设置多重引线样式，单击功能区选项板【注释】面板中【引线】选项旁的"多重引线样式管理器"按钮 ，或者选择标准菜单栏中【格式】|【多重引线样式】命令，打开"多重引线样式管理器"对话框，如图 9-21 所示。

（2）在打开的"多重引线样式管理器"对话框中，单击 新建(N)... 按钮，系统会弹出"创建新多重引线样式"对话框，在【新样式名】文本框下输入"零件序号"，如图 9-22 所示。

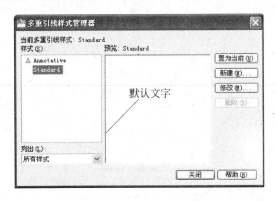

图 9-21　"多重引线样式管理器"对话框　　　　图 9-22　"创建新多重引线样式"对话框

（3）在"创建新多重样式引线"对话框中单击 继续(O) 按钮，弹出"修改多重引线样式：零件序号"对话框。在【引线格式】选项卡中，将箭头符号改为点，箭头大小改为 1，如图 9-23 所示；在【引线结构】选项卡中设置最大引线点数为 3，设置基线距离为 1，如图 9-24 所示；在【内容】选项卡中，将文字样式改为用于尺寸标注的"汉字样式"，文字高度改为 5，在【引线连接】选项卡中将"连接位置－左"和"连接位置－右"均改为"最后一行加下划线"，基线间隙改为 0.5，如图 9-25 所示。单击 确定 按钮，完成定义。

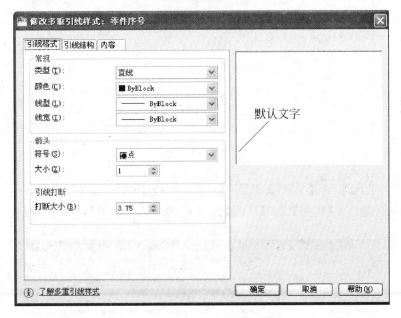

图 9-23　【引线格式】选项卡设置

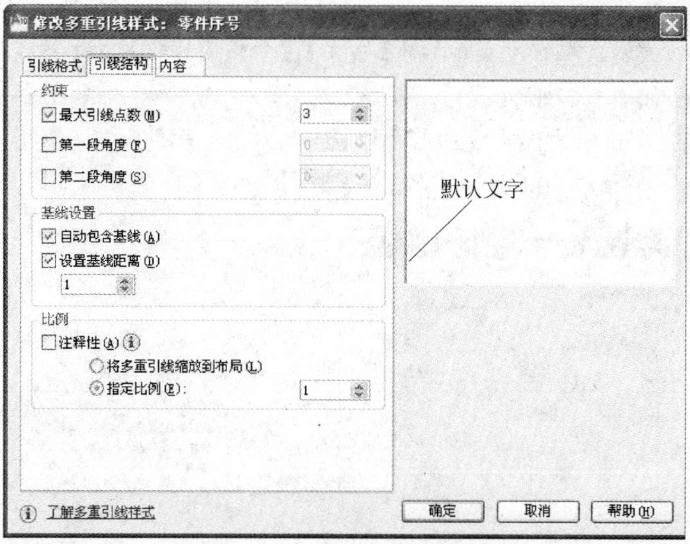

图 9-24 【引线结构】选项卡设置

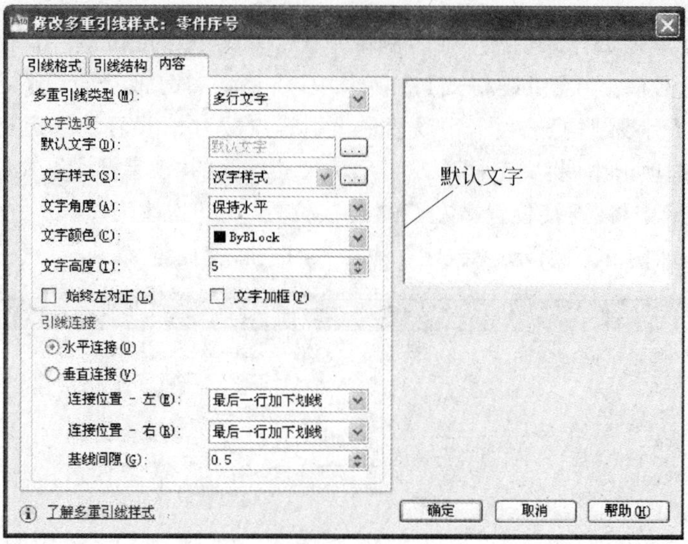

图 9-25 【内容】选项卡设置

（4）单击功能区选项板【常用】面板【注释】选项卡中的"多重引线"按钮 ⌒多重引线 （见图 9-26），或者单击功能区选项板【注释】面板【引线】选项卡中的"多重引线"按钮 ⌒（见图 9-27），或者

图 9-26 选择【常用】|【注释】|【多重引线】

选择标准菜单栏中【标注】|【多重引线】命令,对装配图中各零件进行序号的标注。对手动气阀装配图中各零件添加序号结果如图 9-28 所示。

图 9-27　选择【注释】|【引线】|【多重引线】

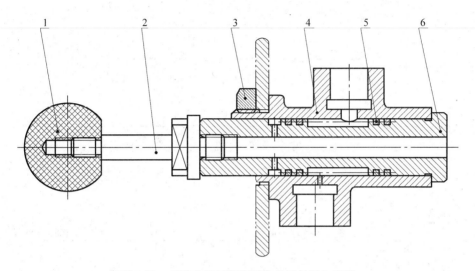

图 9-28　对手动气阀装配图中各零件添加序号

9.2.2　明细栏的绘制及填写

明细栏主要反映装配图中各零件的代号、名称、材料和数量等更详细的信息。在装配图中,一般应配置明细栏。在 AutoCAD 2010 中,可以将明细栏生成为块,并设置相应的明细栏属性。明细栏的栏目一般包括序号、名称、材料、数量和备注这些表列。下面具体介绍手动气阀装配图明细栏的绘制步骤。

(1)绘制如图 9-29 所示的明细栏的单行,注意两侧的线框为粗实线,其余为细实线。

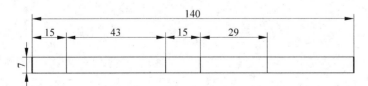

图 9-29　绘制自定义明细栏的线框

(2)选择标准菜单栏中【绘图】|【块】|【属性定义】命令,系统会弹出"属性定义"对话框,如图 9-30 所示。

在"属性定义"对话框中设置如表 9-1 所示的属性。

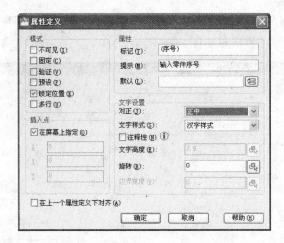

图 9-30 "属性定义"对话框

表 9-1 明细栏零件列的属性

属 性 标 记	属 性 提 示	对 正 选 项	文 字 样 式
（序号）	输入零件序号	正中	汉字样式-3.5
（名称）	输入零件名称	正中	汉字样式-3.5
（数量）	输入零件数量	正中	汉字样式-3.5
（材料）	输入零件材料	正中	汉字样式-3.5
（备注）	输入零件备注信息	正中	汉字样式-3.5

完成属性定义的单行（零件行）明细栏，如图 9-31 所示。

（序号）	（名称）	（数量）	（材料）	（备注）

·图 9-31 定义可变文本

（3）单击功能区选项板【块】面板中"创建"按钮 创建，或者选择标准菜单栏中的【绘图】|
【块】|【创建】命令，系统弹出"块定义"对话框，在名称文本框中输入"明细栏"，如图 9-32
所示。

图 9-32 "块定义"对话框

（4）在【对象】选项组中选择【转换为块】选项，单击"选择对象"按钮 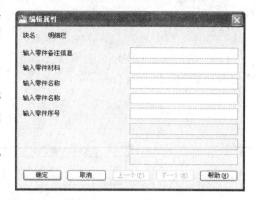 ，框选整个明细栏，按 Enter 键确定。

（5）在【基点】选项组单击"拾取点"按钮 ，选择明细栏的右下角点作为块插入的基点。

（6）单击"块定义"对话框中的 确定 按钮，系统弹出"编辑属性"对话框，如图 9-33 所示。单击 确定 按钮，完成对块的属性编辑。

（7）单击功能区选项板【块】面板中"插入"按钮 ，或者选择标准菜单栏中的【插入】|【块】命令，系统弹出"插入"对话框，在名称文本框中选择"明细栏"，在【插入点】选项组中选中【在屏幕上指定】选项，设定其参数，如图 9-34 所示。

图 9-33 "编辑属性"对话框

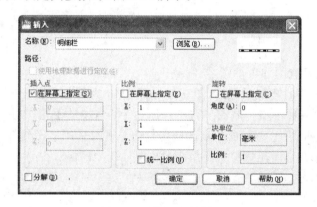

图 9-34 "插入"对话框

（8）在"插入"对话框中单击 确定 按钮，根据当前命令行的提示相应输入以下信息：

```
命令：_insert
指定插入点或［基点(B)/比例(S)/X/Y/Z/旋转(R)］：
输入属性值
输入零件备注信息：备注
输入零件材料：材料
输入零件数量：数量
输入零件名称：名称
输入零件序号：序号
```

（9）按 Enter 键，系统再次弹出如图 9-34 所示的"插入"对话框，根据命令行的提示输入手柄球的相应信息：

```
命令：_Insert
指定插入点或［基点(B)/比例(S)/X/Y/Z/旋转(R)］：
输入属性值
```

输入零件备注信息：
输入零件材料：酚醛塑料
输入零件数量：1
输入零件名称：手柄球
输入零件序号：1

（10）按照步骤（9）的方法依次添加芯杆、螺母、阀体、O形密封圈和气阀杆的信息。结果如图 9-35 所示。

6	气阀杆	1	45	
5	O形密封圈	4	橡胶	
4	阀体	1	Q235	
3	螺母M24×1.5	1	Q235	GB/T 6170—2000
2	芯杆	1	Q235	
1	手柄球	1	酚醛塑料	
序号	名称	数量	材料	备注

图 9-35　手动气阀装配图明细栏

习　　题

根据所给装配示意图和零件图，绘制截止阀的装配图。

图 9-36 是截止阀的装配示意图，图 9-37～图 9-43 为部分零件图。截止阀是用于采油井口输流装置中的一种小型控制阀。其工作原理为：当转动手轮 7 时，阀杆 3 通过与填料盒 6 的螺纹连接阀杆便上下移动，以启闭阀门。为了密封采用了密封垫片 5，阀杆与填料盒之间用了两个密封圈 4，泄压螺钉 1 是用来泄去液体压力的。

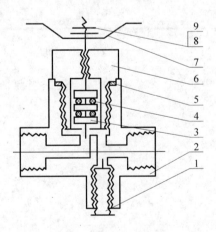

件号	1	2	3	4	5	6	7	8	9
名称	泄压螺钉	阀体	阀杆	密封圈	密封垫圈	填料盒	手轮	垫圈12	螺母M12
件数	1	1	1	2	1	1	1	1	1
标准								GT/T 97.1—2002	GT/T 6170—2002

图 9-36　截止阀装配示意图

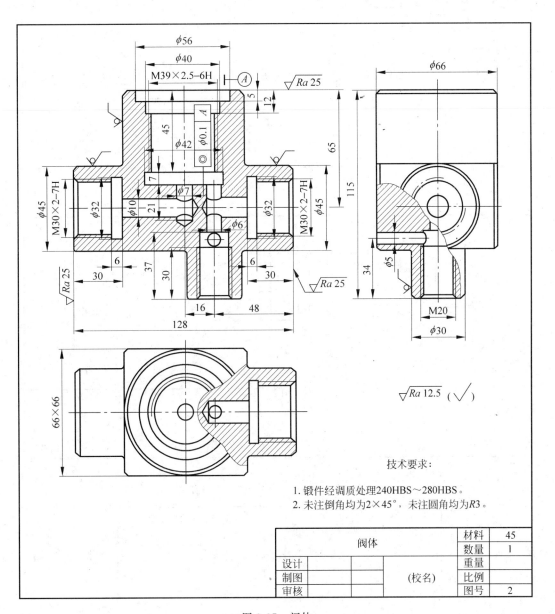

技术要求:

1. 锻件经调质处理240HBS~280HBS。
2. 未注倒角均为2×45°,未注圆角均为R3。

阀体	材料	45
	数量	1
设计		重量	
制图	(校名)	比例	
审核		图号	2

图 9-37　阀体

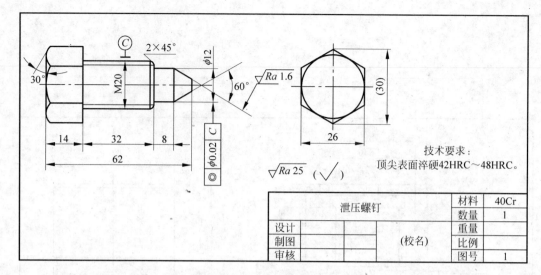

技术要求：
顶尖表面淬硬42HRC～48HRC。

	泄压螺钉		材料	40Cr
			数量	1
设计			重量	
制图		（校名）	比例	
审核			图号	1

图 9-38　泄压螺钉

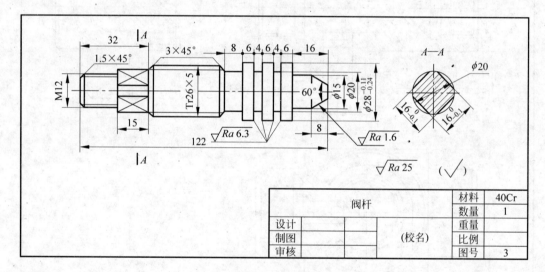

	阀杆		材料	40Cr
			数量	1
设计			重量	
制图		（校名）	比例	
审核			图号	3

图 9-39　阀杆

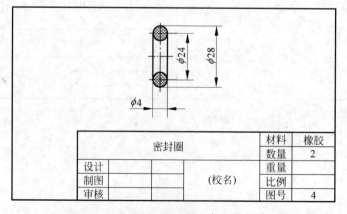

	密封圈		材料	橡胶
			数量	2
设计			重量	
制图		（校名）	比例	
审核			图号	4

图 9-40　密封圈

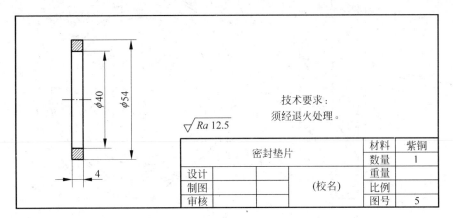

技术要求：
须经退火处理。

$\sqrt{Ra\,12.5}$

密封垫片			材料	紫铜
			数量	1
设计			重量	
制图		（校名）	比例	
审核			图号	5

图 9-41　密封垫片

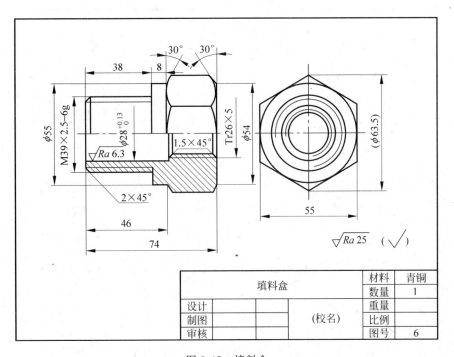

填料盒			材料	青铜
			数量	1
设计			重量	
制图		（校名）	比例	
审核			图号	6

图 9-42　填料盒

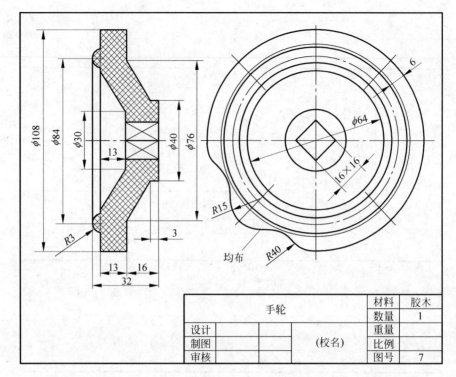

图 9-43　手轮

手轮				材料	胶木
				数量	1
设计			(校名)	重量	
制图				比例	
审核				图号	7

第 10 章

Pro/Engineer 基础知识

Pro/Engineer Wildfire(以下简称 Pro/E)作为一种功能强大、高端的 CAD\CAE\CAM 应用软件,越来越受到我国工程技术人员的青睐。基于特征的参数化设计和具有完全关联的系统数据库是 Pro/E 最值得称道的两大特性。

本章首先简要介绍 Pro/Engineer Wildfire 软件的建模思想以及软件在机械设计制造中的应用,然后介绍 Pro/E 软件的工作界面、基本操作以及草绘工具的使用方法。

10.1 Pro/E 软件简介

10.1.1 Pro/E 软件的主要特点

Pro/E 是美国参数技术公司(Parametric Technology Corporation,PTC)的优秀产品。PTC 提出的单一数据库、参数化、基于特征、全相关及工程数据再利用等概念改变了机械 CAD 的传统观念,这种全新的概念已成为当今世界机械 CAD 领域的新标准。利用这一种概念设计的产品——Pro/E 软件能将产品从设计至生产的过程集成在一起,让多用户同时进行同一产品的设计与制造,即开展所谓的并行设计。

Pro/E 软件是基于特征的全参数化软件,该软件所创建的三维模型是一种全参数化的三维模型。所谓全参数化体现在:特征截面几何形状的全参数化、零件模型的全参数化以及装配体模型的全参数化。

正是由于这种全参数化特征,使 Pro/E 同时具有全相关性的特点,即零件模型、装配模型、制造模型以及工程图之间是全相关的。具体地说,工程图的尺寸被更改后,其父模型(零件造型)的尺寸会相应地变化;反之,零件、装配或制造模型中的任何改变也可以在相应的工程图中反映。

10.1.2 Pro/E 软件的主要模块

Pro/E 提供了一套从设计、分析到制造的机械设计集成软件解决方案。它包含实体造型、产品组装、工程图制作、模具设计、电路设计、管路设计、钣金设计、铸造模具设计、NC 数控加工、逆向工程、焊接设计、有限元分析等模块功能。

1. 机械设计（Computer Aided Design）模块

机械设计模块既能作为高性能系统独立使用，又能与其他实体建模模块结合起来使用，它支持 GB、ANSI、ISO 和 JIS 等标准。该模块包括：Pro/ASSEMBLY（实体装配）、Pro/CABLING（电路设计）、Pro/PIPING（弯管铺设）、Pro/REPORT（应用数据图形显示）、Pro/SCAN-TOOLS（物理模型数字化）、Pro/SURFACE（曲面设计）、Pro/WELDING（焊接设计）。

2. 功能仿真（Computer Aided Engineering）模块

功能仿真模块主要进行有限元分析，包括：Pro/FEM～POST（有限元分析）、Pro/MECHANICA CUSTOMLOADS（自定义载荷输入）、Pro/MECHANICA EQUATIONS（第三方仿真程序连接）、Pro/MECHANICA MOTION（指定环境下的装配体运动分析）、Pro/MECHANICA THERMAL（热分析）、Pro/MECHANICA TIRE MODEL（车轮动力仿真）、Pro/MECHANICA VIBRATION（振动分析）、Pro/MESH（有限元网格划分）。

3. 制造（Computer Aided Manufacture）模块

在机械行业中用到的计算机辅助制造模块是 NC Machining（数控加工）。Pro/E 的数控模块包括：Pro/casting（铸造模具设计）、Pro/MFG（电加工）、Pro/MOLDESIGN（塑料模具设计）、Pro/NC-CHECK（NC 仿真）、Pro/NCPOST（CNC 程序生成）、Pro/SHEETMETAL（钣金设计）。

4. 工业设计（Computer Aided Inter Design）模块

工业设计模块主要用于对产品进行几何设计，包括：Pro/3DPAINT（3D 建模）、Pro/ANIMATE（动画模拟）、Pro/DESIGNER（概念设计）、Pro/NETWORKANIMATOR（网络动画合成）、Pro/PERSPECTA-SKETCH（图片转三维模型）、Pro/PHOTORENDER（图片渲染）几个子模块。

5. 数据管理（PDManagement）模块

Pro/E 的数据管理模块将触角伸到每一个任务模块，并自动跟踪所创建的数据，这些数据包括存储在模型文件或库中零件的数据，保证所有数据的安全及存取方便。它包括：Pro/PDM（数据管理）、Pro/REVIEW（模型图纸评估）。

6. 数据交换（Geometry Translator）模块

在实际工作中，往往需要接受别的 CAD 数据。这时几何数据交换模块就会发挥作用。Pro/E 中几何数据交换模块包括：Pro/CAT（Pro/E 和 CATIA 的数据交换）、Pro/CDT（二维工程图接口）、Pro/DATA FOR PDGS（Pro/E 和福特汽车设计软件的接口）、Pro/DEVELOP（Pro/E 软件开发）、Pro/DRAW（二维数据库数据输入）、Pro/INTERFACE（工业标准数据交换格式扩充）、Pro/INTERFACE FOR STEP（STEP/ISO10303 数据和 Pro/E 交换）、Pro/LEGACY（线架/曲面维护）、Pro/LIBRARYACCESS（Pro/E 模型数据库进入)、Pro/POLT(HPGL/POSTSCRIPTA 数据输出)。

10.1.3　Pro/E 软件的应用

Pro/E 软件包的产品开发环境支持并行工作,它通过一系列完全相关的模块表述产品的外形、装配及其他功能。其在机械设计、制造中的应用主要体现在以下几个方面。

1. 三维模型的创建

Pro/E 是采用参数化设计的、基于特征的实体模型化系统,机械设计人员采用具有智能特性的基于特征的功能去生成模型。机械三维模型创建是 Pro/E 系统的基本功能,包括参数化功能定义、实体零件建模及装配、零件材质的添加与表面渲染以及创建完整的工程图样。

2. 机构及运动仿真

Pro/E 的运动仿真模块可以进行机构运动性能的仿真,可以使用户尽早对设计进行分析和改进,供设计人员与专业分析人员使用,减少实物样机成本。运动仿真的功能主要包括:运动学及动力学分析,各种运动副(凸轮、滑槽、齿轮)的添加,摩擦、弹簧、冲击的分析和模拟,干涉和冲突检查,载荷与反作用力的添加,参数化优化结果研究等。

3. 有限元分析的前处理

Pro/E 的有限元分析模块可以完成结构力学、热力学等有限元分析的前处理部分(包括建立分析对象的几何模型、划分有限元网格等),并可输出为其他有限元计算软件可以识别的文件,从而利用 Pro/E 的建模优势提高有限元分析的效率。

4. 加工及制造

在 Pro/E 中可以进行机械零件加工制造的数据准备。在 Pro/casting 模块中可以进行铸造模具的自动化设计,在 Pro/SheetMETAL 模块中可以进行钣金件设计。在 Pro/MoldDESIGN 模块中可以进行塑料模具设计。

10.2　Pro/E 软件工作环境

10.2.1　Pro/E 的启动

一般来说,有两种方法可以启动并进入 Pro/E 软件环境。

第一种方法:在 Windows 操作系统下,选择"开始"|"所有程序"|PTC|Pro ENGINEER|Pro ENGINEER 命令。

第二种方法:直接双击 Windows 桌面上的 Pro/E 快捷图标,开始运行 Pro/E。只要是正常安装,Windows 桌面上都会显示快捷图标,因此这是最简单的启动方式。

进入 Pro/E 软件环境后,会显示如图 10-1 所示的基本界面。

标题栏
菜单栏
工具栏
信息区

导航区

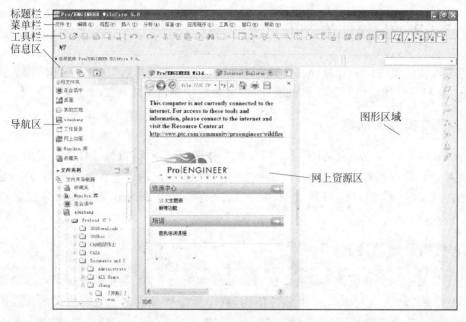

图形区域

网上资源区

图 10-1 Pro/E 基本界面

Pro/E 界面是应用程序与用户的交互接口。Pro/E 的主操作界面由标题栏、菜单栏、工具栏、导航区、信息区、网上资源区和图形区域组成。为绘图方便,一般可将网上资源区关闭以使绘图区增大。

图 10-2 新建文件

Pro/E 的界面设计按照 CAD 软件的功能需要而定。通过下拉菜单,选择【文件】|【新建】命令,弹出如图 10-2 所示的对话框。

在新建文件对话框的左侧有 10 个选项分别代表不同的类型,可以通过选择进入不同的工作模式,创建不同类型的模型。

在 Pro/E 系统中,机械设计中常用的工作模式有:

草图模式(sketcher mode),允许创建一个参数化的草图模型,生成.sec 类型的文件。

零件模式(part mode),允许创建一个三维模型,生成.prt 类型的文件。

装配模式(assembly),允许创建一个将零件组装配在一起的三维模型,生成.asm 类型的文件。

绘图模式(drawing mode),允许创建一个有零件或装配尺寸标注的二维绘图模型,生成.drw 类型的文件。

选择"零件",则进入三维零件创建环境。

说明:

新建文件时,一般都有"是否选择使用默认模板"的选项。可以根据不同的情况选择。例如,当新建文件的类型为"零件"时,由于默认的零件造型模板绘图单位为英寸,因此一般不选用默认模板,而选择绘图单位为毫米的"mmns_part_solid"模板(见图 10-3)。

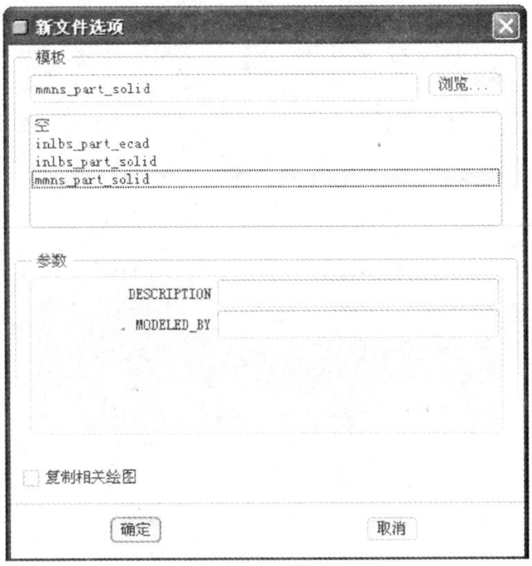

图 10-3　选择模板

10.2.2　Pro/E 的零件设计环境

零件设计环境下的界面与基本界面相近,如图 10-4 所示。

界面主要包括:标题栏、菜单栏、工具栏、信息区、过滤器、导航区和图形区等区域。其中最大的空白区域为图形区(也称工作区),主要用来显示模型。

1. 标题栏

标题栏位于界面的最上方。该区域会显示应用程序和打开零件模型的名称。Pro/E 是多文档应用程序,可以同时打开多个相同或不同的模型窗口,但只能有一个窗口保持激活状态,用"(活动的)"表示当前模型窗口处于激活状态。

2. 菜单栏

菜单栏位于标题栏下方,如图 10-5 所示是零件创建模块的菜单。根据进入模块的不同,会添加不同的菜单项。

(1)"文件"菜单:包括处理文件的各项命令,如新建、打开、保存、重命名等常用操作以及拭除、删除等特殊操作等。

(2)"编辑"菜单:包括对模型进行操作的命令,主要对建立的特征等进行编辑管理。

(3)"视图"菜单:包括控制模型显示与选择显示的命令,"视图"菜单可以控制 Pro/E 当前的显示、模型的放大和缩小、模型视角的显示等。

(4)"插入"菜单:包括加入各种类型特征的命令。

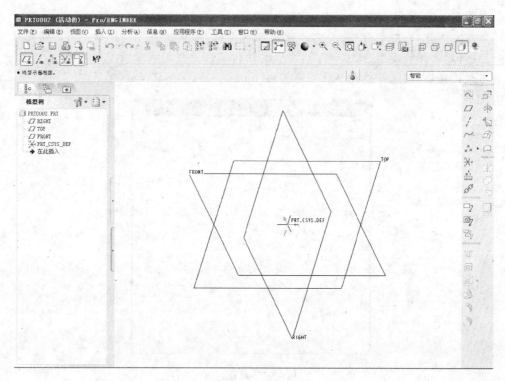

图 10-4　Pro/E 零件模块的工作界面

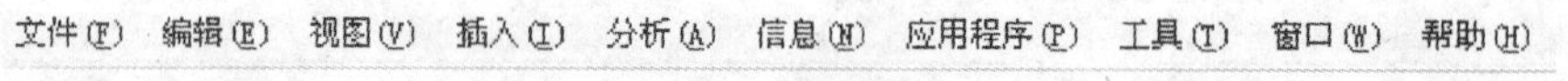

文件(F)　编辑(E)　视图(V)　插入(I)　分析(A)　信息(N)　应用程序(P)　工具(T)　窗口(W)　帮助(H)

图 10-5　菜单栏

（5）"分析"菜单：包括对模型分析的各项命令，主要就所建立的草图、工程图、三维模型等进行分析，包括距离、角度、质量分析、曲线曲面分析等。

（6）"信息"菜单：包括显示各项工程数据的命令，可以获得一些已经建立好的模型关系信息，并列出报告。

（7）"应用程序"菜单：包括利用各种不同的 Pro/E 模块命令，使用"应用程序"菜单可以在 Pro/E 的各种组件间切换，不同模型的"应用程序"菜单不同。

（8）"工具"菜单：包括添加关系式和表达式、定制工作环境的命令。

（9）"窗口"菜单：包括管理多个窗口的命令。

（10）"帮助"菜单：包括使用帮助文件的命令。

3．工具栏

Pro/E 将常用的命令做成图形按钮，放置在相应的工具栏中，通过单击这些按钮可以进行常用命令的操作，从而提高建模效率。

1）常用工具栏

如图 10-6 所示为常用的工具栏，包括文件管理、编辑、视图、模型显示、基准显示 5 类常用的操作。

(a) 文件管理

(b) 编辑

(c) 视图　　　　　　　　　　　　　　　　　(d) 模型显示

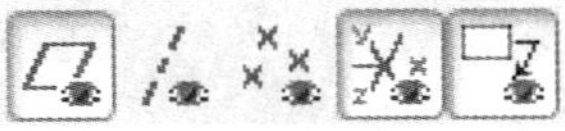

(e) 基准显示

图 10-6　常用工具栏

"文件管理"工具栏：用于对 Pro/E 文件进行新建、打开、保存、打印操作。

"编辑"工具栏：用于特征撤销/重复、再生、查找和选取等操作。

"视图"工具栏：用于对模型视图进行放大、缩小、定位和刷新等操作。

"模型显示"工具栏：用于切换模型的显示方式。

"基准显示"工具栏：用于控制基准(包括基准面、基准轴、基准点、坐标系统和模型旋转中心)的显示与否。

2) 特征工具栏

进入 Pro/E 零件模式时，窗口右侧的特征工具栏中放置了常见的特征以便于用户查找，依据作用的不同，可以分为草绘与基准、工程特征、基本特征和编辑特征 4 种类型，如图 10-7 所示。

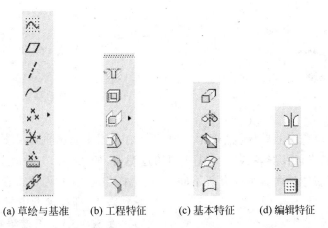

(a) 草绘与基准　　(b) 工程特征　　(c) 基本特征　　(d) 编辑特征

图 10-7　特征工具栏

3) 工具栏的定制

可以将 Pro/E 中常用的操作命令定制为一个工具栏，以备使用。方法是选择【工具】|

【定制屏幕】命令,在弹出的"定制"对话框中切换到【命令】选项卡,拖动【命令】选项卡中的图标到工具栏,或者从工具栏拖动图标到【命令】列表框,如图 10-8 所示。

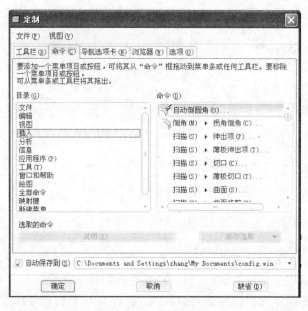

图 10-8 "定制"对话框

4. 信息区

信息区位于工作区上方,是特征生成过程中很重要的工具。在执行命令的过程中,这一区域将引导用户依次输入参数。初学者应特别留意这一区域的内容。这一区域还可以细分为信息提示区、操控板和状态栏(包括过滤器)三部分。如图 10-9 所示是执行"创建拉伸特征"命令后,在信息区显示的内容,其中"操控板"显示了定义特征所需设置的参数和选项,信息提示区显示了当前应进行的操作。

图 10-9 信息区

状态栏位于信息区的右侧,主要用来显示当前模型中选择的项目数、可用的选择过滤器、模型的再生状态以及屏幕显示。其右侧的过滤器,如图 10-10 所示。不同模块、不同工作阶段过滤器列表中的内容可能有所不同,通过选择相应的项目,使得在模型中可选择的项目受到限制,即在模型中只有过滤器中选中的项目才能被选中。在过滤器中系统默认的选项为"智能",即光标移至模型中的某特征时,系统会自动识别出该特征,在光标附近显示特征的名称,同时特征边界高亮显示,如图 10-11所示,此时左击特征即可选择特征。

图 10-10 状态栏

5. 导航区

导航区位于界面左侧,包括"模型树"、"文件夹导航器"、"收藏夹"3 个选项卡,如图 10-12 所示。

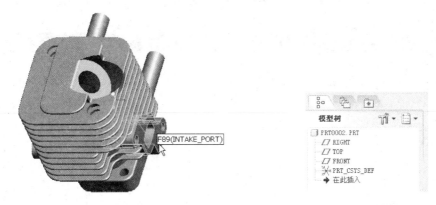

图 10-11　智能选择　　　　　　　　图 10-12　导航区

(1)"模型树"选项卡:以层次顺序树的格式列出设计中的每个对象。在模型树中,每个项目旁边的图标反映了其对象类型,如组件、零件、特征或基准。

(2)"文件夹导航器"选项卡:类似于 Windows 的资源管理器列出文件,可以方便地打开和查看某一个文件或者文件夹。

(3)"收藏夹"选项卡:类似于 Internet Explorer 浏览器的收藏夹功能,可以收藏常用的文件或者网址。

10.3　Pro/E 的基本操作

10.3.1　文件操作

Pro/E 的文件操作主要包括设置工作目录、创建新文件、保存文件、拭除与删除文件等。

1. 设置工作目录

工作目录是 Pro/E 存取文件的默认目录,也是 Pro/E 启动的初始目录。设置工作目录可以方便地管理与操作文件,设置工作目录的主要步骤为:

(1) 选择下拉菜单【文件】|【设置工作目录】命令(见图 10-13(a));

(2) 在弹出的"选择工作目录"对话框中设置新的工作目录(见图 10-13(b));

(3) 单击【确定】按钮,将选择的目录设置为当前进程的工作目录。

2. 创建新文件

创建新文件的步骤如下:

(1) 选择下拉菜单【文件】|【新建】命令;

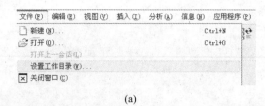

(a)

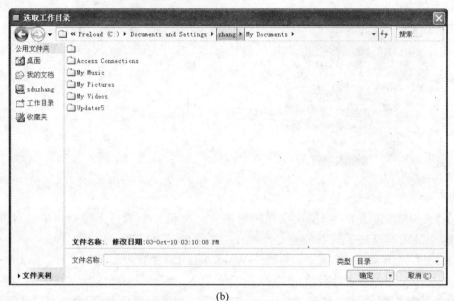

(b)

图 10-13   设置工作目录

（2）在"新建"对话框的类型选项组中选择要创建的文件类型，如图 10-2 所示；

（3）在【名称】文本框中输入文件名或使用默认的名称；

（4）可以选择【使用缺省模板】复选框，也可以不选此项，单击【确定】按钮后，在随后出现的对话框中选择合适的模板。

3. 保存文件

使用【文件】|【保存】命令保存文件时，Pro/E 都会创建一个新文件并将它写入磁盘，而不会覆盖原文件。例如，在 Pro/E 环境中正在制作一个名称为 part 的模型，第一次保存时，模型文件会被命名为 part. prt. 1，再次保存时，模型会被保存为 part. prt. 2，以此类推，每保存一次，都将生成一个新的版本。

4. 拭除与删除文件

选择【窗口】|【关闭】命令可以关闭窗口，对象会显示消失，但只要不退出 Pro/E 系统，对象仍保留在内存中。

选择【文件】|【拭除】命令，可以将文件从内存中拭除，但不会从磁盘中删除。

选择【文件】|【删除】命令，则文件将从磁盘中删除。删除中有两个选项，可以根据需要选择：删除旧版本、删除所有版本。

10.3.2　鼠标操作

在 Pro/E 中使用的鼠标一般用三键鼠标(最好带滚轮),对三键鼠标的常用操作如下:

(1) 在三维模型上移动鼠标左键可以显示选中的模型特征,按下鼠标左键可以选中该特征。

(2) 鼠标光标指向模型,单击鼠标右键可以转换显示待选中的模型特征。

(3) 按下鼠标中键并移动鼠标,可以任意方向旋转视图区中的模型。

(4) 中键为滚轮的鼠标,转动滚轮可以放大或缩小视图区中的模型。

(5) Ctrl+中键,上下拖动鼠标可以放大或缩小视图区中的模型。

(6) Ctrl+中键,左右拖动鼠标可以旋转视图区中的模型。

(7) Shift+中键,拖动鼠标可以移动视图区中的模型。

(8) Ctrl+Alt+右键,可以在装配视图中移动待装配元件。

(9) Ctrl+Alt+中键,可以在装配视图中旋转待装配元件。

(10) 单击中键,可以在草绘环境下确定尺寸标注的放置位置。

10.3.3　配置文件的设置

Config. pro 文件是 Pro/E 的系统配置文件,包括系统的精度、显示设置、单位、打印机、快捷键、输入输出等许多方面的设置。通过这些设置,可以把 Pro/E 定制为用户需要的工作环境。

在 Pro/E 的使用中,Config. pro 文件的设置是比较重要的工作,一般选用其默认的配置即可。在实际工作中,由经验丰富的工程师针对本公司的需要进行设置,然后复制到每台工作站上作为公司的标准执行。这样有利于公司产品数据的交换和统一管理。

编辑 Config. pro 文件可以按以下步骤进行:

(1) 选择下拉菜单【工具】|【选项】命令,选择已有的 Config. pro 文件或直接单击【OK】按钮建立新的 Config. pro 文件;

(2) 在弹出的编辑界面里(见图 10-14)的【选项】文本框中输入配置选项(如 PRO_UNIT_LENGTH 选项即为长度单位的配置选项);

(3) 在随后的【值】下拉列表框中选择欲设置的新值,然后单击【添加/更改】按钮;

(4) 单击【确定】或【应用】按钮完成设置。

Config 文件的设置项有几百个,关系到 Pro/E 的各个方面。以下是常用配置项目,可根据需要进行设定:

长度单位的配置:PRO_UNIT_LENGTH 一般是选择 UNIT_MM 即单位是毫米;

质量单位的配置:PRO_UNIT_MASS 一般是选择 UNIT_GRAM 即单位是克;

默认的二维图比例:DEFAULT_DRAW_SCALE 通常是设定为 1：1;

系统的公差级别:TOLERANCE_CLASS 可由用户选择,一般是 MEDIUM 即中等级别;

系统的公差标准:TOLERANCE_STANDARD 一般选择 ISO 标准;

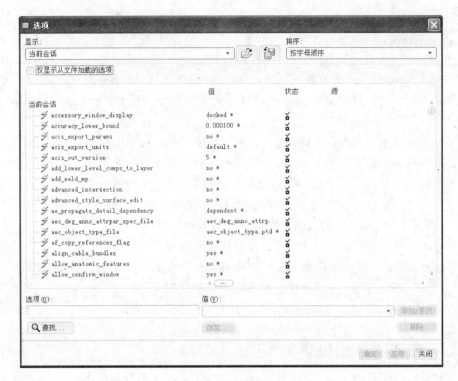

图 10-14　编辑配置

系统的公差显示：TOL_DISPLAY 选择 YES 为显示公差，NO 为不显示公差；
系统的公差形式：TOL_MODE 可以根据用户的习惯选，一般选择 NOMINAL。

10.4　Pro/E 草绘工具

对于 Pro/E 的大多数特征，如拉伸、旋转、扫描等特征，都离不开一个在平面上绘制的截面或曲线，这些图形称为草图。Pro/E 提供了草绘器来专门创建草图。

10.4.1　创建草图的方法

创建草图的方法有两种：第一种方法是可以创建一个后缀为 .sec 的文件单独保存草图，以备创建特征时调用；第二种方法是在建立特征时，进入零件模式自带的草绘器进行图形的绘制、编辑和标注等操作。

1. 创建独立的草绘文件并调用

操作过程如下：

(1) 选择【文件】|【新建】命令，在"新建"对话框中选择"草绘"命令，单击【确定】按钮，直接进入草图模式绘制，如图 10-15 所示。

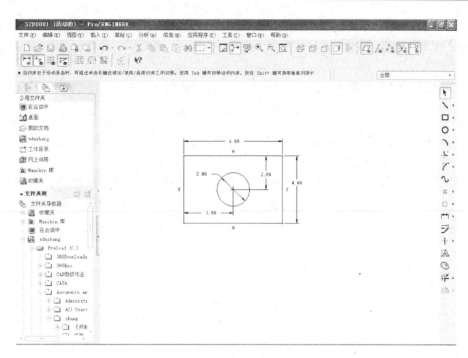

图 10-15　草绘模块界面

（2）当需要调用时，在草绘环境下，通过下拉菜单【草绘】|【数据来自文件】|【文件系统】命令，在随后弹出的对话框中选择已有的草绘文件即可，如图 10-16 所示。

2．在造型过程中创建草绘

例如，在零件创建模块下，可以通过单击工具栏中的 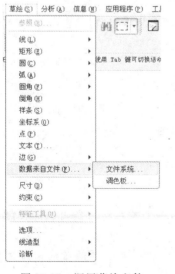 按钮进入草绘器，进行草图的绘制，建立独立的草绘特征。也可以在建立特征时通过选择定义内部草绘，进入草绘器。如图 10-17 所示是创建拉伸特征时的操控板，单击其中【放置】选项卡中的"定义"按钮，选择参照平面后即可进入草绘器，定义内部草绘。

图 10-16　调用草绘文件　　　　　图 10-17　定义内部草图

10.4.2 草绘器界面

1. 草绘器工作界面

进入草绘器环境后,草绘器的界面与 Pro/E 零件模块工作界面结构相近,标准工具栏中的大部分按钮是相同的。但下拉菜单中各主菜单选项有不同,如"草绘"是草绘器中特有的选项,如图 10-18 所示。

在"工作区"的右侧有草绘器中的常用工具栏,包括绘图工具栏(见图 10-19)和基准工具栏(见图 10-20),其中绘图工具栏中包括绘制工具按钮、尺寸标注按钮、编辑修改按钮和添加约束按钮 4 种类型。

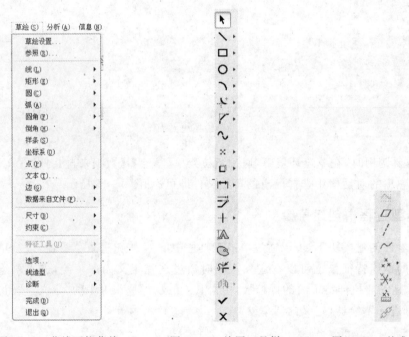

图 10-18　草绘下拉菜单　　　图 10-19　绘图工具栏　　　图 10-20　基准工具栏

2. 草绘术语

Pro/E 草绘过程中有一些术语,其含义如下。

(1) 图元:截面几何的任何元素,如直线、圆弧、圆、样条线、点和坐标系等。

(2) 参照图元:创建特征截面或轨迹时所参照的图元。

(3) 尺寸:图元之间关系的量度。

(4) 约束:定义图元几何或图元间关系的条件。

(5) 参数:草绘中的辅助元素。

(6) 关系:关联尺寸和参数的等式。例如可使用一个关系将一条直线的长度设置为另一条直线的两倍。

(7) 弱尺寸或弱约束:由系统自动建立的尺寸或约束,在没有确认的情况下系统可以自动删除它们。在增加尺寸时,系统可以在没有任何确认的情况下删除多余的弱尺寸或弱约束。弱尺寸或弱约束通常以灰色出现。

(8)强尺寸或强约束:系统不能自动删除的尺寸或约束。由用户创建的尺寸或约束总是强尺寸或强约束。如果几个强尺寸或强约束发生冲突,系统会要求删除其中一个。强尺寸或强约束通常以黑色出现。

(9)视角:观看实体或截面的角度。系统可以定义前、后、左、右、顶、底 6 个特殊视图角度和一个标准视图角度。

(10)截面(也称剖面):零件实体的基本组成要素,截面一般是一个封闭的二维平面几何图形,能够表现零件实体的某一部分的形状特征。

10.4.3 设置草绘环境

在草绘环境下,系统提供了一系列的工具供绘图方便。在绘图之前,应通过对"草绘器首选项"中的选项进行必要的设置,使其启动。通过【草绘】|【选项】命令,可以弹出"草绘器首选项"对话框,如图 10-21 所示。

图 10-21 设置草绘器优先选项

该选项卡共包括其他、约束、参数 3 类选项,具体设置内容如下。

(1)【其他】选项卡:可以设置草绘环境中的优先显示项目,系统自动显示该选项卡设置的草绘几何尺寸、约束符号、顶点等项目。

(2)【约束】选项卡:可以设置草绘环境下的优先约束选项,系统会根据该选项卡的选择自动创建有关约束。

（3）【参数】选项卡：可以根据模型的大小，设置草绘环境下的网格大小。在【栅格间距】选项组中选择【手动】选项，在【值】选项组中的【X】和【Y】文本框中输入间距值，单击"确认"按钮完成网格设置。

10.4.4　草绘平面与方向参照

由于 Pro/E 是基于特征的造型工具，其草绘的图形总是放置在一个平面上的，因此绘制草图的第一步就是选择草绘放置的平面（下称草绘平面）以及草绘方向参照平面（下称参照平面）。草绘平面与参照平面可以是基准平面，也可以是实体中的平面型表面。

图 10-22　选择草绘平面与
草绘方向参照

如图 10-22 所示是单击草绘工具条按钮 ᷾ 后，出现的对话框。

首先选择一个平面作为草图放置的平面，也可单击 使用先前的 按钮使用前一次选择的草绘平面作为此次草绘平面。

选择草绘平面后，系统还需要提供一个与草绘平面垂直的平面作为参照平面，并辅助以"顶"、"底部"、"左"、"右"4 个方向选项，来决定如何摆放草图。其中，选择"左"、"右"方向使参照平面呈竖立放置，选择"顶"、"底部"方向使参照平面呈水平放置。用户可以根据绘图方便选择参照平面。

例如，选择模型中圆柱体的前面作为草绘平面（如图 10-23(a)所示的面），FRONT 面和 RIGHT 面都与此平面垂直，可以作为参照平面。若选择 FRONT 面作为参照平面并在方向列表中选择"底部"，则进入草绘器后草图的摆放如图 10-23(b)所示。

图 10-24、图 10-25、图 10-26 分别是选择 FRONT 面作为参照平面并在方向列表中选择"顶"、"左"、"右"时，草图的摆放位置。

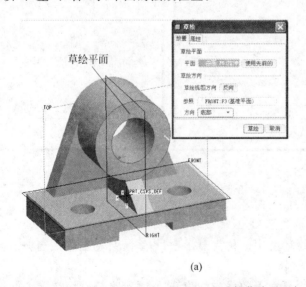

(a)

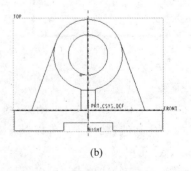

(b)

图 10-23　选择草绘平面与参照（一）

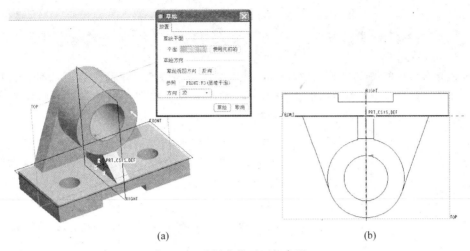

(a)　　　　　　　　　　　　　　　　(b)

图 10-24　选择草绘平面与参照(二)

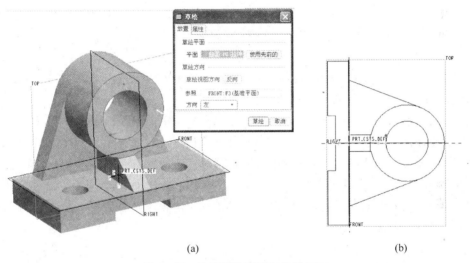

(a)　　　　　　　　　　　　　　　　(b)

图 10-25　选择草绘平面与参照(三)

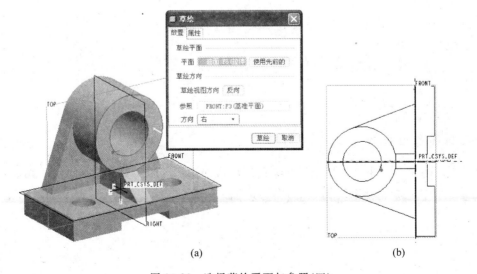

(a)　　　　　　　　　　　　　　　　(b)

图 10-26　选择草绘平面与参照(四)

10.4.5　草图绘制

草图绘制命令的按钮如图 10-27 所示,其中某些按钮旁有一个箭头标记,表示在该按钮中还有与其类似的工具,如在圆形工具中包括椭圆工具。草图绘制工具包括绘制直线、矩形、圆形、圆弧、圆角、样条线、点和通过边创建图元等。

图 10-27　草图绘制
工具按钮

(1)"选择"按钮 ：用于选择图元。

(2)"绘制直线"按钮 ：分别用于创建两点直线、切线和中心线。其中中心线命令用于创建镜像所需的轴线或旋转特征所用的旋转轴等。

(3)"绘制矩形"按钮 ：用于通过给定两点的方式创建矩形。

(4)"绘制圆"按钮 ：分别用于通过拾取圆心和圆上一点创建圆,创建同心圆,通过拾取三个点创建圆,创建与三个图元相切的圆,创建完整的椭圆。

(5)"绘制圆弧"按钮 ：分别用于通过三点或通过在其端点与图元相切创建圆弧,创建同心圆弧,通过拾取圆心和端点创建圆弧,创建与三个图元相切的圆弧,创建锥形弧。

(6)"绘制圆角"按钮 ：分别用于在两个图元中创建圆角或椭圆角。

(7)"绘制倒角"按钮 ：分别用于在两个图元中创建倒角。

(8)"绘制样条曲线"按钮 ：用于拾取点创建样条曲线。

(9)"创建点"按钮 ：分别用于创建点和参照坐标系。

(10)"通过边创建图元"按钮 ：用于将其他特征的轮廓(或在其基础上偏移的图线)作为本次草绘的图元。

10.4.6　草图编辑

草图编辑工具(见图 10-28)主要包括文字、外部截面插入、动态修改和镜像工具等。

图 10-28　草图编辑
工具按钮

1. 文字

"创建文字"按钮 ：用于创建文字。

2. 外部截面插入

"调用调色板"按钮 ：用于将草绘器调色板中的图形插入到当前草图中。如图 10-29所示,草绘器调色板包括系统提供的"多边形"、"轮廓"、"形状"、"星形"以及工作目录中的草图。

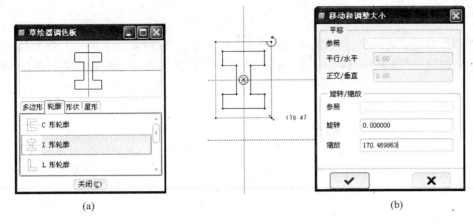

图 10-29　草绘器调色板

单击可以预览,双击可以选取图形。选取后,在草绘工作区单击,随后出现的"缩放旋转"对话框中可以给定比例及旋转角度,单击确定后,选中的图形将被创建。

3. 一般编辑命令

一般编辑命令包括移动、复制、镜像、缩放、旋转等编辑操作。

(1) 移动图元:选择图元后,系统会加亮被选择的图元,然后可以通过鼠标的拖拽移动图元。如果选取的是多个图元的公共端点,则所有的图元都会移动。被选择的图元也可以是尺寸标注,通过拖拽尺寸标注的文字可以移动尺寸标注的位置。

(2) 复制图元:使用"复制"命令可以生成一个与被选择图元几何形状完全一样的新图元,生成的图元与原图相关,即改变其中一个尺寸,另一个也相应地改变尺寸。

具体操作是:首先选中图元,单击右键,在快捷菜单中(见图 10-30)选择"复制"命令,然后在工作区右击,在快捷菜单中选择"粘贴"命令。

(3) 镜像图元:草图常常存在着对称(镜像)情况,可以只绘制一半,通过镜像操作得到对称的结果。

图 10-30　快捷菜单

具体方法是:首先选择被镜像的图元,再单击"镜像图元"按钮,选择事先绘制的中心线作为镜像轴线,系统将自动生成镜像图元。

(4) 缩放和旋转图元:在工作区单击或框选要缩放和旋转的图元,再选择【编辑】|【缩放和旋转图元】命令,或者单击"缩放和旋转图元"按钮即可。

4. 修剪图元

Pro/E 提供了 3 种修剪方式:动态修改图元、剪切图元和点分割图元,分别对应 3 个工具按钮,用来对图元进行修剪、延伸和打断操作。如果需要修剪某图元,只需选择需要被修剪的图元部分,系统会自动判断剪切边,直接修剪图元,操作方便。

5. 删除图元

在草绘过程中,可以删除所有草绘图元、尺寸标注、约束或草绘参照。只需先选择要被删除的对象,然后按删除(Delete)键即可,或选中对象后右击,在快捷菜单中选择"删除"选项。

10.4.7　草图的几何约束

草图中的图元可以存在某种拓扑关系,如位置关系、垂直关系、平行关系等。Pro/E 允许将其定义为几何约束,有利于简化建模,提高建模效率。

1. 自动几何约束

草图绘制时系统会接受草绘目的管理器默认假设,当鼠标出现在某约束公差范围内时,系统将对齐该约束并在图元旁边动态显示该约束的图形符号。参见如图 10-21(b)所示的约束类型。

2. 手动几何约束

Pro/E 允许手工添加约束,方法有两种:单击工具栏中的按钮或下拉菜单。

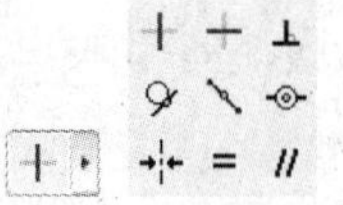

图 10-31　"几何约束"工具按钮

1) 单击"约束"工具按钮

如图 10-31 是几何约束的工具栏按钮。选择其中的一个,然后选择需要添加几何约束的图元,就可以实现相应的约束设置。

"几何约束"对话框中各按钮都代表一种约束类型,其含义如表 10-1 所示。

表 10-1　约束类型

按钮	含　　义
╪	将一条线段约束为竖直放置
━	将一条线段约束为水平放置
⊥	将两线段相互垂直,系统要求选择两直线
⊸	使线段与圆弧相切,系统要求选择线段和圆弧
◣	定义一点位于另一实体上,系统要求选择图元和点
◈	将两个点定义为同一点,系统要求选择两顶点或端点
↔	将两个关于某中心线几乎对称的图元定义为相互对称,系统要求选择中心线和对称图元
=	约束两线段为相等的长度,系统要求选择两直线
//	使两线段相互平行,系统要求选择两直线

2) 选择下拉菜单中的选项

选择下拉菜单【草绘】|【约束】命令,系统会弹出如图 10-32 所示的"几何约束"对话框。同样地,先选择约束类型,再选择被约束的图元,可以为被选择的图元添加几何约束。

3. 具体操作

1) 添加相切约束

（1）绘制如图 10-33(a)所示的图形。先利用绘制圆的命令生成两个圆,然后单击工具栏中的 ↘ 绘制圆弧,此时可以利用事先在"草绘器约束"中的设置保证圆弧与一个圆相切（见图 10-33(a)）。

（2）单击工具栏按钮 ♀ 或在下拉菜单中选择"相切",按照系统提示,依次选取圆弧和圆,系统将按创建的约束更新草绘,并显示约束的符号,如图 10-33(b)所示。

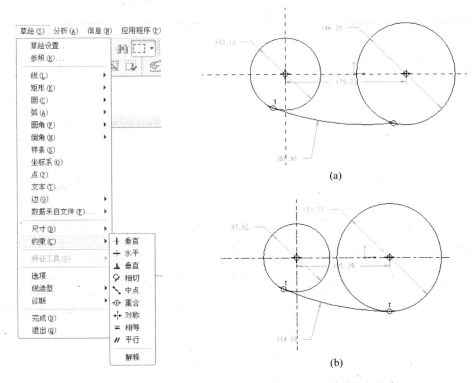

（a）

（b）

图 10-32　"几何约束"对话框　　　　图 10-33　添加"几何约束"

说明:

若绘制两圆的公切线（直线）可以直接用绘制切线的命令 ↘ 。

2) 表 10-2 为约束符号的各种不同类型。

表 10-2　约束符号的类型

约　　　束	符　　号	约　　　束	符　　号
中点	M	相同点	O
水平图元	H	竖直图元	V
图元上的点	—⊕—	相切图元	T
垂直图元	⊥	平行线	//1
相等半径	R1	具有相等长度的线段	L1

约　束	符　号	约　束	符　号
对称	→┆←	图元水平或竖直排列	---┆
共线	＝	对齐	用于适当对齐类型的符号
边/偏距边	～		

4. 删除约束

建立的约束可以被删除。删除约束可以单击要删除的约束符号,选中后,约束符号变成红色,再按 Delete 键即可。

10.4.8　草图的尺寸标注

Pro/E 中的草绘器确保在截面创建的任何阶段都已充分约束,因此尺寸是全约束的并且可以进行尺寸驱动。

1. 自动标注尺寸

通过选择【草绘】|【选项】命令,可以激活 Pro/E 中的目的管理器(参见图 10-21),它能够动态地标注尺寸和约束草图几何形状,极大地提高了草绘效率。

绘制草图时系统会自动对图元形状和位置标注,而且自动标注的尺寸是全约束的。自动标注的尺寸是弱尺寸(默认为显示灰色),如图 10-34 所示。

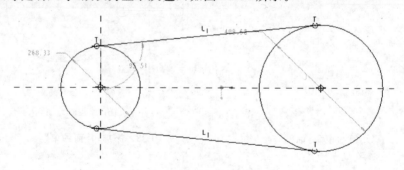

图 10-34　自动标注尺寸

2. 创建尺寸

系统提供的尺寸标注不一定全是需要的,用户可以对图元进行手动标注。如图 10-35 所示为标注尺寸的下拉菜单及工具栏按钮。

单击"创建尺寸"按钮 ⊢⊣ 或选择下拉菜单【草绘】|【尺寸】|【法向】命令,可以标注大部分需要的尺寸,主要包括线性尺寸(线段长度、两平行线之间的距离、两点之间的距离、一点与直线之间的距离、直线与圆/圆弧的切点距离、两圆/圆弧之间的正切距离等)、直径尺寸、半径尺寸、对称尺寸、角度尺寸(两条直线之间的夹角、圆弧的包含角)、弧长尺寸、椭圆尺寸(长轴、短轴)等。

标注尺寸的一般步骤是：先选择图元,然后在放置尺寸处单击鼠标中键。有时因鼠标中键单击的位置不同而得到不同的尺寸。如图 10-36 所示是标注两点之间的距离时,因鼠标中键单击的位置不同而产生的不同结果。

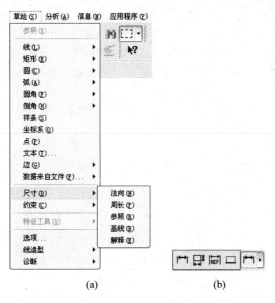

(a)　　　　　　　　(b)

图 10-35　标注尺寸的下拉菜单和工具栏按钮

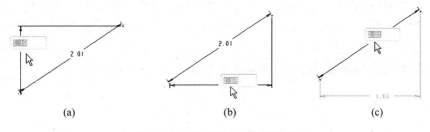

(a)　　　　　　　　(b)　　　　　　　　(c)

图 10-36　标注两点之间的距离

特别地,对称尺寸往往用于旋转造型中的草绘,代表指定对象的直径尺寸,如图 10-37所示。

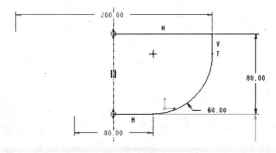

图 10-37　标注对称尺寸

标注对称尺寸时,单击"标注尺寸"按钮后,选择要标注尺寸的图元,再选择中心线(须事先绘制),然后再次选择要标注尺寸的图元,最后移动鼠标光标至尺寸放置位置,单击中键确定尺寸。

说明:

手动标注的尺寸都是强尺寸。

如图 10-38 所示,由于系统中的尺寸是全约束的,因此创建新尺寸(两圆心的中心矩 730.84)后,原来自动标注的尺寸将有一个(图 10-34 中标注角度的尺寸 95.51)同时被删除。

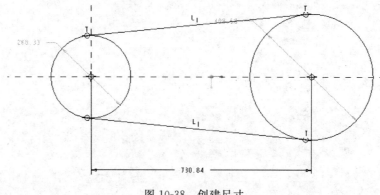

图 10-38   创建尺寸

3. 弱尺寸加强

若不想自动标注的弱尺寸被删除,可以事先将弱尺寸变为强尺寸。如图 10-39 所示,选中尺寸(标注角度的尺寸 95.51)后右击,在弹出的快捷菜单中选择"强"命令,则该尺寸变为强尺寸(默认显示为黑色)。

另外,被修改过尺寸数值的尺寸也自动变为强尺寸。

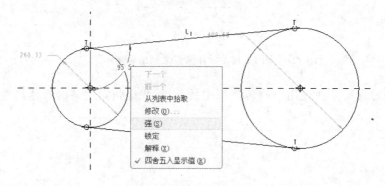

图 10-39   弱尺寸加强

4. 强尺寸变弱

对强尺寸进行删除操作,并不能真正删除尺寸,只能将其变为弱尺寸。

5. 尺寸过约束

系统自动标注的尺寸是完全约束的。如果将系统自动标注的所有尺寸都变为强尺寸,当再添加一个尺寸,将形成尺寸过约束现象。此时系统将提示用户删除某一尺寸以保证尺寸全约束状态。

如本例所示,将系统标注的三个尺寸都"加强"后(默认设置系统显示为黑色,如图 10-40(a)所示),若再标注中心矩(尺寸值为 730.84),系统就会弹出对话框要求解决草绘问题,此时需根据需要删除其中一个尺寸,如图 10-40(b)所示。

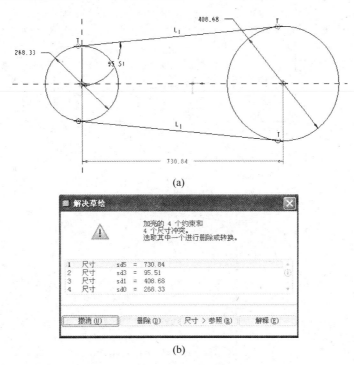

(a)

(b)

图 10-40　尺寸过约束

6. 修改尺寸值

在 Pro/E 中一般用拾取的方法绘制图元,图元的尺寸值可以是不精确的,绘制完成后,利用 Pro/E 的尺寸驱动功能并配合几何约束,通过修改尺寸数值的方法得到尺寸精确的草图。

修改尺寸数值的方法有两种:直接输入数值单个修改尺寸值和通过"修改尺寸"对话框批量修改尺寸数值。

1) 直接输入数值

双击某一个尺寸,在随后出现的文本框中输入正确的尺寸数值,如图 10-41 所示。

2) 批量修改尺寸值

通过单击"修改尺寸"按钮 ⇉,调出"修改尺寸"对话框(见图 10-42),可以选中多个尺寸通过文本框输入尺寸值。通过选中【锁定比例】选项,可以使图形不至于变形过大。

7. 其他尺寸编辑

对尺寸标注的常用修改还包括锁定尺寸、控制尺寸显示、修改尺寸精度等。

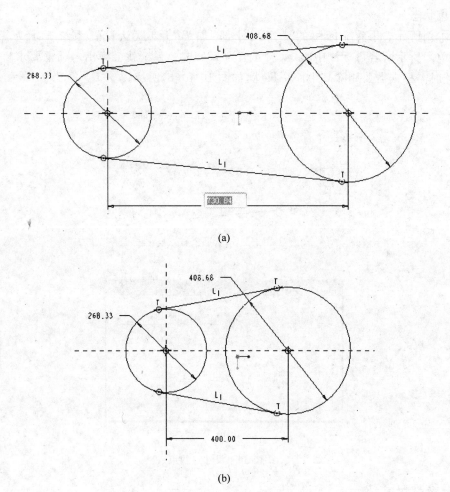

(a)

(b)

图 10-41　修改尺寸值

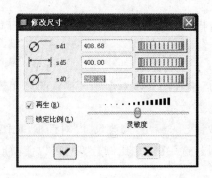

图 10-42　"修改尺寸"对话框

10.5　综　合　实　例

　　由于有尺寸驱动和几何约束功能,在 Pro/ E 中绘制草图与绘制二维机械图样的方式不同。绘制草图时,不要求一开始就用实际的尺寸进行精确绘制,可以先在草图平面上创建出大致轮廓,通过对草图进行编辑、添加尺寸约束和几何约束,最后得到需要的图形。

　　绘制如图 10-43 所示的平面图形。

　　(1) 零件模式下,单击草绘按钮 ,在随后出现的"草绘"对话框中选择 FRONT 面作为草绘平面,RIGHT 面作为草绘参照,方向为右,如图 10-44 所示。

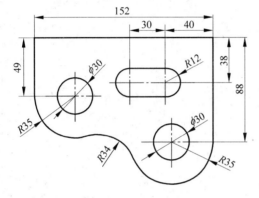

图 10-43　草绘实例

图 10-44　确定草绘平面

　　(2) 绘制过程中可以先忽略尺寸,用鼠标点取的方式绘制三段直线,如图 10-45 所示。

　　(3) 绘制圆如图 10-46 所示。

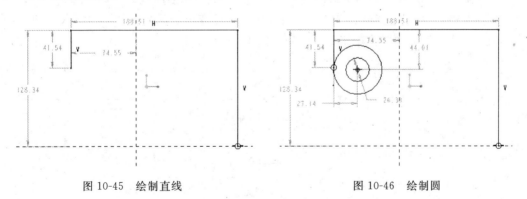

图 10-45　绘制直线　　　　　　　　　　图 10-46　绘制圆

　　(4) 绘制右侧的两个圆,并保证分别与左侧的两个圆半径相等,如图 10-47(a)中所示的几何约束标记(R_1、R_2)。添加共线约束 ,使大圆上的点与右侧直线共线(见图 10-47(b))。

　　(5) 绘制相切圆弧,如图 10-48 所示。

　　(6) 绘制两个半径相同的圆及其公切线。其中两个圆半径相等的几何约束可以在绘制圆的过程中自动添加。如图 10-49 所示。

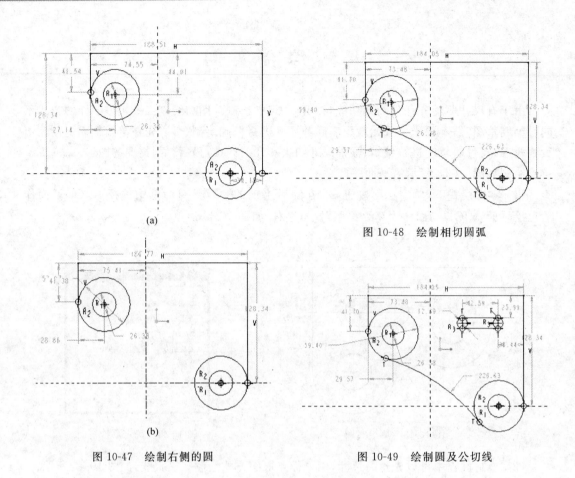

(a)

图 10-48　绘制相切圆弧

(b)

图 10-47　绘制右侧的圆

图 10-49　绘制圆及公切线

（7）单击"剪切"按钮 ，编辑得到如图 10-50 所示的几何图形。

（8）参照图 10-43 重新标注尺寸，并编辑修改尺寸数值。最后添加"共线"几何约束，使右侧直线与 RIGHT 面的投影重合。结果如图 10-51 所示。

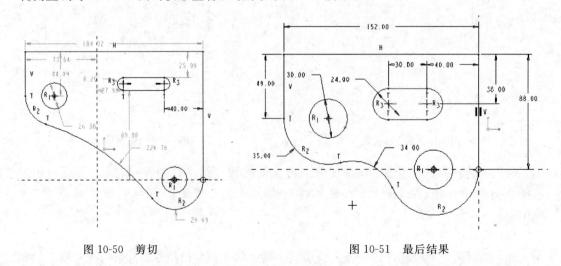

图 10-50　剪切

图 10-51　最后结果

习　题

1. 问答题

(1) Pro/E 有哪些特点? 主要包括哪些模块?

(2) Pro/E 的工作模式分为哪几种?

(3) Pro/E 草图工具有哪些?

(4) Pro/E 中草图约束工具分哪几种? 如何限制 Pro/E 中草绘图形约束?

2. 作图题(见图 10-52 和图 10-53)

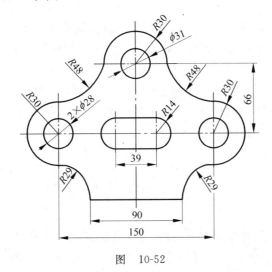

图　10-52

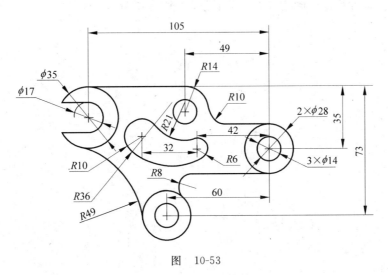

图　10-53

第 11 章

基础特征造型

零件建模是产品设计的基础,而组成零件的基本单元是特征。特征构建能帮助设计人员快速实现零件的建模。Pro/E 软件是一个基于特征的造型软件。采用特征设计具有直观、灵活的优点。一般情况下,零件的实体模型是从基础特征开始,然后在其基础上创建其他的特征。基础特征通常是由剖面(截面)通过一定的方式(如拉伸、旋转、扫描、混合等)产生的,可以说基础特征相当于零件模型的坯胎。

本章将首先介绍常用基础特征的创建和编辑方法,然后利用综合实例造型过程详解的形式使读者加深对基础知识的理解、应用。通过本章的学习,读者可以掌握在 Pro/E 中创建零件模型的基本方法和思路。

11.1　基础特征简述

基础特征是一个零件的主要轮廓特征,创建什么样的特征作为零件的基础特征比较重要,一般由设计者根据产品的设计意图和零件的特点灵活掌握。Pro/E 提供了下拉菜单和工具栏按钮两种方法执行创建基础特征命令,如图 11-1 所示。

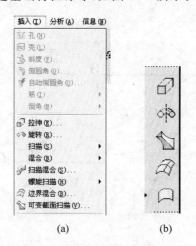

(a)　　　　　　(b)

图 11-1　创建基础特征的命令

利用这些创建基础特征的菜单命令或工具按钮,除了可以创建实体特征之外,还可以创建曲面。本章只详细介绍实体基础特征的相关操作。

11.2　拉伸特征

拉伸是沿着与草绘垂直的方向添加或去除一定深度材料的实体创建方法。拉伸特征操作简单,是实体创建过程中最常用、最基本的造型方法,往往用于规则物体的造型。

11.2.1　拉伸操控板

单击"基础特征"工具栏中的"拉伸工具"按钮 ,或者在"插入"菜单中选择"拉伸"命令,系统将在消息区(工作区上方)显示如图 11-2 所示的拉伸操控板。

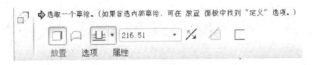

图 11-2　拉伸操控板

在拉伸操控板中包括控制按钮以及【放置】面板、【选项】面板和【属性】面板。

1. 选项控制按钮

选项控制按钮主要是控制拉伸方向、拉伸深度等参数。

 为生成拉伸实体按钮,生成实体为系统的默认设置。

 为生成拉伸曲面按钮。

 为拉伸深度选项,该选项包括 6 种给定拉伸深度的方式。

 为输入拉伸深度值的文本框。

 为拉伸深度方向的控制按钮,单击该按钮可以改变拉伸的方向。

 为去除材料按钮。当前造型中已有至少一个基础特征时,此按钮可选,否则为不可选(呈灰色)。

 为加厚草绘,即根据草绘生成一定厚度的壳体。

2. 操作面板

1)【放置】面板

如图 11-3 所示为单击"放置"出现的【放置】面板。使用该面板可以定义或编辑草绘截面。

2)【选项】面板

如图 11-4 所示为【选项】面板。使用该面板可以重定义草绘平面每一侧的特征深度,可以通过选中【封闭端】复选框创建具有封闭端的曲面特征。

图 11-3　【放置】面板

3)【属性】面板

如图 11-5 所示,在【属性】面板中可以重命名特征,还可以通过单击显示信息按钮 **i** ,打开 Pro/E 浏览器查看该特征的信息(见图 11-6)。

图 11-4 【选项】面板　　　　　　　　　　　　　　　　图 11-5 【属性】面板

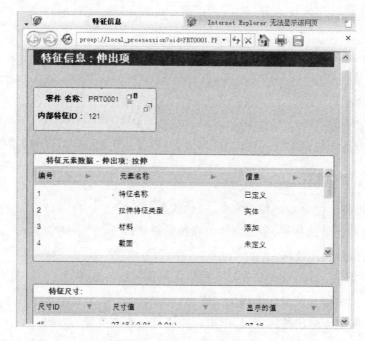

图 11-6 特征信息

11.2.2 创建拉伸特征

创建拉伸实体特征的一般顺序为:定义草绘平面及其参照平面→绘制草图作为拉伸截面→确定拉伸方向→指定拉伸特征深度。

1. 定义草绘截面

(1) 单击操控板中的【放置】按钮,单击【定义】按钮,定义内部草绘。如图 11-7 所示。

(2) 在随后出现的"草绘"对话框中选择草绘平面与参照平面,单击【草绘】按钮即可进入草绘器绘制拉伸截面。可作如图 11-8 所示的选择(FRONT 面为草绘平面,RIGHT 面为参照平面,参照方向为右)。

图 11-7　放置草绘

图 11-8　选择草绘平面与参照平面

2. 绘制草图

草绘平面设置好后，系统进入二维草绘环境。绘制如图 11-9(a)所示的图形，在绘制的过程中水平约束自动添加。

单击"相等约束"按钮 = ，给图形添加边长相等约束。

建立新尺寸，并修改尺寸值，得到如图 11-9(b)所示的草图。单击确认按钮 ☑ ，返回零件模式。

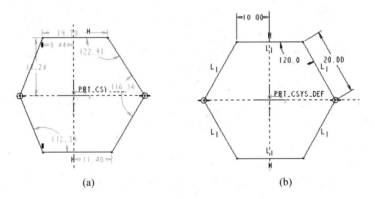

(a)　　　　　　　　　　　　　　(b)

图 11-9　绘制草图

3. 给定拉伸方向

草绘结束后，系统会以半透明绿色状态显示默认拉伸的最佳状态，有箭头表示拉伸方向，如图 11-10 所示。要改变箭头的方向，可以单击操作面板上的"反向"按钮 ⅍ 。

4. 给定拉伸深度

选择拉伸深度的给定方式 ⬆ ，在深度文本框中输入数值，特征将从草绘平面开始，按照输入的数值向给定的方向拉伸。

5. 完成

单击 ☑ 按钮，即得到三维实体(见图 11-11)。也可以在确认前，先单击操控板右侧的预览按钮 👓 ，预览特征。

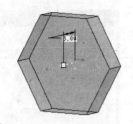

图 11-10　给定拉伸方向

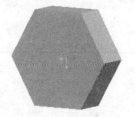

图 11-11　生成拉伸实体

11.2.3　拉伸特征选项的含义与说明

1. 关于草绘图形

在三维实体建模过程中,因实体类型的不同而对截面的绘制要求也是有所区别的。大多数情况下,要求草绘图形是封闭的,即几何图元首尾相连,而曲面的构建则不需要图元封闭,如图 11-12 所示。

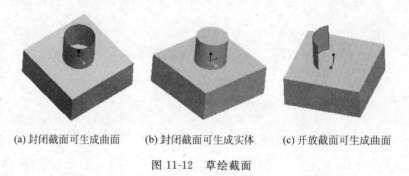

(a) 封闭截面可生成曲面　　　(b) 封闭截面可生成实体　　　(c) 开放截面可生成曲面

图 11-12　草绘截面

如果图元特征不满足以上要求,通常认为截面不合格,若单击按钮,则会出现错误的提示对话框,特征构建无法继续进行,如图 11-13 所示。

2. 关于拉伸特征的深度

在 Pro/E 中确定特征深度时,有多种选项供用户选择,如图 11-14 所示。

(a) 首尾不相连　　　　　　(b) 提示

图 11-13　错误的草绘截面

图 11-14　拉伸深度类型

给定深度：自草绘平面以指定的深度值往一侧拉伸。

对称拉伸：将在草绘平面的基础上向两侧对称拉伸，输入的深度值是总的拉伸长度。

到下一个：拉伸特征将在零件的下一曲面处结束。

穿透：拉伸特征将穿透实体的所有曲面。

穿至：特征将拉伸到指定的曲面（或平面）结束。

到选定的：特征将拉伸至选定的点、线、面为止。

3. 关于减材料创建实体

减材料特征是在原实体模型的基础上移除部分材料的特征，它与加材料的区别在于操作时需要指定材料侧的参数。

操作时，应保证拉伸操作面板的"去除材料"按钮 ⬜ 处于激活状态，并且在草绘截面后，通过单击"除料方向"按钮，确认减材料的箭头方向。如果在长方体的中心部位减去一个特征，应选择如图 11-15 所示的方向为除料方向和拉伸方向。反之若再次单击"除料方向"按钮，除料方向将改为如图 11-16(a)所示，会得到另外一种模型（见图 11-16(b)）。

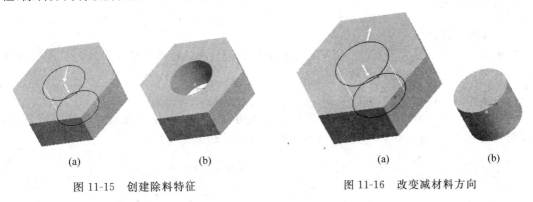

　　　　(a)　　　　　　　　(b)　　　　　　　　　　　　(a)　　　　　　(b)

图 11-15　创建除料特征　　　　　　　　图 11-16　改变减材料方向

11.3　旋 转 特 征

旋转实体特征是具有一定形状的截面绕指定轴线旋转一定角度后得到的实体特征，也是创建实体特征最常用的方法之一。利用旋转工具可以增加材料或切除材料的方式创建旋转实体特征和曲面特征。

11.3.1　旋转特征操控板

在"基础特征"工具栏单击"旋转工具"按钮 ⬆，或者选择下拉菜单【插入】|【旋转】命令，打开如图 11-17 所示的旋转特征操控板，包括控制按钮以及【放置】面板、【选项】面板和【属性】面板。

1. 控制按钮

旋转特征操控板上各按钮的含义如下所述。

图 11-17　旋转特征操控板

□ 为生成旋转实体按钮,生成实体为系统的默认设置。

□ 为生成旋转曲面按钮。

⊥⊥ 为旋转深度选项,该选项包括 3 种给定旋转角度的方式。

360.00 ▾ 为输入旋转角度值的文本框。

⅞ 为旋转方向的控制按钮,单击该按钮可以改变旋转的方向。

◿ 为去除材料按钮。当前造型中已有至少一个基础特征时,此按钮可选,否则为不可选(呈灰色)。

⊏ 为加厚草绘,即根据草绘生成一定厚度的旋转壳体。

2. 控制面板

1)【放置】面板

如图 11-18 所示为单击"放置"按钮出现的【放置】面板。使用该面板可以定义或编辑草绘截面及旋转轴线。

2)【选项】面板

如图 11-19 所示为【选项】面板。使用该面板可以重定义草绘平面每一侧的旋转角度,还可以通过选中【封闭端】复选框创建具有封闭端的旋转曲面特征。

图 11-18　【放置】面板

图 11-19　【选项】面板

3)【属性】面板

旋转操控板中的【属性】面板与拉伸操控板中的相同,可以重命名特征、查看该特征的信息。

11.3.2　创建旋转特征

创建旋转实体特征的一般顺序为:定义草绘平面及其参照→绘制旋转中心线→绘制旋转截面→确定旋转方向→指定旋转角度。

1. 设置草绘平面及其参照

旋转特征草绘平面及其参照平面的设置与拉伸基本相同,在"旋转工具"操作面板中,单击"放置"按钮,在弹出的参数面板中单击"定义"按钮,即可进入"草绘"对话框。选择草绘平面、参照平面及方向,单击"草绘"按钮进入草绘器。

2. 旋转截面绘制

绘制旋转截面图。绘制如图 11-20 所示的封闭图形,作为旋转截面。

3. 绘制旋转轴线

单击绘制中心线按钮⋮,绘制旋转轴线,结果如图 11-21 所示。修改尺寸值,结果如图 11-22。单击【确认】按钮退出草绘器,进入零件模式。

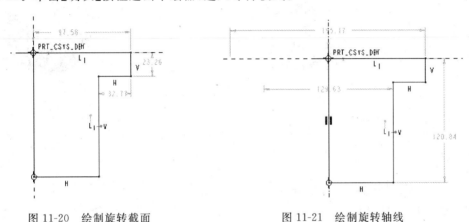

图 11-20 绘制旋转截面   图 11-21 绘制旋转轴线

4. 设置旋转角度

系统会以半透明颜色显示默认旋转的状态,此时通过在操控板的文本框中输入旋转角度,即可得到旋转实体,如图 11-23 所示。

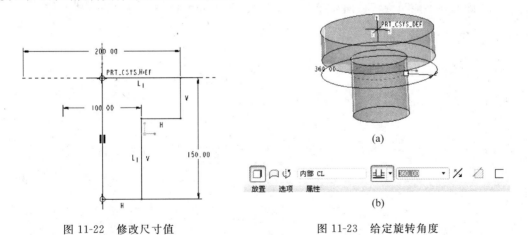

图 11-22 修改尺寸值   图 11-23 给定旋转角度

默认情况下,特征会沿逆时针方向旋转到指定角度,如果单击操作面板上的"反向"按钮⁒,可以改变旋转的方向。

5. 完成

单击操控板右侧的预览按钮∞,预览特征。单击☑按钮,完成旋转特征的创建。

11.3.3　旋转特征选项的含义与说明

1. 旋转截面

与拉伸截面相似,当旋转特征为实体时,要求旋转截面闭合,无多余线条,如图 11-24 所示;当旋转特征为曲面或薄壳时,截面可以开放,如图 11-25 所示。

图 11-24　闭合截面及其旋转特征　　　　图 11-25　开放截面及其旋转特征

2. 旋转轴

(1) 获得旋转轴线的方法有以下两种。

第一种:直接在二维草绘模式下,绘制中心线。如果有多根中心线,那么最先绘制的中心线将默认定义为轴线。如果要选择其他中心线作为旋转轴,可以先选择该中心线,然后选择【草绘】|【特征工具】|【旋转轴】。

第二种:在截面绘制结束后,回到旋转操控板,单击旋转轴按钮 ↻,在绘图区选择其他基准轴线或实体边线作为旋转轴线。

(2) 旋转轴不能与旋转截面有交叉点。如图 11-26 所示的轴线将无法构建实体。

3. 关于旋转角度

旋转角度的设置方式有三种,如图 11-27 所示。

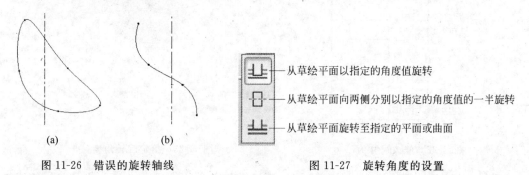

图 11-26　错误的旋转轴线　　　　　　图 11-27　旋转角度的设置

4. 旋转曲面和旋转除料特征

同拉伸特征一样,旋转操控面板上也有旋转曲面按钮 ▱ 和旋转除料按钮 ⊿,用于生成曲面或旋转除料特征,需要时将其选中即可。

11.4　基 准 特 征

基准特征在创建零件一般特征、模型定位和零件装配等方面起着重要的辅助作用。Pro/E 中的基准特征包括基准平面、基准轴、基准曲线、基准点和坐标系。

建立基准特征的各项命令,可以通过单击菜单栏中【插入】|【模型基准】完成,也可以直接参考"基准"工具条实现,如图 11-28 所示。

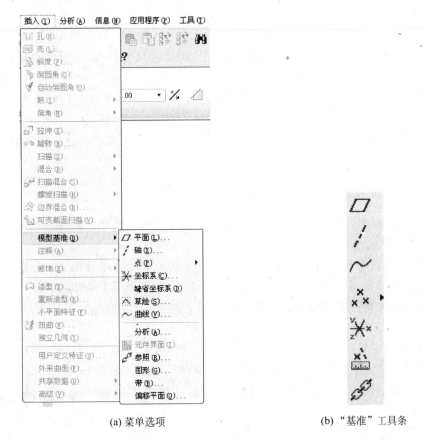

　　(a) 菜单选项　　　　　　　　　　　　　　　　(b) "基准"工具条

图 11-28　"模型基准"菜单和工具条

11.4.1　基准平面

基准平面在 Pro/E 的很多工作环境中都起着很重要的作用,例如在草绘环境下,基准平面可以作为草绘平面或草绘时的方向参考面、标注尺寸的参考面;在零件模式下,可以作为视图显示时的参考面、镜像特征的参考面;在装配模式下,作为对齐、匹配等装配约束条件的参考面;在工程图模式下,作为建立剖视图的参考平面。

新建文件时,系统只有 3 个相互垂直的基准平面 FRONT、TOP 和 RIGHT。当模型中没有合适的平面时,用户可以根据需要创建符合设计要求的基准平面。

1. 基准平面对话框

执行"创建基准平面"命令（单击 ▱ 按钮或下拉菜单【插入】|【模型基准】|【平面】）后，系统会弹出"基准平面"对话框，如图 11-29 所示，该对话框包含【放置】、【显示】和【属性】3 个选项卡。

图 11-29　"基准平面"对话框

（1）【放置】选项卡用于显示选取的参照对象、参照方式及有关参数的输入。建立基准平面的参数主要在【放置】选项卡中设置。

（2）【显示】选项卡用于改变基准平面的显示范围。基准平面的范围是无限的。但用户可以调整其显示轮廓的大小，使其与零件、特征、曲面、边等相吻合，也可指定平面显示轮廓的高度与宽度。

（3）【属性】选项卡用于给定基准平面的名称。创建新的基准平面时，系统会依次分配基准名称（DTM1、DTM2、DTM3、…），用户也可以在【属性】选项卡中重新命名基准平面。

2. 基准平面的建立

根据已有特征作为参照，并给予其一定的约束，用户可以建立新的基准平面。

1）参照对象的选择

参照对象可以为平面、曲面、边、基准曲线、边、轴、点和坐标系等特征。左键单击即可选中，同时按住 Ctrl 键可以多选。被选中后，其名称会依次出现在【参照】列表框中，如果想取消选择，则点中其名称按鼠标右键，单击"移除"命令即可。

2）参照方式

每一种参照对象需要设置参照方式作为约束条件才可以建立新的基准平面。约束条件有"穿过"、"偏移"、"平行"、"法向"4 种，如图 11-30 所示。

"穿过"：通过选定的参照点、线、轴或平面放置新的基准平面。

"偏移"：将选定的参照对象，平行移动一定距离而确定的基准平面。平移的距离可在对话框下方的文本框中给出。

"平行"：平行于选定的参照对象放置新的基准平面，必须与其他约束搭配使用。

"法向"：垂直于被选参照对象放置基准平面。

图 11-30　参照方式

3. 创建基准平面的方式

创建基准平面时可以将参照方式组合，十分灵活。常用的有以下几种。

1）经过三点创建基准平面

按住 Ctrl 键依次点选 3 个点作为参照对象，参照方式为"穿过"，系统将创建如图 11-31

所示的基准平面。

2）偏移平面创建基准平面

选择长方体的顶面作为参照对象，参照方式为"偏移"，偏移数值为 20，系统将创建如图 11-32 所示的基准平面。

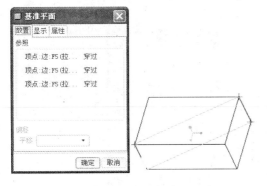

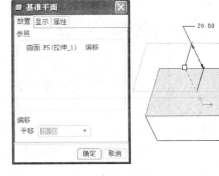

图 11-31　"穿过三点"创建基准平面　　　　图 11-32　"偏移平面"创建基准平面

3）经过"边"创建基准平面

按住 Ctrl 键依次选择长方体的两条边为参照对象，参照方式为"穿过"，系统将创建如图 11-33 所示的基准平面。

4）经过"轴"创建基准平面

按住 Ctrl 键依次选择圆孔轴线和 FRONT 面为参照对象，参照方式分别为"穿过"和"偏移"，"旋转"数值为 30，系统将经过轴线创建与 FRONT 基准面夹角为 30°的基准平面，如图 11-34 所示。

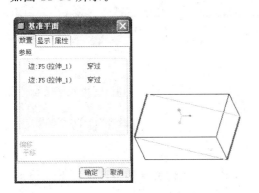

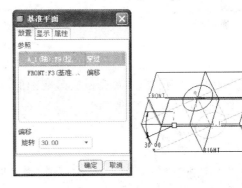

图 11-33　经过"边"创建基准平面　　　　图 11-34　经过"轴"创建基准平面

11.4.2　基准轴

基准轴和基准平面一样，可以用于创建特征的参照，如作为创建基准平面的辅助参照、作为同轴放置项目的参照、作为径向阵列的几何参照等。

很多情况下，伴随着所创建的特征（旋转特征、孔特征等）也会同时出现轴线，此时的轴称为特征轴，它不会显示在模型树中，只是属于这些特征的内部轴线。但也可以与基准轴一样作为创建其他特征的参照。创建的基准轴是单独的基准特征，可以显示在模型树上。

1. 基准轴对话框

执行创建基准轴命令 ，弹出"基准轴"对话框。基准轴对话框包括 3 个选项卡，与"基准平面"对话框类似。其参照方式根据所选择的参照对象的不同而有所变化，如图 11-35 所示。

(a) 平面参照

(b) 直边参照

(c) 曲线参照

(d) 曲面参照

(e) 点参照

图 11-35　"基准轴"对话框

创建新的基准轴时，系统会依次分配轴的名称（A-1、A-2、A-3、…），用户也可在【属性】选项卡中重新定义基准轴的名称。

2. 创建基准轴

选择参照和参照方式是创建基准轴的主要操作，常用的创建基准轴方法有以下几种。

1）穿过点创建基准轴

按住 Ctrl 键依次点选两个点作为参照对象，参照方式为"穿过"，系统将过两点创建基准轴。如图 11-36 所示是过 *A*、*B* 两点创建基准轴。

2）穿过面创建基准轴

按住 Ctrl 键依次点选两个面作为参照对象，参照方式为"穿过"，系统将创建如图 11-37 所示的基准轴。

3）偏置参照创建基准轴

点选长方体的 TOP 面为参照对象，参照方式为"法向"，然后单击"偏移参照"列表框，依次选择图 11-38 所示的两条边，输入数值 10，系统将创建垂直于 TOP 面的基准轴。

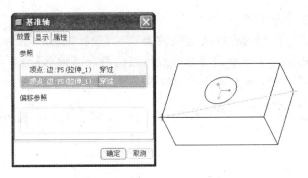

图 11-36 "穿过两点"创建基准轴

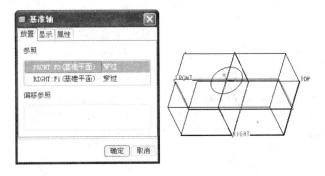

图 11-37 "穿过面"创建基准轴

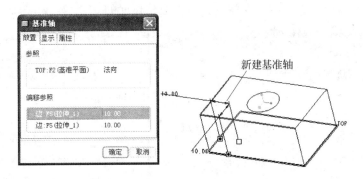

图 11-38 "偏置参照"创建基准轴

11.4.3 基准点

基准点用来在绘图中连接基准目标、创建坐标系、放置轴和基准平面。

"基准"工具条中有三种创建基准点的方式：一般基准点、偏移坐标系基准点和域基准点，如图 11-39 所示。一般基准点和偏移坐标系基准点主要用于常规的几何建模中。

1. "基准点"对话框

单击"基准点工具"按钮  后，将弹出如图 11-40 所示的对话框。

图 11-39 "基准点"创建方式

如果已创建好多个基准点,这些点的名称会出现在【放置】选项卡的左侧列表框中。右键单击列表框中的点,弹出快捷菜单,想要放弃该点,选择"删除"命令即可,如图 11-41 所示。右侧【参照】列表框用于显示创建基准点所用的参照,【偏移】选项可以输入偏移距离,【偏移参照】列表框显示确定基准点位置的偏移参照及其具体参数。

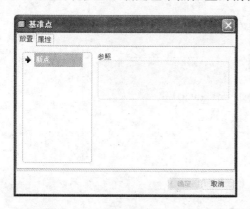
图 11-40   "基准点"对话框(一)

图 11-41   "基准点"对话框(二)

2. 基准点创建方法

1) 在曲线、边或轴上创建基准点

点选如图 11-42 所示的边为参照对象,参照方式为"在…上",偏移比率为 0.2,系统创建的基准点 PNT0 与所选参照边的左端点距离占边总长度的 0.2。

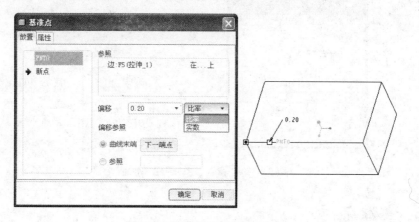
图 11-42   经过"边"创建基准点

2) 在曲面上创建基准点

点选长方体的顶面为参照对象,参照方式为"在…上",依次选择上平面的两个边为偏移参照,偏移数值为 10,系统创建如图 11-43 所示的基准点 PNT1。

3) 以回转中心创建基准点

选圆孔曲线为参照对象,参照方式为"居中",系统在圆的中心创建基准点,如图 11-44 所示。

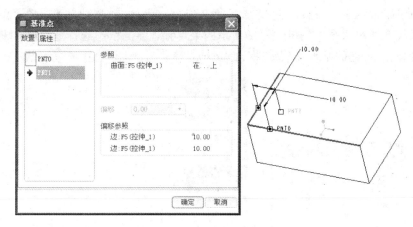

图 11-43　经过"面"创建基准点

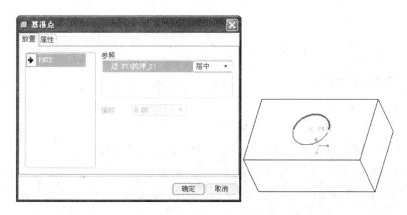

图 11-44　以"回转中心"创建基准点

11.4.4　基准曲线

基准曲线可以作为创建三维特征的二维截面,也可作为建立拉伸特征的扫描轨迹或创建曲面的边。

创建基准曲线有草绘基准曲线和插入基准曲线两种方法。

1．草绘基准曲线

草绘基准曲线和草绘其他特征相同。单击"基准"工具条的按钮 ，在弹出的"草绘"对话框中设置草绘平面及其定向后,进入草绘环境,绘制所需的曲线,确认无误后单击确认按钮即可完成。

2．插入基准曲线

在"基准"工具栏中单击 按钮,系统将打开如图 11-45 所示的菜单管理器。"曲线选项"中包括"通过点"、"自文件"、"使用剖截面"和"从方程"4 种曲线创建方式。

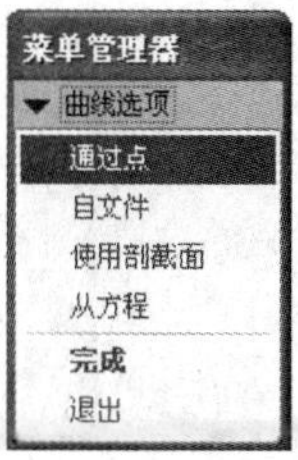

图 11-45　"基准曲线"管理器

　　"通过点"是按指定的方式经过所选择的点(基准点、顶点)创建基准曲线。选择"通过点"命令,系统会弹出如图 11-46(a)、(b)所示的菜单管理器。依次选择基准点 PNT1、PNT2 和右下角的顶点,创建的基准曲线如图 11-46(c)所示。

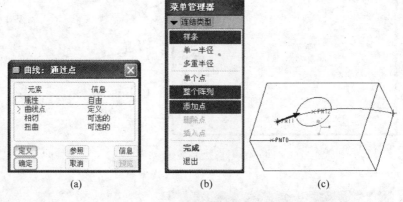

| (a) | (b) | (c) |

图 11-46　"通过点"创建基准曲线

11.4.5　基准坐标系

1. 基准坐标系的作用

　　Pro/E 中有三种类型的坐标系:笛卡儿坐标系(X、Y、Z 坐标),柱坐标系(r、θ、Z 坐标),球坐标系(r、θ、ψ 坐标)。坐标系作为参照特征,其作用在于:用于定位其他特征的参照,计算质量属性的基准,测量距离的基准,零件设计和装配的基准,文件输入和输出的基准,加工制造的基准。

2. 坐标系对话框

　　单击"基准"工具条的按钮,系统会打开"坐标系"对话框,如图 11-47 所示。

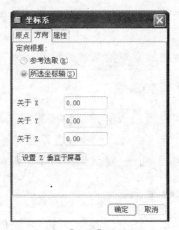

(a)【原点】选项卡　　　　　　　　　(b)【方向】选项卡

图 11-47　"坐标系"对话框

【原点】选项卡里的【参照】列表框显示了建立坐标系所用的参照(本例中选择系统给出的坐标系为参照);【偏移类型】下拉列表列举了"笛卡儿"、"圆柱"、"球坐标"和"自文件"等选项,用于确定坐标系的位置。根据所选的参照不同,该选项卡中的内容有区别。

【方向】选项卡里的【定向根据】选项为所选参照制定坐标轴的名称及方向。选中【参考选取】时,允许通过选取坐标系轴中任意两轴的方向作为参照定向新的坐标系;选中【所选坐标轴】时,允许通过绕着参照坐标系旋转定向新坐标系。

3. 坐标系创建方法

1) 偏移原有坐标系创建新坐标系

首先选择原有坐标系(CS2)为参照对象,在【原点】选项卡中直接输入沿 X、Y、Z 三个方向的偏移距离($x=20,y=50,z=0$);在【方向】选项卡中输入绕 X、Y、Z 三个方向的旋转角度(均为 0),即可生成新的坐标系。如图 11-48 所示。

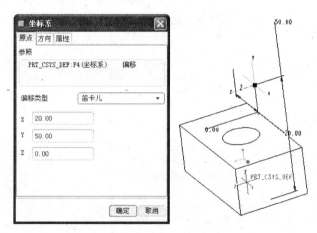

图 11-48　偏移坐标系创建新坐标系

2) 经过两条边创建坐标系

如图 11-49 所示,按住 Ctrl 键,依次选择长方体的两条边,创建坐标系,坐标轴方向与选择的边方向一致。

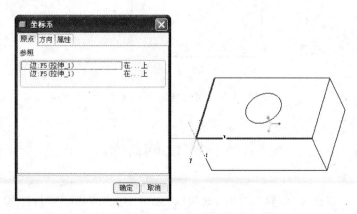

图 11-49　由两条边创建坐标系

另外,经过三个平面、定义一点为原点参照等也可以创建坐标系。

11.4.6　基准特征的显示状态

用户可以根据需要随时设置指定基准特征的显示状态。图 11-50 为基准特征显示控制的 3 种方法。

(1) 选择工具栏中的按钮　当选中基准特征显示工具栏中(见图 11-50(a))相应的按钮时,按钮处于下凹状态,在图形窗口便显示相应的基准特征;反之不显示。

(2) 选择下拉菜单　选择下拉菜单【工具】|【环境】,打开"环境"对话框(见图 11-50(b)),通过选择/关闭【显示】选项组中的选项,控制相应基准特征的显示。

(3) 快捷菜单选择　在模型树中选择某基准特征,然后右击,在随后出现的快捷菜单中选择"隐藏"或"取消隐藏"命令,可以隐藏或显示该基准特征。

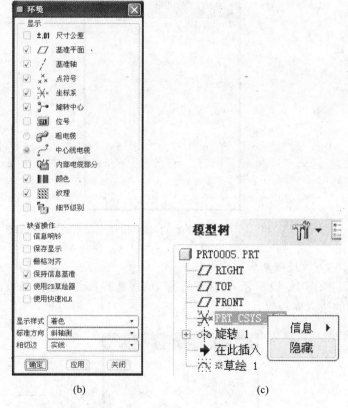

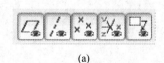

图 11-50　基准特征显示控制

11.5　特征的编辑

在 Pro/E 中可以通过"编辑"、"动态编辑"、"编辑定义"等命令对特征的尺寸和参照参数进行修改。

11.5.1　编辑特征

通过"编辑"或"动态编辑"命令,可以对特征的每一个尺寸参数进行重新设置。两者的区别是,用"编辑"命令时,需要单击再生按钮 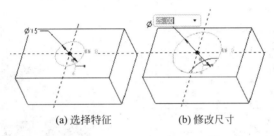,才显示修改后的特征,而"动态编辑"可以直接显示修改尺寸数值后的特征。

具体操作步骤如下所述。

1. 执行"动态编辑"命令

在模型树中选中要编辑的特征后右击,在弹出的菜单中选择"动态编辑"命令,工作区将会显示特征的所有尺寸数值。

2. 修改尺寸值

选中要修改的尺寸,在文本框中输入新值。如图 11-51 是将孔的直径 15 修改为 25。

(a) 选择特征　　　　　　(b) 修改尺寸

图 11-51　编辑特征

11.5.2　编辑定义

1. 编辑定义的方法

通过"编辑定义",可以对创建特征的每一步和所有参数进行重新设置。执行"编辑定义"命令后,系统将打开与创建模型相同的界面,不但可以改变特征的尺寸还可以改变特征的参数(基准面、截面形状等)。"编辑定义"的具体操作步骤是:

(1) 执行"编辑定义"命令:在模型树中选中要编辑的特征后右击,在弹出的菜单中选择"编辑定义"命令。

(2) 重新设置特征生成的参数。

2. 编辑定义实例

本例中重新定义长方体中间圆孔的形状,如图 11-52 所示。具体操作过程如下:

(1) 选择拉伸除料(圆孔)特征,然后右击在快捷菜单中选择"编辑定义"选项。

(2) 在随后出现的拉伸操控板中,单击【放置】面板中的

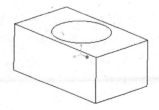

图 11-52　编辑定义实例

【草绘】|【编辑】按钮,进入草绘器。

（3）重新绘制拉伸截面,如图 11-53(c)所示。

（4）完成草绘,单击【确认】按钮,完成编辑。

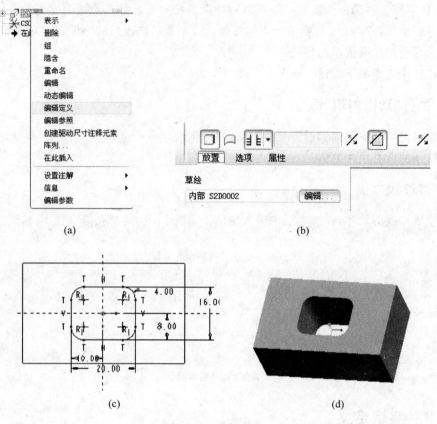

(a)   (b)

(c)   (d)

图 11-53　编辑定义

11.6　特征的操作

特征的操作包括特征成组、镜像、复制、阵列,掌握这些操作可以大大提高模型建立的效率,而且通过对父特征的修改可以使子特征得到更新,提高建模的灵活性。

11.6.1　特征成组

特征成组是将多种特征组合起来作为一个广义特征以对其进行特征操作。按住 Ctrl 键在模型树中选择要组合的特征,然后单击右击,在弹出的菜单中选择"组"命令,如图 11-54 所示。特征成组后,可以对其进行删除、分解组、隐含、编辑、编辑定义等操作(见图 11-55)。

图 11-54　特征成组　　　　　　图 11-55　特征成组的编辑

11.6.2　特征的复制

特征的复制命令可以在指定位置上复制得到与原特征相同的副本。在 Pro/E 中,复制特征包括新参考复制、相同参考复制、镜像复制和移动复制。特征复制允许以"独立"或"从属"特征关联方式来控制父特征与子特征的关系。

复制命令的执行:选择【编辑】|【特征操作】下拉菜单选项,在弹出的菜单管理器中选择"复制"即可,在随后的下一级菜单管理器中选择复制的类型,如图 11-56 所示。

复制特征菜单中主要命令的功能如下。

新参照:通过选择新的参考面来复制特征。

相同参考:使用相同参考来复制特征。

镜像:用镜像的方式复制特征。

移动:通过平移或旋转复制特征。

所有特征:复制当前零件(当前模型)中的所有特征。

不同模型:从不同的模型中复制特征。

不同版本:从相同模型不同版本中复制特征。

自继承:从继承特征中复制特征。

独立:使复制特征的截面和尺寸独立于父特征。

从属:复制特征的截面和尺寸是与父特征相关的。

下面用实例(见图 11-57)说明常用的复制类型。

(a) 复制命令　　　(b) 复制类型

图 11-56　特征复制命令的执行

1. 相同参考复制

相同参考复制允许修改复制特征的几何尺寸,但是必须以原来的特征作为参照。具体操作步骤为:

（1）打开起始文件，选择下拉菜单【编辑】|【特征操作】|【复制】命令，然后选择【相同参考】|【选取】|【独立】|【完成】命令。在弹出的【选取特征】菜单管理器中，使用默认的"选取"命令。选择特征进行复制，并选择"菜单管理器"上的"完成"命令。如图 11-58 所示。

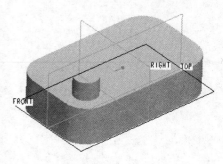

图 11-57　实例

（2）在随后出现的菜单管理器子菜单【组可变尺寸】中勾选要改变的尺寸。本例中两个可变尺寸（代号 Dim2、Dim3）分别为圆柱的定位尺寸。如图 11-59 所示。

(a)

(b)

(c)

图 11-58　"特征复制"菜单管理器

(a)

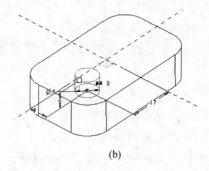
(b)

图 11-59　【组可变尺寸】菜单管理器

选择"完成"命令，系统将在消息区弹出尺寸修改文本框，输入新的尺寸数值，如图 11-60 所示。

（3）单击"组元素"对话框中的【确定】按钮（参见图 11-58(c)），完成复制操作。模型如图 11-61 所示。

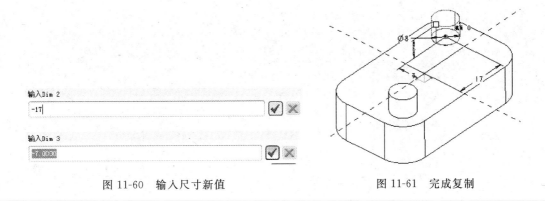

输入Dim 2

-17

输入Dim 3

-7.0000

图 11-60　输入尺寸新值　　　　　　图 11-61　完成复制

2. 镜像复制

镜像复制可以将原有特征(父特征)以一个平面为镜像中心产生新的复制特征(子特征)。具体操作过程如下:

(1) 打开起始文件,选择下拉菜单【编辑】|【特征操作】|【复制】命令,然后选择【镜像】|【选取】|【独立】|【完成】命令。在弹出的【选取特征】菜单管理器中,使用默认的"选取"命令,如图 11-62 所示。

(2) 选择特征进行镜像复制,如图 11-63 所示。单击菜单管理器上的"完成"命令。

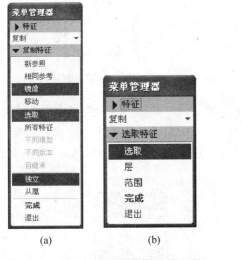

(a)　　　　　　　　(b)

图 11-62　"特征复制-镜像"菜单管理器

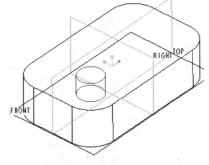

图 11-63　选择被镜像的对象

(3) 此时系统将弹出【设置平面】菜单管理器,如图 11-64 所示。使用默认的"平面"命令,并选择 RIGHT 面(图 11-65)作为镜像平面,系统立即生成镜像特征。

3. 平移复制

平移复制属于移动复制,平移复制的操作步骤如下:

(1) 打开起始文件,选择下拉菜单【编辑】|【特征操作】|【复制】命令,然后选择【移动】|【选取】|【独立】|【完成】命令,如图 11-66 所示。

(2) 选择模型上的复制特征,并单击菜单管理器上的"完成"命令,如图 11-67 所示。

图 11-64 "选择镜像平面"菜单管理器

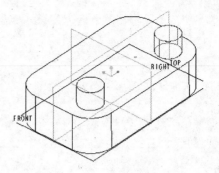

图 11-65 完成"镜像"特征复制

图 11-66 "移动复制"菜单管理器

图 11-67 选择"复制"特征

（3）此时系统将弹出【移动特征】菜单管理器，选取"平移"命令后，将弹出【一般选取方向】菜单管理器，选择【曲线/边/轴】选项。在模型上选取一条边作为方向参照对象，系统将用红色箭头显示尺寸增量方向，选择【确定】命令确认图中显示的方向（或单击【反向】改变方向）。过程如图 11-68 所示。

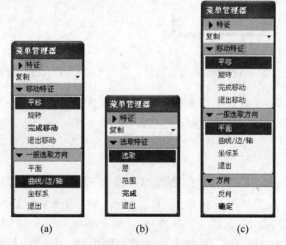

(a)   (b)   (c)

图 11-68 选择平移方向

（4）系统随后将在消息区弹出尺寸增量文本框,提示输入偏移距离数值,如图 11-69 所示。

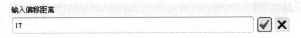

图 11-69　给定移动距离

（5）在菜单管理器中选择【完成移动】命令,系统将弹出"组可变尺寸"菜单管理器,不需改变特征尺寸,直接选择【完成】命令。

（6）选择"组元素"对话框中的【确定】命令,选择【完成移动】命令,完成移动复制操作。如图 11-70 所示。

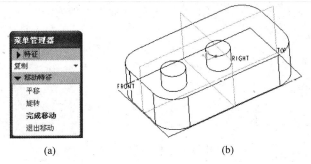

(a)　　　　　　　　　　(b)

图 11-70　完成"平移"特征复制

4. 旋转复制

旋转复制也属于移动复制,主要具体操作如图 11-71 所示。操作步骤主要包括:选择旋转复制的特征、选择旋转的参照(旋转轴)并给出方向参照、给定旋转角度以及选择组可变尺寸(也可不选)。

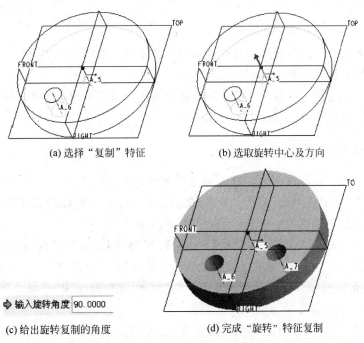

(a) 选择"复制"特征　　　　　　　(b) 选取旋转中心及方向

(c) 给出旋转复制的角度　　　　　(d) 完成"旋转"特征复制

图 11-71　"旋转"特征复制的步骤

11.6.3 特征的阵列

阵列是将一个特征按照规律排列生成多个副本的操作。

创建阵列的步骤一般为：选择阵列对象→执行阵列命令→选择阵列方式→给定阵列方向与间距参数→给定阵列数量参数→完成。

1. 阵列特征的创建方式

选取阵列的原始特征后，单击菜单栏中的【编辑】|【阵列】，或单击"编辑特征"工具栏中的"阵列工具"按钮 ▦，系统将弹出阵列操作面板，如图 11-72 所示。

图 11-72　阵列操作面板

创建阵列特征的方式有很多，常用的有以下几种。

（1）尺寸：通过尺寸驱动指定阵列的增量变化，从而控制阵列。尺寸阵列可以为单向或双向。

（2）方向：通过指定方向及方向增量控制生成阵列，方向阵列可以是沿双向或单向的。

（3）轴：通过指定角度增量和径向增量来控制生成阵列。若采用这种阵列方式，需要指定一个旋转轴。

（4）填充：利用阵列来填充草绘平面。

（5）表：通过使用阵列表并为每一阵列实例指定尺寸来控制阵列。

（6）参照：通过参照另一阵列来控制阵列。

（7）曲线：通过指定沿着曲线的阵列成员间的距离或阵列成员的数目来控制阵列。

（8）点：使用基准点或几何点来创建阵列特征。

2. 矩形阵列的创建

矩形阵列常用"尺寸"来控制。下面通过实例说明其操作步骤。

（1）在模型中选择圆柱作为阵列对象，然后选择菜单栏中的【编辑】|【阵列】。

（2）在弹出的操作面板中选择以"尺寸"控制阵列。

选择第一方向引导尺寸(17)，并在【方向 1】的【增量】文本框中输入尺寸数值(−17)。单击【方向 2】的尺寸栏中的"单击此处添加项目"字符，然后选择第二方向的引导尺寸(7)，并输入增量尺寸数值(−14)。即表示沿尺寸 1 的方向阵列间距为−17(负值表示与标注尺寸的方向相反)，沿尺寸 2 的方向阵列间距为−14。

（3）指定第一、第二方向的阵列个数分别为 3 个和 2 个，此时工作区模型中显示阵列的位置。如图 11-73 所示。

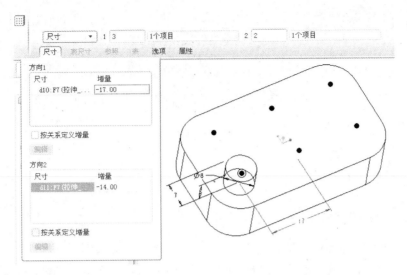

图 11-73　给定阵列方向、间距以及阵列数量

（4）确认无误后，单击 ☑ 按钮完成阵列创建。结果如图 11-74 所示。

3. 环形阵列的创建

环形阵列通常用"轴"方式定义，具体操作步骤如下：

（1）选择要阵列的特征（孔），然后选择菜单栏中的【编辑】|【阵列】，如图 11-75 所示。

（2）在弹出的操作面板中选择以"轴"控制阵列，然后在模型中选择基准轴线 A_2，如图 11-76 所示。

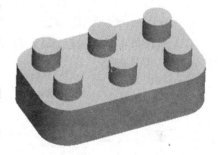

图 11-74　完成"矩形"阵列特征

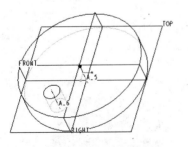

图 11-75　选择阵列特征

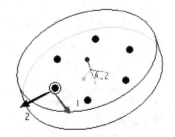

图 11-76　阵列参数设置

（3）在阵列数量栏中输入数量值 6，在增量栏中输入角度增量值或打开设置阵列角度范围按钮 △，设置阵列的范围。如图 11-77 所示。

图 11-77　阵列数量及间隔角度

（4）确认无误后，单击 ☑ 按钮完成操作。结果如图 11-78 所示。

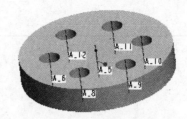

图 11-78　完成"旋转"阵列特征

11.6.4　特征的镜像

1. 创建镜像特征的方法

镜像特征可以迅速而简洁地将模型中所有的几何特征全部镜像。

创建镜像特征的步骤一般为：选择镜像对象→执行镜像命令→选择镜像平面→完成。

2. 实例

（1）在图形工作区或模型树中选择特征，如图 11-79 所示。

（2）选择菜单栏中的【编辑】|【镜像】，或单击工具栏按钮 ✷，系统将弹出镜像操作面板，如图 11-80 所示。

图 11-79　选择文件模型名　　　　　图 11-80　镜像操作面板

（3）选择平面（FRONT 面）作为镜像平面，如图 11-81 所示。

（4）确认无误后，单击 ☑ 按钮完成操作，如图 11-82 所示。

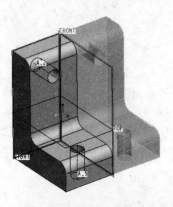　　

图 11-81　选择镜像平面　　　　　图 11-82　完成特征镜像操作

11.7　综 合 实 例

11.7.1　组合形体

图　11-83

1. 用旋转命令创建基础特征

（1）单击旋转特征按钮 ⚙，选择 FRONT 面为草绘平面，参照平面为 RIGHT 面，参照方向为右。

（2）在草绘环境下，首先绘制竖直中心线作为旋转轴，然后绘制旋转截面，并修改尺寸值，如图 11-84 所示。确认后退出草绘环境。

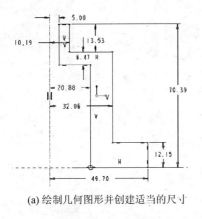

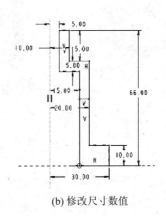

(a) 绘制几何图形并创建适当的尺寸　　　　　(b) 修改尺寸数值

图 11-84　绘制旋转截面

（3）给定旋转角度 360，得到如图 11-85 所示的基础特征。

2. 用拉伸命令创建凸台

（1）新建基准面 DTM1。用偏移平面的方式获得新的基准平面，用来放置拉伸草绘平面，如图 11-86 所示。

（2）选取 DTM1 面为草绘平面，草绘方向参照为 RIGHT 面，方向为"右"。进入草绘器绘制拉伸截面。

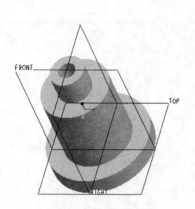

(a) "基准平面"对话框

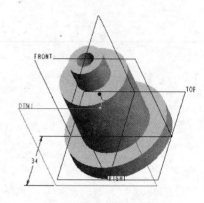

(b) 生成新的基准平面

图 11-85　基础特征

图 11-86　创建新的基准平面 DTM1

(3) 绘制拉伸截面。

绘制凸台的边界并修改尺寸数值,选择"通过边创建图元"按钮 ▢ ,添加底边作为拉伸草绘截面的一条边,以构成闭合的截面,如图 11-87 所示。确认后退出草绘环境。

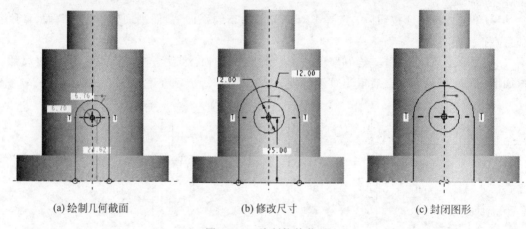

(a) 绘制几何截面　　　　　　(b) 修改尺寸　　　　　　(c) 封闭图形

图 11-87　绘制拉伸截面

(4) 给出拉伸的深度(拉伸到下一个曲面)和正确的方向,得到特征如图 11-88 所示。

3. 利用拉伸除料命令得到底板切槽

(1) 选取底板上平面为草绘平面,草绘方向默认。如图 11-89 所示。

(2) 为绘制截面方便,增加底板外轮廓圆作为参照。单击下拉菜单【草绘】|【参照】,即出现"参照"对话框,选择外轮廓圆添加到参照中。如图 11-90 所示。

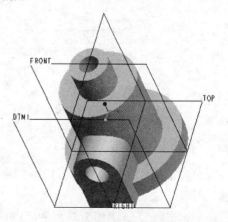

图 11-88　生成拉伸特征

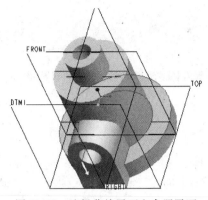 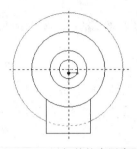

图 11-89 选择草绘平面和参照平面　　　图 11-90 添加外轮廓圆参照

（3）绘制截面如图 11-91 所示。先绘制几何图形，然后添加"对称"几何约束并修改尺寸数值获得尺寸要求的截面。

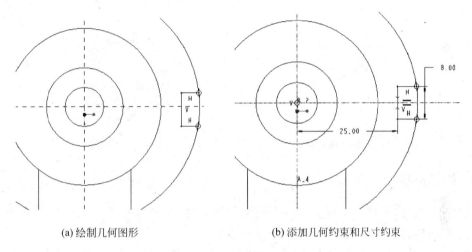

(a) 绘制几何图形　　　　　　　(b) 添加几何约束和尺寸约束

图 11-91 绘制截面

（4）设定拉伸深度为"穿通"，拉伸方式为"除料"，选择合适的方向，生成切槽如图 11-92 所示。

4. 镜像特征

选择 RIGHT 面作为对称平面，将切槽镜像获得最终的三维特征，如图 11-93 所示。

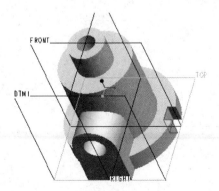 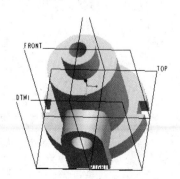

图 11-92 生成切槽　　　　　　　图 11-93 完成创建特征

11.7.2 深沟球轴承零件

轴承模型主要包括三个部分的特征,即轴承外圈、轴承内圈以及钢球特征。

1. 滚珠

(1) 新建文件,选择 mmns_part_solid 模板,进入绘图环境。

(2) 单击绘图区 ⊕ 按钮,打开"旋转"对话框。

(3) 单击"放置"按钮,选择"定义",选择草绘平面、参照及方向,进入草绘界面。在草图界面绘制截面,如图 11-94 所示,绘制封闭图形,并绘制中心线作为旋转轴线。

(4) 选择 ✔ 按钮回到主界面,单击旋转操控板中的 ☑ 按钮完成绘制。结果如图 11-95 所示。

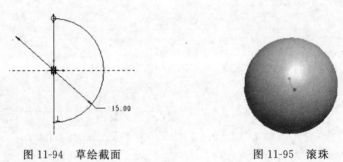

图 11-94 草绘截面   图 11-95 滚珠

2. 轴承外圈

(1) 新建文件,选择 mmns_part_solid 模板,进入绘图环境。

(2) 单击绘图区 ⊕ 按钮,打开"旋转"对话框。

(3) 单击"放置"按钮,选择"定义",选择草绘平面、参照及方向,进入草绘界面,在草图界面绘制截面。绘制如图 11-96 所示的封闭图形,并绘制中心线作为旋转轴线。

(4) 单击 ✔ 按钮退出草绘环境,回到主界面。单击旋转操控板中的 ☑ 按钮完成绘制。

(5) 在绘图区内,选择内边线,单击 ☑ 按钮,生成模型如图 11-97 所示。

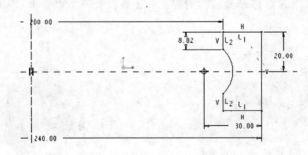

图 11-96 草绘旋转截面(外圈)

图 11-97　轴承外圈模型

（6）保存文件。

3. 内圈

创建内圈时，同样用到旋转工具。步骤同上，旋转草绘截面如图 11-98 所示。内圈模型如图 11-99 所示。

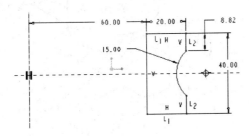

图 11-98　草绘旋转截面（内圈）

图 11-99　旋转特征

说明：

可以利用"倒角"命令，在轴承的内边线倒角。单击绘图区右侧创建倒角按钮 ，在倒角操控板中，给出倒角的尺寸 2×45°，如图 11-100 所示。生成最后的效果图如图 11-101 所示。

图 11-100　倒角参数设置

图 11-101　轴承外圈效果图

习　　题

1. 问答题

（1）Pro/E 中基本造型特征有哪些？

（2）拉伸特征的造型步骤包括哪几步？

（3）旋转特征的造型步骤包括哪几步？

（4）Pro/E 中基准特征包含哪几种？

（5）简述基准坐标系的创建方法。

（6）简述复制特征的特点。

（7）简述阵列特征的造型过程。

（8）简述镜像特征的造型过程。

2. 作图题（见图 11-102～图 11-108）

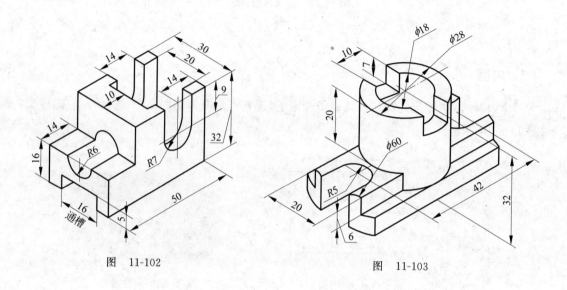

图   11-102

图   11-103

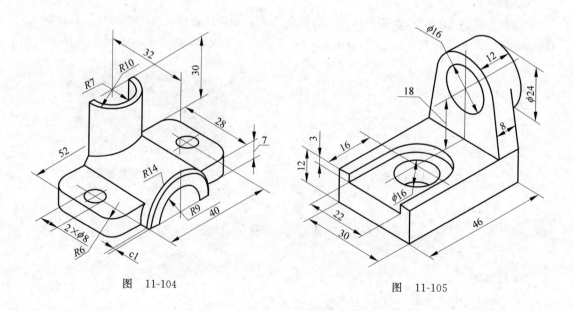

图   11-104

图   11-105

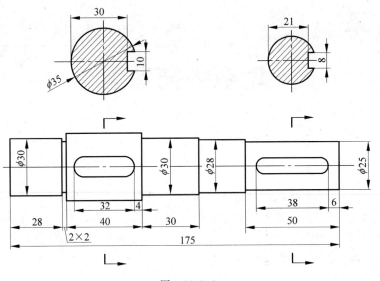

图　11-106

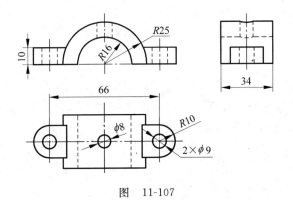

图　11-107

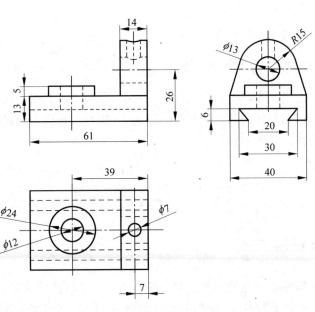

图　11-108

第 12 章

复杂特征造型

工程所用零件种类繁多,结构往往较复杂。为此,Pro/E 零件造型系统中提供了多种复杂特征造型工具。其中在基础特征上创建的诸如孔、壳、筋、倒圆角、倒角等特征被称为工程特征。合理地创建工程特征,可以方便产品零件的制造和装配。另外针对许多形状复杂的造型,提供了扫描、混合等高级特征造型工具。

本章将介绍各种常用的工程特征以及高级特征。

12.1　工程特征简介

创建工程特征在下拉菜单【插入】中,如图 12-1 所示。也可以通过单击工程特征工具栏(见图 12-2)的相应按钮执行。由于工程特征需要依附于基础特征,因此需要至少有一个基础特征工程特征工具栏才有效,否则为灰色。

图 12-1　工程特征下拉菜单　　　　图 12-2　工程特征工具栏

工程特征可以对已有零件基体添加或去除材料,其截面的几何形状一般是确定的,主要通过改变其尺寸得到相似形状的几何特征。因此,在工程特征创建的过程中,一般要给出特征的放置位置和特征尺寸两方面的信息。

12.2　孔　特　征

12.2.1　孔特征操控板

孔特征是机械零件中常见的一种工程特征。Pro/E 中的孔特征有两大类:简单孔和标准孔(即螺纹孔)。创建孔特征时,应给出孔的类型、孔的尺寸(深度及直径)以及孔放置的位置。这些参数通过主操控板和子面板中的各参数设置。

单击"孔工具"按钮 ，或选择下拉菜单【插入】|【孔】，系统将弹出孔特征的操控板。如图 12-3 所示为选择简单孔特征时的主操控板。

图 12-3　孔特征主操控板(简单孔)

1. 主操控板

简单孔主操控板中各按钮的含义如下所述。

(1) 孔类型选择按钮：⊔ 表示简单孔，▧ 表示标准孔。

(2) 孔轮廓形状选择按钮：在创建简单孔时，可以使用预定义矩形、标准孔轮廓、草绘定义三种方式作为钻孔轮廓。

⊔ 表示使用预定义矩形作为钻孔轮廓，即盲孔底端为平面。∪ 表示使用标准孔轮廓作为钻孔轮廓，即盲孔底端为锥面。▧ 表示使用草绘定义钻孔轮廓，即在草绘器中绘制截面钻孔轮廓。

(3) 孔尺寸按钮：其中 ⌀ 13.00 是输入孔直径的对话框， 是输入孔深度的对话框，单击该按钮右侧的下拉列表框，将出现其他 5 个按钮供用户选择。

2. 子面板

简单孔主操控板中还包括【放置】、【形状】、【属性】子面板。有关孔特征位置、大小及深度的参数主要在【放置】和【形状】子面板中设置。如图 12-4 所示。

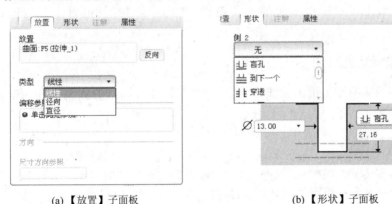

(a)【放置】子面板　　　　　　　　(b)【形状】子面板

图 12-4　孔特征子面板(简单孔)

1)【放置】子面板

【放置】子面板用于显示孔特征定位的参照。

其中，【放置】选项框中显示孔特征定位主参照面的名称，单击【反向】按钮可以改变孔放置的方向。

【类型】下拉菜单中的选项用于确定孔特征参照定位的方式。常用的有"线性"、"径向"

和"直径"三种参照方式。使用"线性"参照方式时,要求选择两条边或两个平面作为偏移参照,并输入偏移数值用于定位孔中心,类似于用相对直角坐标的方式给出孔中心的位置。使用"径向"参照方式时,要求选择一条轴和一个平面作为偏移参照,并分别输入相对于轴线的距离和相对于平面的偏移角度用于定位孔中心,类似于用相对极坐标的方式给出孔中心的位置。使用"直径"参照方式与径向参照方式相似,只是要求输入直径距离。另外,当选择轴线作为放置参照时,还可以使用"同轴"放置类型选项。

【偏移参照】列表框用于显示孔特征的次参照信息。

2)【形状】子面板

【形状】子面板用于显示孔的形状、大小和深度。

12.2.2　简单孔

简单孔是具有圆截面的切口,是孔特征中最简单的一种形式。创建简单孔时,选择不同的主参照,可以配合使用不同的孔定位方式。

1. 选择点作为主参照创建孔

若选择点作为主参照,则生成的孔特征将以所选择的点为中心来定位,深度方向则垂直于点所在的平面。因此仅在【放置】选项框中选择点就可以确定孔的位置,同时在操控板的相应文本框中给出孔的尺寸(直径、深度)就可以完成孔特征的创建。

模型上的顶点以及基准点都可以作为定位点。

2. 线性方式创建孔

选择平面作为"放置"主参照,"线性"参照方式,并在【偏移参照】选项框中选择平面或边作为次参照,同时给出相对于次参照的偏移距离(或选择对齐)就可以定位特征孔。如图 12-5 所示。

3. 同轴方式创建孔

若选择平面以及垂直于平面的轴线作为主参照,可以用"同轴"方式创建孔。创建的孔特征与所选轴线同轴,且位于所选择的参照平面上。

4. 径向方式创建孔

使用"径向"参照方式时,选择一个平面作为"放置"主参照,同时选择一条轴和一个平面作为偏移参照,并分别输入相对于轴线的距离和相对于平面的偏移角度用于定位孔中心。具体的操作步骤如下:

(1) 单击孔命令按钮,创建简单孔。

(2) 选择圆柱体上表面作为"放置"主参照,参照方式为"径向"。

(3) 在【偏移参照】选择框中,选择轴线和平面(圆柱体轴线和 FRONT 面)作为偏移参照,并分别给出偏移半径(30)和偏移角度尺寸(45),如图 12-6(a)所示。

(4) 输入孔的直径(16)和深度(通孔)。

(5) 单击确认按钮,获得孔特征,如图 12-6(b)所示。

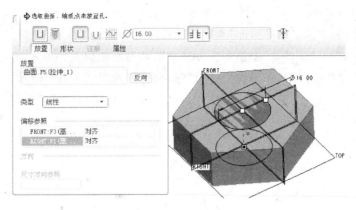

(a) 选择参照并给出偏移数值

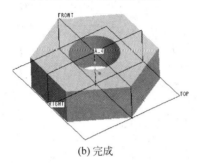

(b) 完成

图 12-5　线性方式创建孔

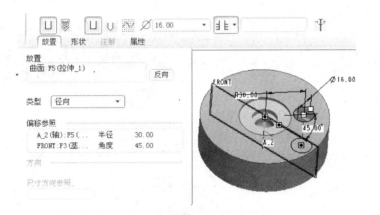

(a) 选择参照并给出偏移数值

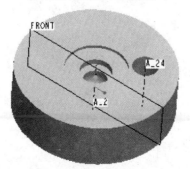

(b) 完成

图 12-6　径向方式创建孔

5．草绘孔

草绘孔是由草绘截面决定形状的孔，与旋转除料特征相似。

（1）执行创建孔的命令，单击操控板的草绘孔按钮，如图 12-7（a）所示。

（2）进入草绘模式，绘制孔剖面，如图 12-7（b）所示，确认后回到零件模式界面。

（3）选择圆柱体上表面及其轴线作为放置参照（参照方式为"同轴"），如图 12-7（c）所示。单击确认按钮，完成草绘孔的创建。

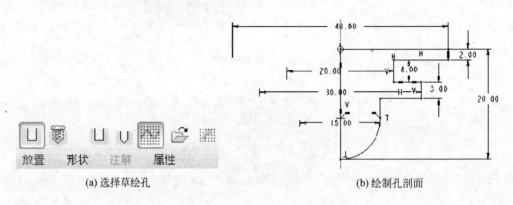

(a) 选择草绘孔　　　　　　　　　　(b) 绘制孔剖面

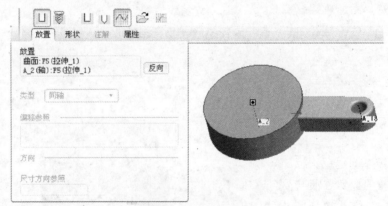

(c) 选择草绘孔的放置位置

(d) 生成草绘孔

图 12-7　草绘孔

说明：

绘制草绘孔剖面时，必须绘制一条中心线作为旋转轴，并至少有一个图元垂直于旋转轴。

12.2.3　标准孔

标准孔是指符合工业标准、具有基本形状的各类螺纹孔。Pro/E 提供三种常用的螺纹孔：ISO(国际标准螺纹孔)、UNC(粗牙螺纹)和 UNF(细牙螺纹)。所创建的标准孔不具有螺纹孔的真实螺旋线特征。

1．主操控板

如图 12-8 所示为标准孔的主操控板，其按钮的含义如下：

图 12-8　主操控板(标准孔)

(1) 　：添加攻螺纹按钮，选中时表示孔中有螺纹。

(2) 　：创建锥孔。

(3) 　：选择螺纹类型(包括 ISO、UNC、UNF 三种类型)。

(4) 　：在尺寸下拉列表框中选择标准孔规格。

(5) 　：当创建的标准孔为盲孔时，选择盲孔深度值所包含的范围。有两个选项：　和　。

(6) 　：创建埋头标准孔。

(7) 　：创建沉头标准孔。

标准孔的放置参照与简单孔相同，通过单击操控板上的不同按钮，并在【形状】子面板中设置相应的参数可以创建不同形状的标准孔。标准孔主要有"一般螺孔"、"埋头螺孔"、"沉头螺孔"三种形式。

2．子面板

与简单孔相似，标准孔操控板中包括【放置】、【形状】、【注解】、【属性】4 个子面板。同样地标准孔的位置、大小及深度参数主要在【放置】和【形状】子面板中设置。【注解】子面板和【属性】子面板中显示了标准孔的有关信息，如图 12-9、图 12-10 所示。

3．各种形状的标准孔

(1) 在【形状】子面板中可以选择"全螺纹"或"可变"螺纹长度(可在文本框中设置螺纹长度)。当标准孔为盲孔时，还可以设置底端锥面的角度。如图 12-11 所示。

图 12-9 【注解】子面板   图 12-10 【属性】子面板

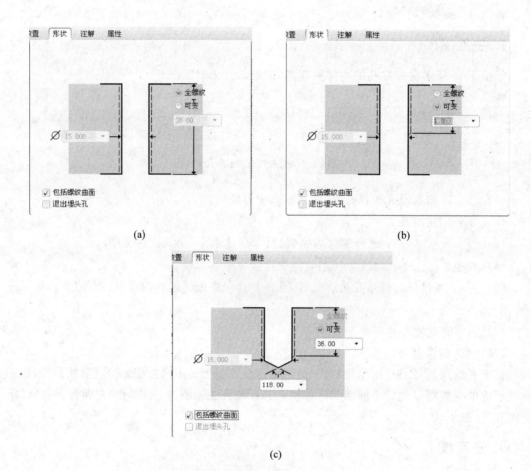

(a)   (b)

(c)

图 12-11 螺纹长度设置

（2）单击 ⊕ 和 ⊮ 按钮，可以在【形状】子面板中设置螺纹长度、埋头孔尺寸，如图 12-12 所示。

（3）同时单击 ⊕ 和 ⊞ 按钮，在【形状】子面板中可以设置螺纹长度、沉头孔尺寸，如图 12-13 所示。

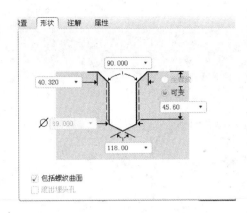

图 12-12 带埋头孔的直螺纹孔   图 12-13 带沉头孔的直螺纹孔

（4）选中 按钮，将创建如图 12-14 所示的螺纹锥孔。

4. 创建标准孔的操作步骤

（1）单击孔命令按钮，在弹出的操控板上选择标准孔创建方式 ，并单击添加攻螺纹按钮 。

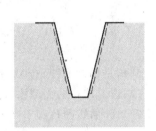

（2）在操控板中选择"ISO"类型，在其随后的下拉文本框中选择螺纹的公称直径。

（3）单击【放置】按钮，在【放置】子面板中设置放置参照及相应参数。

图 12-14 螺纹锥孔

（4）设置孔的深度。

（5）参数设置完毕后，单击操控板上的 按钮，完成标准孔的创建。此时工作区会同时出现特征的有关说明。

参数设置及结果如图 12-15 所示。

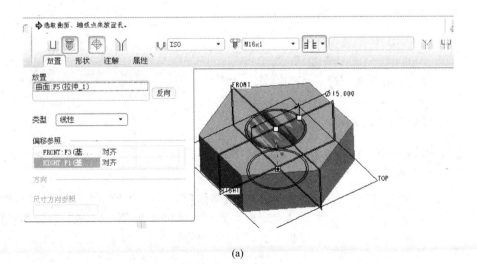

(a)

图 12-15 创建标准孔特征

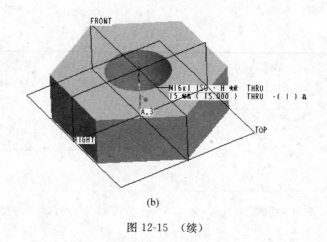

(b)

图 12-15 （续）

12.3　倒圆角特征

圆角是机械零件中常见的结构特征。Pro/E 中提供了倒圆角特征,它是通过向一条或多条边、边链或在曲面间添加一定半径的曲面而形成的。在 Pro/E 中可以创建简单圆角、可变圆角和曲线圆角等不同形式的圆角特征,如图 12-16 所示。

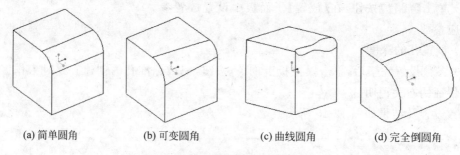

(a) 简单圆角　　(b) 可变圆角　　(c) 曲线圆角　　(d) 完全倒圆角

图 12-16　各种形式的倒圆角

12.3.1　倒圆角特征的基本操作

1. 倒圆角特征操控板

单击"倒圆角"按钮 ,或选择下拉菜单【插入】|【倒圆角】,系统将弹出倒圆角特征的操控板,如图 12-17 所示。

图 12-17　倒圆角特征操控板

其中,【集】子面板(见图 12-18)中显示了建立倒圆角特征需要设定的参数。创建倒圆角特征的主要参数都在【集】子面板中。以下重点介绍【集】子面板中的几个关键部分。

(1)"集"列表:显示当前所有的倒角特征集。

(2)"参照"选项框:显示建立倒圆角特征时选取的参

照。边、平面、曲面都可以被选择作为参照。

（3）"半径表"：用来定义倒圆角集的距离和控制点位置。

（4）"截面形状"下拉列表框：用来定义倒圆角集的截面形状，如圆形、圆锥和 D1×D2 圆锥。其中圆形为默认的截面形状。

（5）"圆锥参数"下拉列表框：用来定义倒圆角集的锐度，默认值为 0.5。

（6）"创建方法"下拉列表框：用来定义倒圆角集的创建方法，可供选择的选项有"滚球"和"垂直于骨架"两个选项。

（7）"延伸曲面"按钮：用于启动倒圆角以在连接曲面的延伸部分继续展开，而非转换为边至曲面倒角。

（8）"完全倒圆角"按钮：在同一倒圆角集中选择两个平行的有效参照，单击【完全倒圆角】按钮，可以创建完全倒圆角特征。

图 12-18　倒圆角特征的
【集】子面板

（9）"通过曲线"按钮：单击该按钮，可以使用选定的曲线来定义倒圆角半径，从而创建自由曲线驱动的特殊倒圆角特征。

2. 选取参照的方式

按住 Ctrl 键，可以一次选择多条边倒圆角（见图 12-19）。如果多条边相切，选择其中一条，则与之相切的边也会全部被选中（见图 12-20）。

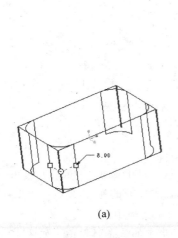

（a）　　　　　　　　（b）　　　　　　　　（c）

图 12-19　一次选择多条边

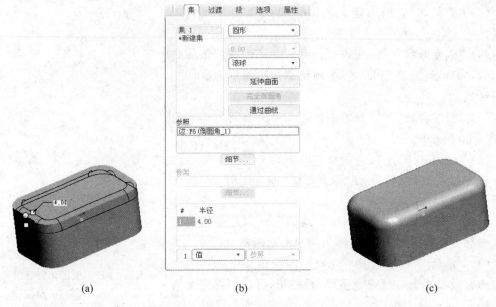

图 12-20　选择相切边

12.3.2　可变半径倒圆角特征

倒角半径可以是变化的,以下实例说明可变半径倒圆角的创建过程。

(1) 单击倒圆角命令按钮 ⟋ 。

(2) 选择模型的一条边链倒圆角,在半径值上右击,系统弹出"添加半径"命令(见图 12-21(a)),选择该命令,边链端点将会出现两个尺寸值。若再次右击弹出"添加半径"命令并选择,则会再次增加控制半径的点,如图 12-21(b)所示。在半径处有两类控制柄,一类为圆形标记,拖动其位置可以控制圆角半径的位置;一类为矩形标记,拖动其位置可以控制圆角半径的数值。

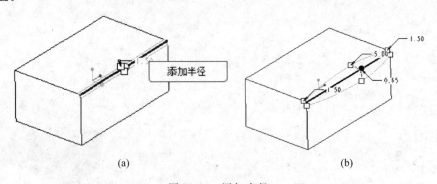

图 12-21　添加半径

(3) 修改半径的比率值及半径值,最后单击确认按钮,生成可变半径倒圆角。如图 12-22所示。

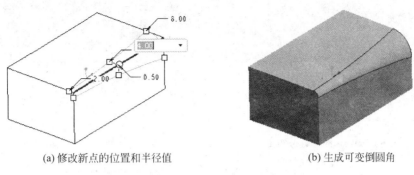

(a) 修改新点的位置和半径值　　　　(b) 生成可变倒圆角

图 12-22　生成可变半径倒圆角

说明:

在【集】子面板的"半径表"中右击,选择"添加半径"命令,也可以创建可变倒圆角特征。

12.4　倒　角　特　征

倒角和倒圆角一样,用来处理模型的棱角。在 Pro/E 中,倒角有两种处理方式:边倒角和拐角倒角,如图 12-23 所示。

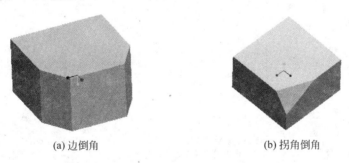

(a) 边倒角　　　　　　　　(b) 拐角倒角

图 12-23　倒角特征

12.4.1　边倒角特征

1. 操控板简介

单击倒角按钮 ，或选择下拉菜单【插入】|【倒角】|【边倒角】,系统将弹出"边倒角"特征的操控板,如图 12-24 所示。

2. 边倒角的建立步骤

(1) 单击倒角按钮 。

(2) 在出现的操控板中将倒角类型设置为"D1×D2",并分别输入 D1、D2 的数值 10

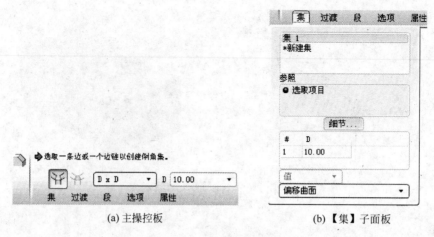

(a) 主操控板   (b)【集】子面板

图 12-24   "边倒角"操控板

和 20。

(3) 选择模型的边作为倒角边,如图 12-25 所示。

(4) 确认显示无误后,单击 ☑ 按钮完成边倒角的创建。结果如图 12-26 所示。

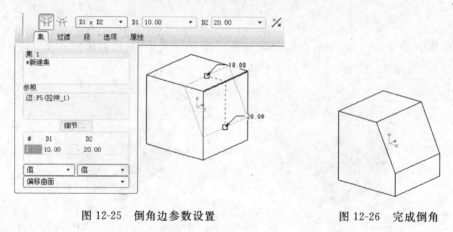

图 12-25   倒角边参数设置   图 12-26   完成倒角

说明:

(1) 倒角类型设置下拉框中包括"D×D"、"D1×D2"、"角度×D"、"45×D"等方式,用户可以根据需要选择合适的类型。

(2) 若单击倒角操控板中的互换倒角距离尺寸按钮 ⚄,可以使 D1 值和 D2 值互换。

12.4.2   拐角倒角特征

拐角倒角特征的创建是通过对话框的形式依次设置参数。

(1) 单击下拉菜单命令【插入】|【倒角】|【拐角倒角】,系统将弹出"拐角"对话框,如图 12-27 所示。

(2) 选择模型的一条边作为参照对象(见图 12-28),系统将根据就近原则判断要进行倒角的拐角。

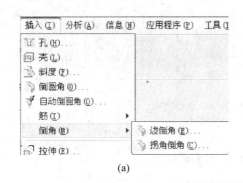

	(a)		(b)

图 12-27　执行"拐角"命令

（3）随后系统弹出如图 12-29 所示的菜单，要求确定倒角的长度。

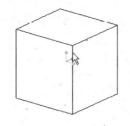

图 12-28　选择拐角顶点　　　　　图 12-29　选择"输入"方式

单击【输入】命令，系统将弹出文本框，提示输入倒角边的长度值，如图 12-30 所示。也可选择【选出点】，即在边上选择点，由该点定义倒角边的长度。

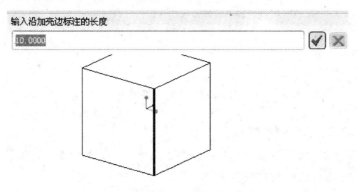

图 12-30　输入倒角长度数值

（4）系统将加亮另一条边，并提示输入沿加亮边的长度，在文本框中输入第二方向数值 15。

（5）系统将加亮第三条边，并提示输入沿加亮边的长度，在文本框中输入第三方向数值 12。

（6）倒角拐角参数定义完毕，在"拐角"对话框单击"确定"按钮，完成倒角特征的创建。结果如图 12-31 所示。

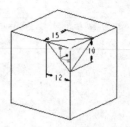

(a) 定义完成的"拐角"对话框　　　　(b) 生成拐角特征

图 12-31　生成拐角特征

12.5　筋　特　征

加强筋在薄壁零件中经常出现,用于加强零件的强度,提高零件的稳定性。Pro/E 专门提供了筋特征创建工具。

12.5.1　筋特征的类型

1. 执行筋特征命令

单击按钮 ，或选择下拉菜单【插入】|【筋】,系统将弹出"筋特征"的操控板,如图 12-32 所示。

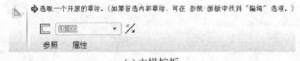
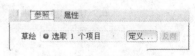

(a) 主操控板　　　　　　　　　　　　　　　　　(b)【参照】子面板

图 12-32　筋特征操控板

创建"筋特征"的主要步骤是:

(1) 通过【参照】子面板可以选择草绘平面及参照,进入草绘器绘制加强筋的轮廓。

(2) 正确给出筋板增加材料的方向。

(3) 截面绘制完成后通过主操控板中的文本框输入厚度数值。

(4) 通过方向按钮 给出筋板厚度的方向。厚度方向有三种选择:分别沿参照面的两侧或以参照面为对称面向两侧对称拉伸。

2. 筋特征的类型

Pro/E 中可以建立"直的"和"旋转"两种类型的筋特征,如图 12-33 所示。系统会根据筋所连接的几何形状自动选择筋的类型进行生成。

(a) "直的"加强筋

(b) "旋转"加强筋

图 12-33　筋特征的类型

12.5.2　筋特征实例

1. 实例一

创建如图 12-33(a)所示的模型中的筋。具体步骤如下：

（1）先用拉伸命令创建基础特征，草绘平面为 FRONT 面，拉伸深度类型选择对称拉伸。

（2）单击筋命令按钮。在出现的操控板中单击【参照】按钮，单击【定义】按钮，进入【草绘】对话框。选择 FRONT 基准面为草绘平面，草绘方向及参照默认。进入草绘器，绘制如图 12-34 所示的加强筋轮廓形状。

（3）草绘完成后，系统将会提示筋的生成方向，若方向不正确将会导致不能生成材料。单击黄色箭头可以改变方向。本例中方向应如图 12-35 所示。

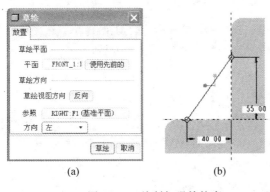
(a)　　　　　(b)

图 12-34　绘制加强筋轮廓

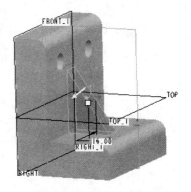

图 12-35　指定方向和厚度

（4）输入筋的厚度。单击确认按钮完成筋的创建。

2. 实例二

参考图 12-33(b)所示的模型，创建"选转筋"特征。

在创建"旋转筋"特征的过程中，当选择草绘平面时，要求草绘平面必须通过旋转轴，否则系统将不予支持。具体步骤如下：

（1）先用拉伸命令创建圆柱特征，使其草绘面为 TOP 面，草绘中的圆心与 FRONT 和 RIGHT 面交线对齐。

（2）单击筋命令按钮。在出现的操控板中单击【参照】按钮，单击【定义】按钮，进入"草绘"对话框，选择 FRONT 基准面为草绘平面，RIGHT 面为参照平面，方向为"右"，草绘方向及参照默认。

（3）在草绘器中绘制加强筋轮廓形状，如图 12-36 所示的。

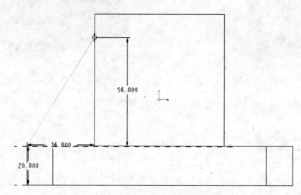

图 12-36　绘制加强筋轮廓

（4）确认生成方向为指向圆柱面，如图 12-37 所示。

（5）输入筋的厚度（8），单击设置厚度方向按钮使之为对称厚度，单击确认按钮，完成筋的创建。结果如图 12-38 所示。

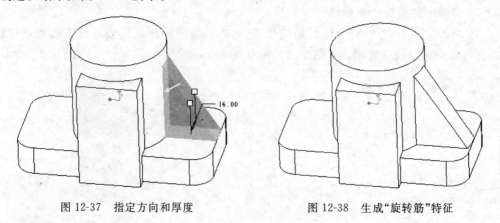

图 12-37　指定方向和厚度　　　　　图 12-38　生成"旋转筋"特征

12.6　抽　壳　特　征

抽壳是将实体的一个或多个面移除，然后掏空实体的内部，留下一定壁厚的壳特征，如图 12-39 所示。创建的壳体一般厚度均等，也可以对不同曲面指定不同的厚度。

1. 抽壳特征的创建方法

单击壳命令按钮 ⊞，或选择下拉菜单【插入】|【壳】命令，系统将弹出如图 12-40 所示的操控板。在主操控板的文本框中可以输入壳体的厚度，在【参照】子面板的两个选项框中可以分别选择"移除的曲面"和"非缺省厚度"的曲面。

(a) 主操控板

(b)【参照】子面板

图 12-39　抽壳特征　　　　　　　图 12-40　"抽壳"操控板

2. 抽壳特征的创建步骤

壳特征的创建步骤如下：

（1）首先用拉伸命令生成基础特征。可参照图 12-41 生成长方体，然后倒圆角。

（2）单击壳命令按钮，单击【参照】按钮，选择上顶面为"移除的曲面"。

（3）在操控板的厚度文本框中输入壳体的厚度，单击【确认】按钮完成壳的创建，可以得到如图 12-42 所示的特征。

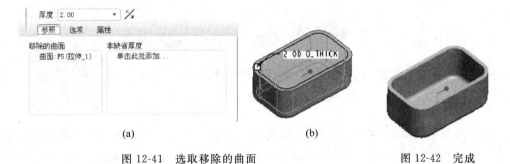

(a)　　　　　　　　　　(b)

图 12-41　选取移除的曲面　　　　　　　　　图 12-42　完成

说明：

（1）在操控板中，单击"更改厚度方向"按钮，可将薄壳厚度侧设为反向。

（2）可以对不同曲面指定不同的厚度。

如图 12-43 所示，在【参照】子面板中的"非缺省厚度"选项框中，可以选择与统一厚度不同的曲面，结果如图 12-44 所示。

图 12-43　选取"非缺省厚度"的曲面　　　　图 12-44　不同壁厚的壳特征

12.7　螺　纹　修　饰

　　螺纹修饰是表示螺纹直径的修饰特征，在默认情况下，它以洋红色显示，其特性与"标准孔"特征相似。螺纹修饰可以是内螺纹，也可以是外螺纹。

创建螺纹修饰特征时，主要通过指定螺纹内径或螺纹外径、起始曲面和螺纹长度或终止边等参数完成。

图 12-45　修饰螺纹对话框

　　下面通过平口钳中丝杠的螺纹修饰实例说明创建过程。

　　(1) 单击【插入】|【修饰】|【螺纹】菜单命令，打开如图 12-45 所示的对话框。

　　(2) 选择圆柱面为螺纹修饰曲面，接着选择螺纹修饰起始曲面(图 12-46 中最长一段圆柱面的右面)，并确认修饰方向。如图 12-46 所示。

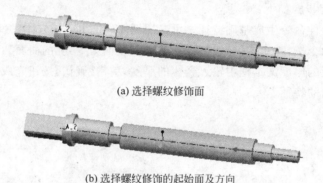

(a) 选择螺纹修饰面

(b) 选择螺纹修饰的起始面及方向

图 12-46　选取螺纹修饰曲面及起始曲面

　　(3) 然后系统弹出"修饰深度"菜单管理器，如图 12-47 所示，选择【盲孔】选项，单击【完成】后，在弹出的深度文本框中输入深度值，在直径文本框中输入直径值。

　　(4) 此时创建螺纹修饰的所有参数都已定义，螺纹修饰对话框如图 12-48 所示，单击确认完成螺纹修饰特征。结果如图 12-49 所示。

图 12-47　"修饰深度"菜单管理器

图 12-48　修饰螺纹对话框

说明:

　　生成的螺纹修饰虽然在三维模型环境下显示不明显，但其作为修饰特征，当根据其生成二维工程图时,将在图形中显示大径线、小径线,如图 12-50 所示。

图 12-49　完成螺纹修饰特征

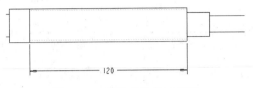

图 12-50　螺纹修饰的工程图

12.8　扫　描　特　征

扫描特征是将剖面沿着一定的轨迹线扫描形成的实体特征。因此要创建扫描特征,需要给定两大基本要素:扫描轨迹和扫描截面,如图 12-51 所示。

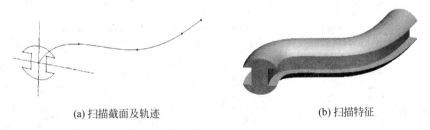

(a) 扫描截面及轨迹　　　　　　　　(b) 扫描特征

图 12-51　扫描特征

12.8.1　定义扫描轨迹

创建扫描轨迹线的方式有两种:草绘轨迹线和选取轨迹线。

1. 草绘轨迹线

在【插入】菜单中选择【扫描】|【伸出项】(见图 12-52),系统弹出"伸出项:扫描"对话框和菜单管理器,如图 12-53 所示。

如果选择【草绘轨迹】选项,按照系统菜单提示,依次定义草绘平面及草绘方向,进入草绘模式,如图 12-54 所示。

在草绘环境中,一般情况下系统会将草绘的第一点作为扫描的起点,同时会显示箭头标识。如果重新定义

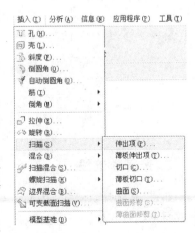

图 12-52　下拉菜单

起点位置,则可选择轨迹线另一端点,然后右击从弹出的快捷菜单中选择【起点】选项。如图 12-55 所示。

(a) 扫描对话框　　　　　　　(b) 扫描轨迹的创建方式

图 12-53　扫描对话框及菜单管理器

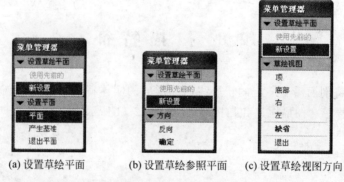

(a) 设置草绘平面　　(b) 设置草绘参照平面　　(c) 设置草绘视图方向

图 12-54　扫描菜单管理器

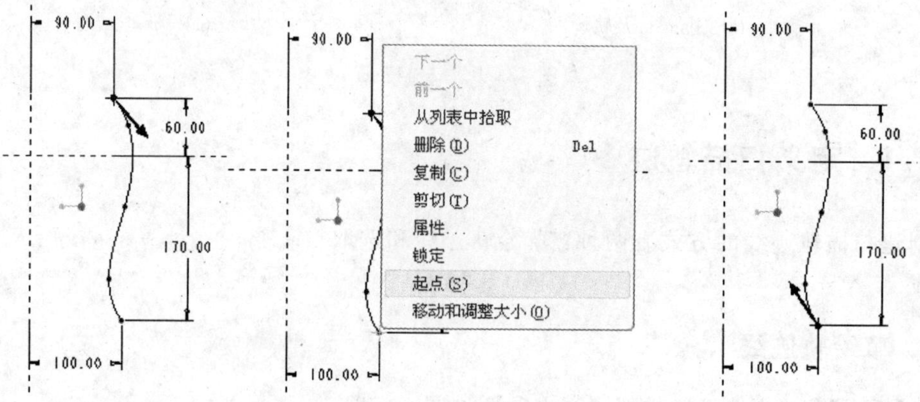

(a) 默认起始点　　　　(b) 选择轨迹的另一端点　　　(c) 重新设置起始点

图 12-55　改变扫描轨迹起始点

2. 选择轨迹线

如果以"选择轨迹线"方式定义扫描轨迹,则可以选择已绘制好的扫描轨迹,随后直接进入截面草绘模式中。

12.8.2　绘制扫描截面

　　完成扫描轨迹的绘制后,接着开始绘制扫描截面。此时系统会自动生成一个草绘平面,草绘平面中的参照线交点经过轨迹起始点,并与起始点的切线方向垂直。用户可以直接绘制扫描截面。

　　为了更直观地从三维角度观察,用户可以按住鼠标中键并移动鼠标。单击工具栏中的平行定向按钮 ,可以恢复二维状态。如图 12-56 所示。

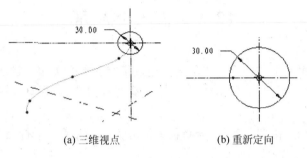

(a) 三维视点　　　　　　　(b) 重新定向

图 12-56　绘制扫描截面

　　一般情况下,对于开放式的扫描轨迹,绘制的扫描截面应闭合,否则系统会出现如图 12-57 所示的错误提示对话框。

　　如果扫描轨迹为闭合(见图 12-58)的,则定义完扫描轨迹后,系统会出现【属性】菜单管理器。其中有两个选项:【添加内表面】和【无内表面】。【添加内表面】选项要求扫描截面必须为开放式的,【无内表面】选项要求扫描截面必须为闭合的。如图 12-59、图 12-60 所示。

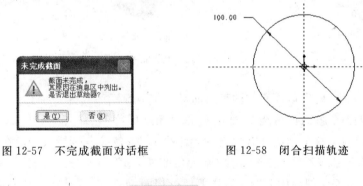

图 12-57　不完成截面对话框　　　　图 12-58　闭合扫描轨迹

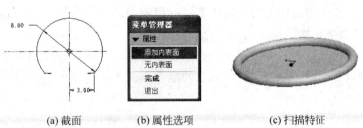

(a) 截面　　　　　(b) 属性选项　　　　　(c) 扫描特征

图 12-59　开放截面的扫描特征

(a) 截面   (b) 属性选项   (c) 扫描特征

图 12-60   闭合截面的扫描特征

12.9   混 合 特 征

混合特征是指由两个或两个以上的剖面通过指定的混合类型来过渡连接而生成的一类特征。混合特征的创建方法灵活多变,能大大简化建模过程,是设计非规则形状物体的有效工具。

根据各剖面的相互位置关系,混合特征可以分为三种类型:平行混合特征、旋转混合特征和一般混合特征,如图 12-61 所示。

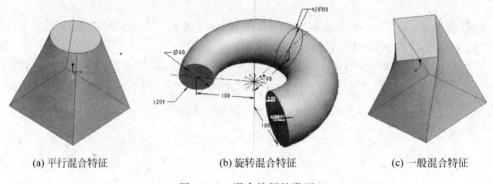

(a) 平行混合特征   (b) 旋转混合特征   (c) 一般混合特征

图 12-61   混合特征的类型

平行混合特征:所有截面所在的草绘面都互相平行。

旋转混合特征:各截面可绕 Y 轴旋转,最大角度可达 120°。

一般混合特征:每个截面都有独自的参考坐标系,各参考坐标系可沿在基准坐标系的基础上沿 X、Y、Z 轴有不同的旋转角度(最大角度可达 120°)。

通常,混合特征各剖面中的图元段数要保持相同,如果没有足够的图元段数,可以通过添加"混合顶点"命令在指定位置添加混合顶点。

在创建混合特征时,还需要注意各混合剖面的起始点位置和起始方向,它们可能会影响到混合特征的形状(见图 12-62)。可以通过快捷菜单或下拉菜单中的"起点"选项改变起始点的位置与方向。

创建混合特征的一般顺序为:确定混合类型(平行、旋转或一般)→定义混合剖面的类型(规则截面或投影截面)→定义混合剖面的来源(选取截面或草绘截面)→定义剖面的混合属性(直的或光滑的)→草绘各剖面→指定剖面间的距离(平行混合适用)→完成。

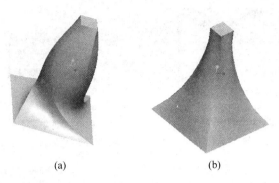

(a)   (b)

图 12-62　起始点位置和方向对混合特征的影响

12.9.1　平行混合特征

创建平行混合特征时，要求所有截面都互相平行。一个截面绘制完毕后，需要选择快捷菜单中的【切换剖面】选项才能进入下一个剖面的绘制环境，同时要求不同截面的顶点数目相同。全部截面绘制完成后，再给定截面之间的距离。

具体步骤如下所示：

（1）选择下拉菜单【插入】|【混合】|【伸出项】命令（见图 12-63），打开【混合选项】菜单管理器，如图 12-64 所示。

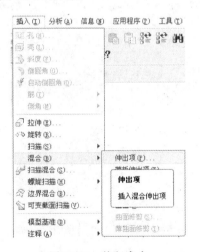

图 12-63　执行命令　　　　　　　　　图 12-64　混合特征菜单管理器

【平行】、【旋转的】、【一般】选项分别对应于平行混合特征、旋转混合特征和一般混合特征。【规则截面】、【投影截面】选项是混合特征定义剖面的两种方法。

（2）默认【平行】|【规则截面】|【草绘截面】混合选项，单击【完成】命令，系统将弹出伸出项对话框（见图 12-65）和【属性】菜单管理器（见图 12-66）。默认【直】选项，单击【完成】命令。

（3）选择 TOP 基准平面作为草绘平面，草绘方向及参照默认，进入草绘环境。过程如图 12-67 所示。

图 12-65　伸出项对话框

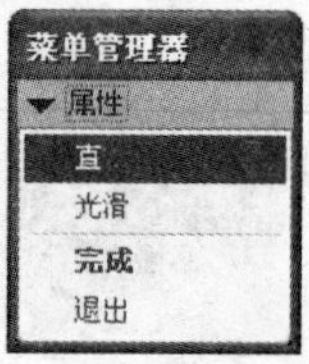

图 12-66　【属性】菜单管理器

(a)

(b)

(c)

图 12-67　选择截面的草绘平面及参照

（4）绘制正方形作为第一个剖面（见图 12-68），然后右击，弹出如图 12-69 所示的快捷菜单，选择"切换截面"。

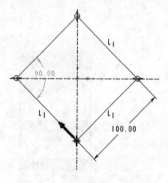

图 12-68　绘制第一个剖面

图 12-69　切换剖面

（5）随后第一个截面变为灰色，绘制圆形作为第二个剖面，如图 12-70 所示。

由于混合剖面的边数必须相同，因此，为了与第一个截面（矩形）的边数一致，需要在圆上增加 4 个顶点，通过创建打断点命令 ⌐ 将圆形打断为 4 段圆弧。如图 12-71 所示。

（6）重新定义起始点的位置与方向。

参照第一个截面起点的位置与方向，需要重新定义起始点的位置与方向。选择如图 12-72(a)所示的圆的 270°象限点，然后右击在快捷菜单中选择"起点"选项，结果如图 12-72(b)所示。

再次选择新的起点，在快捷菜单中选择"起点"选项，将改变起始点的方向，结果如图 12-73 所示。

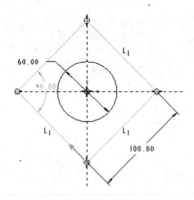

图 12-70　绘制第二个剖面

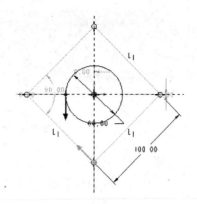

图 12-71　添加图元段数

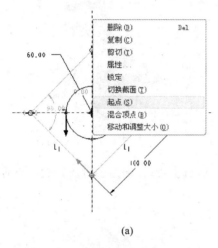

(a)

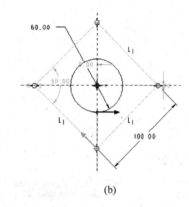

(b)

图 12-72　重新定义起始点的位置

（7）再次"切换截面"，绘制第三个截面（边长为 20 的正方形），并给出适当的起始点位置与方向。结果如图 12-74 所示。

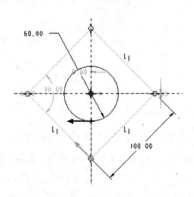

图 12-73　重新定义起始点的方向

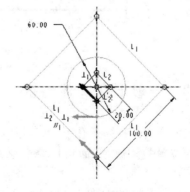

图 12-74　绘制第三个截面

（8）单击完成按钮，系统会出现提示文本框，要求输入截面 2 相对于截面 1 的距离，输入数值后，单击 ☑ 按钮。接着输入截面 3 相对于截面 1 的距离。如图 12-75 所示。

图 12-75　剖面深度文本框

（9）此时"伸出项"对话框中所有要素都已定义（见图 12-76），单击【预览】按钮，混合特征如图 12-77 所示。由于【属性】选项选择的是【直】，因此生成的特征边缘呈现平直状态。

图 12-76　混合特征已定义要素

图 12-77　预览混合特征

此时混合特征的创建还未完成，可以选择【属性】选项，在随后的【属性】菜单管理器中选择【光滑】选项，完成造型，结果如图 12-78。

(a) "伸出项"对话框

(b) 模型

图 12-78　完成平行混合特征

12.9.2　一般混合实体特征

一般混合实体特征具有更大的设计灵活性，多用于创建复杂的混合实体特征。在确定各剖面的位置关系后，剖面可以绕着轴线旋转一定的角度，并顺次相连生成最后的实体特征。

（1）单击下拉菜单【插入】|【混合】|【伸出项】命令，打开【混合选项】菜单管理器，选择【一般】|【规则截面】|【草绘截面】混合选项，单击【完成】命令，系统将弹出"伸出项"对话框和【属性】菜单管理器。在【属性】菜单管理器中，默认【直】选项，单击【完成】命令。

（2）选择 TOP 基准平面作为草绘平面，草绘方向及参照默认，进入草绘环境。

（3）单击 按钮，创建参照坐标系。绘制第一个剖面图形，如图 12-79 所示。

（4）创建完毕后，单击草绘器中的确认按钮，系统依次提示输入第二个剖面所在的坐标系相对于第一个参照坐标系的旋转角度（X 轴、Y 轴、Z 轴）。

如图 12-80 所示，本例中绕 X 轴旋转的角度为 60°，绕 Y 轴旋转的角度为 60°，绕 Z 轴旋转的角度为 45°。

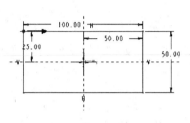

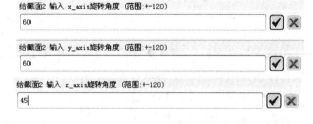

图 12-79　第一个剖面图形　　　　　　图 12-80　第二个剖面图形参照坐标系的旋转角度

（5）系统进入第二个剖面的草绘环境，单击创建参照坐标系按钮，创建新坐标系，并绘制第二个截面，如图 12-81 所示。

（6）创建完第二个剖面后，系统会提示是否创建下一个剖面，若单击"否"，系统将弹出文本框，输入两个剖面之间的距离。

（7）此时"伸出项"对话框中所有要素都有定义，单击"确定"按钮，完成混合特征的创建。如图 12-82 所示。

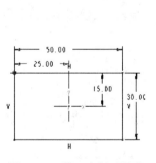
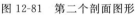

　　　　　　　　　　　　　　　　（a）"伸出项"对话框　　　（b）工作区模型

图 12-81　第二个剖面图形　　　　　　图 12-82　一般混合特征

12.10　螺旋扫描特征

将一个剖面沿着螺旋轨迹线进行扫描，即可形成螺旋扫描特征。轨迹由旋转曲面的轮廓（定义螺旋特征的截面原点到其旋转轴的距离）与螺距定义。零件中的内（外）螺纹、各种类型的弹簧等，都可以通过螺旋扫描的方法创建。如图 12-83 所示是螺旋扫描的示例。

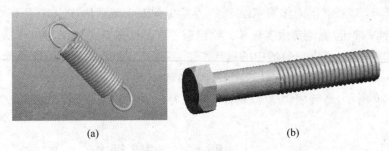

(a)   (b)

图 12-83   螺旋扫描特征

选择下拉菜单【插入】|【螺旋扫描】|【伸出项】命令，系统将弹出如图 12-84 所示的螺旋扫描特征信息对话框以及菜单管理器。

菜单管理器的有关选项说明如下。

常数：螺距恒定为常数。

可变的：螺距可变，并可由一个图形来定义。

穿过轴：剖面位于穿过轴的平面内。

垂直于轨迹：横截面方向垂直于轨迹。

右手定则：使用右手定则定义轨迹。

左手定则：使用左手定则定义轨迹。

螺距恒定时螺旋扫描特征的创建方法如下。

(1) 选择下拉菜单【插入】|【螺旋扫描】|【伸出项】命令，在弹出的菜单管理器中选择"常数"、"穿过轴"和"右手定则"，然后选择【完成】命令，系统弹出"草绘平面"对话框。选择 FRONT 平面作为扫描轨迹的草绘平面，参照平面及参照方向默认。

(2) 进入草绘环境后，绘制如图 12-85 所示的螺旋轨迹线(直线)和螺旋中心线。

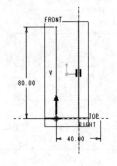

(a)   (b)

图 12-84   螺旋扫描信息对话框及菜单管理器   图 12-85   绘制螺旋轨迹线

(3) 在系统提示下输入节距值(8)(见图 12-86)。确认后再次进入剖面草绘环境。

图 12-86   输入节距值

（4）在扫描轨迹线起点绘制螺旋剖面（直径为 4 的圆形），如图 12-87 所示。单击确认按钮，退出草绘器。

（5）"伸出项"对话框中所有要素都已定义，单击【确定】按钮，完成螺旋特征的创建。如图 12-88 所示。

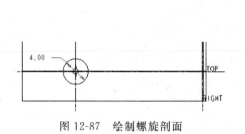

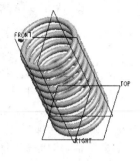

图 12-87　绘制螺旋剖面

(a)"伸出项"对话框　　　(b) 工作区模型

图 12-88　完成螺旋扫描特征

12.11　综合实例

1. 六角头螺母

（1）新建"零件"，选择 mmns-solid-part 模板，进入零件造型模式。

（2）创建拉伸特征。选择 TOP 面作为草绘基准平面，默认的参照进入草绘器。绘制正六边形，如图 12-89 所示。草绘完成后，给出拉伸深度 8，完成拉伸特征。

（3）创建拉伸除料特征，获得如图 12-90 所示的六角头螺母毛坯。

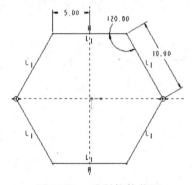

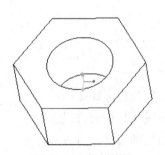

图 12-89　绘制拉伸截面

图 12-90　拉伸除料

（4）创建旋转除料，生成 30°倒角。选择 FRONT 面为基准平面，以六边形边界和顶面作为草绘参照，绘制 30°斜线，如图 12-91 所示。选择合适的除料方向，获得的造型如图 12-92 所示。

（5）绘制螺纹扫描的轨迹。执行创建螺旋扫描

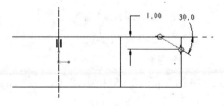

图 12-91　绘制旋转除料的截面

命令：【插入】|【螺旋扫描】|【切口】。选择 FRONT 面做基准平面，以孔的边界作为扫描轨迹（可以用"包含"命令），并绘制旋转轴，如图 12-93 所示。

图 12-92　旋转除料

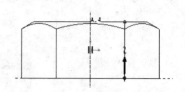

图 12-93　定义轨迹线和轴线

（6）给定螺距为 1。之后会自动进入草绘界面，绘制螺纹切口的截面，如图 12-94 所示。单击确认，然后选择材料侧为螺旋扫描切口的除料方向。结果如图 12-95 所示。

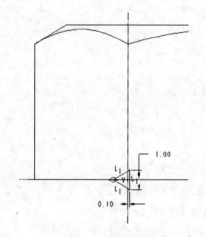

图 12-94　螺纹切口截面

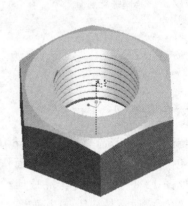

图 12-95　六角头螺母

习　　题

1. 问答题

（1）孔特征包含哪几种形式？

（2）简述孔特征的造型过程。

（3）简述圆角特征的造型过程。

（4）简述倒角特征与圆角特征的区别。

（5）简述加强筋的造型过程。

（6）简述螺旋扫描特征造型过程中需要注意的问题。

2. 作图题

根据如图 12-96～图 12-103 所示的零件图，创建三维特征造型。

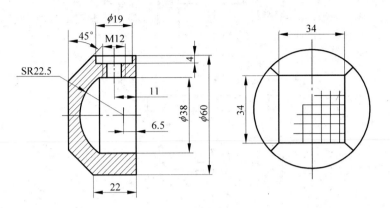

图 12-96　螺帽

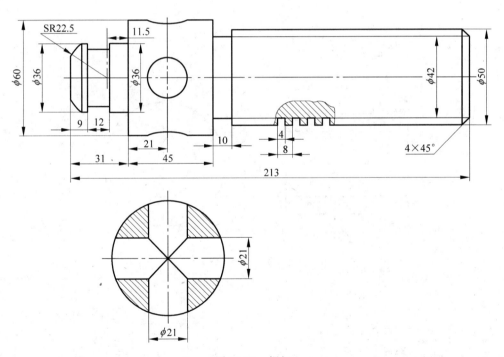

图 12-97　螺杆

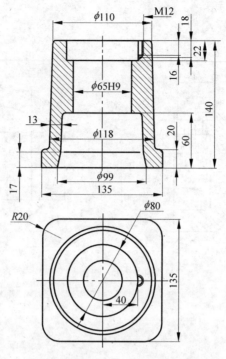

图 12-98　底座

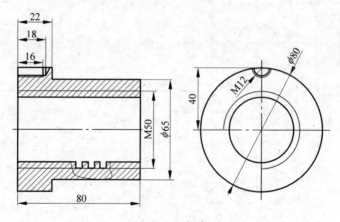

图 12-99　螺套

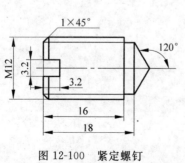

图 12-100　紧定螺钉

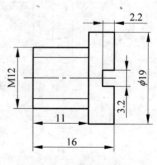

图 12-101　螺钉

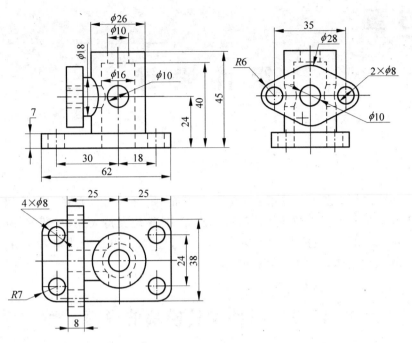

图 12-102　零件(一)

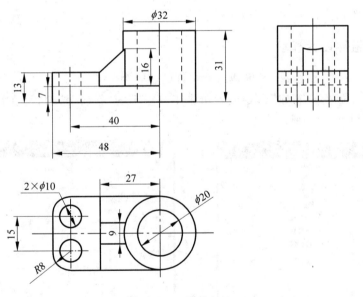

图 12-103　零件(二)

第13章

组 件 设 计

一个产品往往是由多个零件组合（装配）而成的，零件的组合是在装配模块中完成的。使用 Pro/E 可以轻易完成机械部件的组装工作，并且系统支持大型、复杂部件的创建和管理，由于 Pro/E 采用单一数据库，变更部件的尺寸会立即传递到组件和工程图。本章将介绍 Pro/E 中机械装配体设计的相关知识。

13.1　组件设计模块的界面

零件设计完成后，可以在组件设计模块下将其装配起来，也可以在组件设计模块下创建新的子组件和新元件。

1. 进入组件设计模块

组件文件的扩展名为 asm。创建组件文件的步骤为：

（1）选择下拉菜单"新建"命令或者单击工具栏上的"新建"按钮，将在视图中弹出"新建"对话框，如图 13-1(a)所示。

(a)　　　　　　　　　　　　　　　(b)

图 13-1　新建对话框

（2）在"新建"对话框中的左侧【类型】选项栏中选中【组件】，右侧的【子类型】选项栏选中【设计】单选按钮。随后再输入新建组件的名称，取消选择默认模板，并单击【确定】按钮。

（3）在"新文件选项"对话框中选择"mmns_asm_design"，如图 13-1（b）所示，单击确定后，模板即可进入组件设计模式工作界面。

2. 组件设计模块的工作界面

如图 13-2 所示为组件设计模块界面，在模型窗口中显示了 3 个系统提供的基准平面（ASM_FRONT、ASM_RIGHT、ASM_TOP）和一个基准坐标系（ASM_DEF_CSYS）。

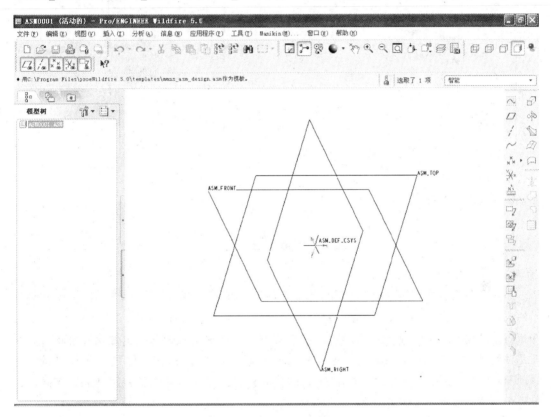

图 13-2　组件设计模块界面

绘图区的左侧为导航区。导航区的模型树中显示了构成装配体的所有元件及其约束状态。通过改变"树过滤器"中的有关设置，还可以显示各元件的零件特征。单击"设置"按钮 ，选择"树过滤器"命令，弹出"模型树项目"对话框，如图 13-3（a）所示。选择其中的【特征】复选框，单击【确定】按钮，则导航区显示如图 13-3（b）所示。用户可以选择零件特征对其进行编辑等操作。

图形显示区的右侧是工具条。工具条中的大部分按钮与零件模式下相同，同时增加了两个按钮。其中 是装配按钮，其功能是将已有的元件添加到装配体中， 是创建按钮，功能是在装配环境下创建不同类型的零件。

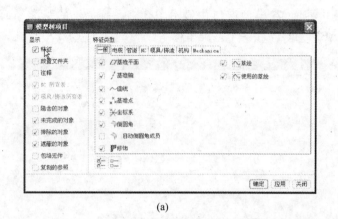

(a)　　　　　　　　　　　　(b)

图 13-3　设置"树过滤器"选项

13.2　添 加 元 件

添加元件时需要对元件进行定位,Pro/E 通过定义装配约束定位元件。装配约束即对元件添加一定的约束条件,来限定元件与其他元件的关系。通过装配约束可以指定一个元件相对于装配体中另一个元件(或特征)的放置方式和位置。装配约束包含放置、移动、挠性等几种约束方式。将一定元件通过装配约束添加到装配体中后,它的位置将随着相邻元件移动而相应改变,而且约束设置值作为参数可随时改变,并可与其他参数建立关系方程。这样整个装配体实际上是一个参数化的装配体。

13.2.1　插入装配元件

进入组件设计模块后,选择下拉菜单【插入】|【元件】|【装配】命令,或者直接单击右侧工具栏中的"插入元件"按钮 ,弹出"打开"对话框,从中可以选择需要插入的元件。单击"打开"按钮后,元件显示在工作区,并在界面左下角出现约束控制面板,要求用户对添加的元件给予约束。如图 13-4 所示分别是"约束"主操控板以及【放置】子面板和"移动"子面板。

在主操控板的右侧有两个按钮用于控制待装配元件的显示。

　　：在单独窗口中显示要装配的元件。

　　：在组件窗口中显示要装配的元件。

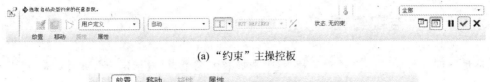

(a) "约束" 主操控板

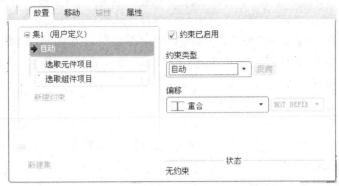

(b) 【放置】子面板

(c) 【移动】子面板

图 13-4　装配控制面板

　　【放置】子面板：主要用来启用和显示元件放置和连接定义。该面板包含两部分，左半部分用于显示约束集和约束类型。第一个约束将自动激活。在选取一对有效参照后，可以单击"新建约束"按钮，新建一个新的约束。右半部分为主要工具操作区，包含所有的约束类型和对应的约束参数。

　　【移动】子面板：用来改变被装配元件的位置，如在【运动类型】选项组中可以对元件进行平移、旋转和调整。

　　在下拉菜单【插入】|【元件】选项中，除了装配，还有创建、封装、包括、挠性等选项。如图 13-5 所示。

　　(1) 创建：在装配环境下创建不同类型的元件。

　　(2) 封装：将元件不加装配约束地放置到装配环境中，是一种非参数形式的元件装配。

　　(3) 包括：在活动组件中包括未放置的元件。

　　(4) 挠性：向所选的组件增加挠性元件。

图 13-5　插入元件

13.2.2　定义装配约束

添加装配元件后,通过在【放置】面板中选择装配约束,可以指定一个元件相对于另一个元件的放置方式和位置,多个约束进行组合最终可以达到将元件完全约束的结果。

装配约束定义的过程一般为:首先选择"约束类型",接着在元件和组件中分别选择一个有效参照,选取的两个参照对象将受到所指定的"约束类型"的控制,最后,必要时可以设置参照对象之间的偏移类型和参数。

1.　偏移类型

偏移用于配合其他约束条件准确地确定元件位置,有重合、定向和偏距 3 种偏移类型供用户选择,如图 13-6 所示。

(1) 重合:重合选定的元件参照和组件参照。

(2) 偏移:可以设置选定的元件参照和组件参照之间的距离。给出偏移值后,系统将显示偏移的方向。对于反向偏移,可设定负偏移值。

(3) 定向:可以确定元件的活动方向,可以通过添加其他约束来准确定位元件位置。

2.　约束类型

系统提供了 11 种主要的约束类型供用户选择使用,如图 13-7 所示。对于相同的元件可以重复使用其中的任意一个约束。完成约束后,添加的约束不可以与其他约束条件相冲突,否则系统将提示用户删除冲突约束。

图 13-6　偏移类型

图 13-7　约束类型

(1) "自动":该约束将由系统自动选择约束类型,只要将预装配元件拖至组件的相应位置,系统将自动选择约束类型将两者约束。

(2) "配对":使用该约束工具可以使两个选定参照彼此相对。同时可以在其下方的偏移下拉列表中选择偏移类型(重合、定向或偏距),如图 13-8 所示。

(3) "对齐":使用该约束可以使两个选定的参照朝向相同,同时可以在其下方的偏移下拉列表中选择偏移类型(重合、定向或偏距),如图 13-9 所示。对齐对象可以是平面、旋转曲面、边、轴线、点。该约束可以使两个平面共面(重合并朝向相同),两条轴线同轴,或两个点重合,也可以对齐旋转曲面或边。若同时选择偏移类型为"偏距",可以通过改变偏移值改

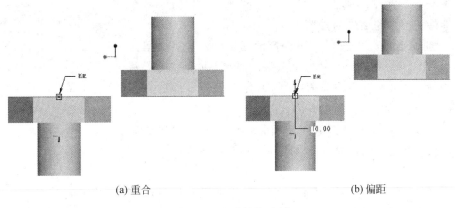

(a) 重合　　　　　　　　　(b) 偏距

图 13-8　配对约束示例

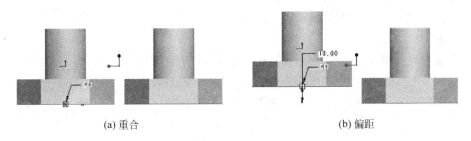

(a) 重合　　　　　　　　　(b) 偏距

图 13-9　对齐约束示例

变两个参照之间的距离。

说明：

使用"配对"和"对齐"约束时，两个参照必须为同一类型（如平面-平面、曲面-曲面、点-点、轴线-轴线），而且曲面中只能选择旋转曲面（圆柱面、圆锥面、球面和圆环面）作为参照。

（4）"插入"：该约束可将一个曲面插入另一旋转曲面中，且使它们的轴对齐。当轴选取无效或不方便时可以用这个约束。选择的集是需要插入约束的两个曲面，如图 13-10 所示。

（5）"坐标系"：该约束可通过将元件的坐标系与组件的坐标系对齐（既可以使用组件坐标系，又可以使用零件坐标系），将该元件放置在组件中。为了装配的方便，用户可以在制作元件时指定坐标系位置，从而方便装配。

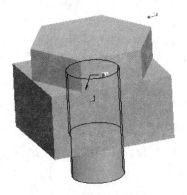

图 13-10　插入约束示例

（6）"相切"：该约束可以控制两个曲面在切点的接触。该放置约束的功能与匹配约束功能相似，因为该约束匹配曲面，而不对齐曲面。

（7）"直线上的点"：该约束可以控制边、轴或基准曲线与点之间的接触。

（8）"曲面上的点"：该约束控制曲面与点之间的接触。系统可将曲面约束到三角形上的一个基准点,也可以用零件或组件的基准点、曲面特征、基准平面或零件的实体曲面作为参照。

(9)"曲面上的边":该约束可控制曲面与平面边界之间的接触,主要用于将一条线性边约束至一个平面,也可以用于基准平面、平面零件或组件的曲面特征,或任何平面零件的实体曲面。

(10)"固定":该约束用来固定部分约束的插入对象或者被移动、旋转操作的元件,使用该约束后,元件将完全约束到当前位置。

(11)"缺省":该约束可以使元件的默认坐标系与组件的默认坐标系对齐。

图 13-11　装配元件操作

13.2.3　装配元件的操作

装配体创建完成后,可以对装配体中的元件进行如下操作:元件的打开和删除、元件尺寸的修改、元件装配约束的编辑定义、元件装配约束的重定义、元件装配约束的删除等(见图 13-11)。

13.3　装配相同元件的方法

在组件装配的过程中,经常会有同一元件装配到许多不同位置的情况。如果单个装配,则会费时费力。Pro/E 提供了有效的工具可以快速解决这一问题,提高设计效率。其中主要的方法有三种:镜像装配、重复装配和阵列装配。

13.3.1　镜像装配

对称结构是装配组件中很重要的几何特征,当装配组件中的两个零件具有对称性时,可以利用"镜像装配",根据设置约束关系的"源零件"创建"目标零件","目标零件"可具有与源零件特征相同且具有源零件约束关系。

创建镜像装配就是在组件设计模式下,系统将选定的零件相对于镜像平面参照进行复制并将其保存为新的零件文件。也就是说,镜像装配将在组件模式下创建一个新的零件。其一般操作步骤如下:

(1) 在工具栏中单击"创建元件"按钮 ,打开"元件创建"对话框。

(2) 在"元件创建"对话框中,从【类型】选项组中选中【零件】单选按钮,在【子类型】选项组中选中【镜像】单选按钮,如图 13-12 所示。

(3) 给出新零件的名称,单击【确定】按钮。

(a)"元件创建"对话框　　　　　　(b)镜像参数选择

图　13-12

（4）在打开的"镜像零件"对话框中分别设置合适的【镜像类型】和【从属关系控制】选项，并选取零件参照（镜像的源零件）和平面参照（镜像平面）。单击【确定】按钮，即可完成。

说明：

镜像类型中的"仅镜像几何"表示镜像不具有原始特征结构的几何；"镜像具有特征的几何"表示镜像具有原始特征结构的几何，目标元件的几何将不会从属于源元件的几何；"仅镜像放置"表示仅将选定的元件复制到镜像位置。如图 13-13 所示是选择各种镜像类型后，新零件在模型树中的特征显示。

(a) 镜像具有特征的几何　　　　(b) 仅镜像几何　　　　(c) 仅镜像放置

图 13-13　镜像类型

13.3.2　重复装配

装配某些相同元件时，其装配位置有时是没有规律的，可以用【编辑】|【重复】命令来快速装配。在选择该命令前，需要先在组件中按照常规方法装配一个用于重复复制的父项。

具体操作步骤一般为：

（1）在装配一个父元件后，在模型树中选择该元件，选择【编辑】|【重复】命令，打开"重复元件"对话框，如图 13-14 所示。

（2）在"重复元件"对话框中的【可变组建参照】列表中，选取要改变的组件参照，单击【添加】按钮。

（3）在组件中定义参照以确定元件装配的新位置，系统将根据选择自动添加新元件。可以定义多个参照以得到多个新元件。

（4）单击【确认】按钮，完成重复装配。

如图 13-15 所示是重复放置元件的实例，要求将元件 1 装配到元件 2 的孔中。

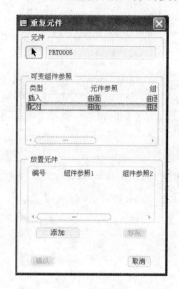

图 13-14　"重复元件"对话框

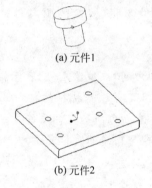

(a) 元件1

(b) 元件2

图 13-15　元件

首先将一个元件 1 用"插入"和"配对"约束装配到元件 2 的任意一个孔中，如图 13-16 所示。选择装配元件 1，右击在快捷菜单中选择【重复】命令（见图 13-17）。然后在"重复元件"对话框的【可变组建参照】列表中选取"插入"，单击【添加】按钮（见图 13-18）。接着在图形区依次选择元件 2 中其余各孔的曲面（见图 13-19），结果如图 13-20 所示。

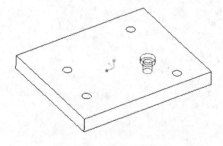

图 13-16　装配父项元件

图 13-17　执行"重复"命令

图 13-18 选择"可变组件参照"

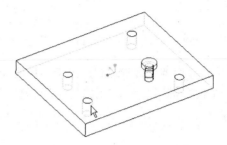

图 13-19 选择"放置元件参照"

(a)

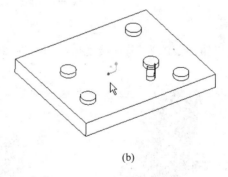

(b)

图 13-20 完成

13.3.3 阵列装配

组件中经常有规律放置的元件,如螺纹连接件的装配。此时可以选用"阵列元件"命令快速装配相同的元件。选用"阵列元件"命令时,需要首先在组件中装配好第一个元件,然后使用阵列工具复制装配其余的相同零件。阵列装配实例:

(1) 装配一个父元件(见图 13-21)后,在模型树中选择该元件,选择【编辑】|【阵列】命令(见图 13-22),或者直接单击工具栏的"阵列"按钮 ▦,出现"阵列元件"操控板,如图 13-23 所示。

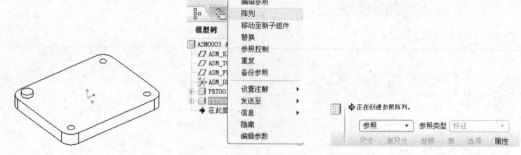

图 13-21　装配父项元件　　　图 13-22　执行"阵列"命令　　　图 13-23　"阵列元件"操控板

（2）默认阵列类型为"参照"。由于底板的孔是用阵列命令获得的，因此元件中存在一个已有的阵列参照，图形区将显示该阵列，单击【确认】按钮，完成阵列装配。如图 13-24 所示。

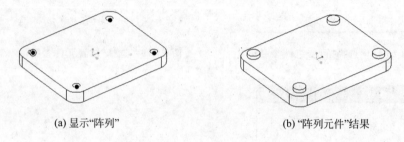

(a) 显示"阵列"　　　　　　　　　　　　(b) "阵列元件"结果

图 13-24　完成

13.4　综 合 实 例

本书以钳的装配为例，该装配体中的零件如图 13-25 所示，装配结果如图 13-26 所示。

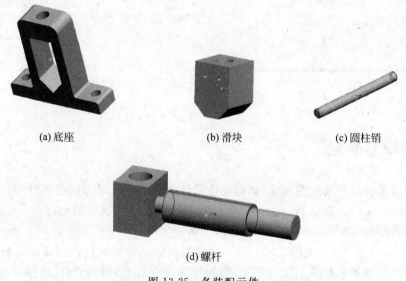

(a) 底座　　　　　　　　　(b) 滑块　　　　　　　　　(c) 圆柱销

(d) 螺杆

图 13-25　各装配元件

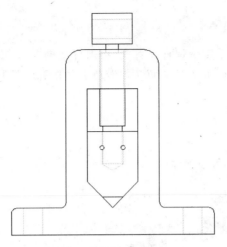

图 13-26 装配结果

1. 固定底座

单击"添加组件"按钮，插入基础元件（底座），选择"坐标系"约束，分别选择底座的坐标系与系统中的 ASM_DEF_SYS。底座将被完全约束。如图 13-27 所示。

图 13-27 插入基础元件（底座）

2. 装配滑块

用"配对"、"对齐"约束关系定位滑块。其中滑块的两个斜面分别与底座的两斜面"配对"，滑块的前面与底座前面"对齐"。如图 13-28 所示。

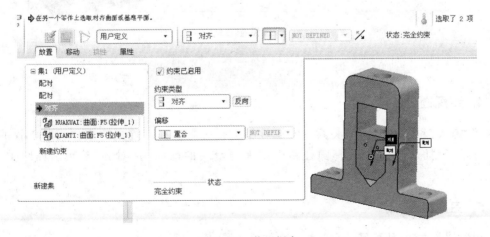

图 13-28 装配螺套

3. 装配螺杆

用两个"插入"约束关系定位螺杆。首先,将螺杆上的圆柱面Ⅰ与滑块上的中心孔面添加"插入"约束,另外,将螺杆上的圆柱面Ⅱ与滑块上的销孔面添加"插入"约束。如图13-29所示。

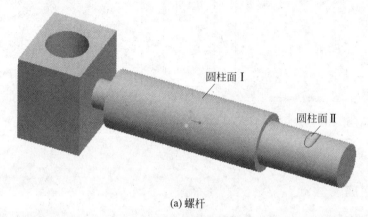

圆柱面Ⅰ

圆柱面Ⅱ

(a) 螺杆

(b) 模型显示

图 13-29 装配螺杆

4. 装配圆柱销

用"插入"和"对齐"约束关系定义圆柱销的位置。选择圆柱销的圆柱面与滑块的销孔面并给予"插入"约束;选择圆柱销的端面与滑块的前面为"对齐"约束。如图13-30所示。

5. 完成装配

用同样的方法,装配另一个圆柱销。结果如图13-31所示。

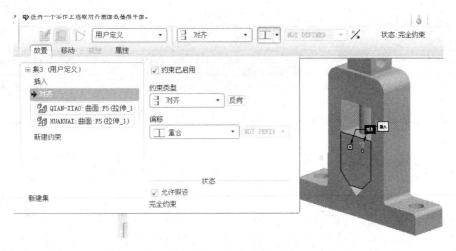

图 13-30　"插入"关系

图 13-31　完成装配

习　　题

根据平口钳的零件图创建零件的三维造型并按照装配图(见图 13-32 和表 13-1)将各零件装配起来,各零件图如图 13-33~图 13-39 所示。

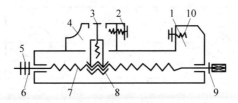

图 13-32　平口钳装配示意图

表 13-1　标准件

图　号	名　　称	数　量	备　注	说　明
10	螺钉 M6×18	4	GB 68—2000	开槽沉头螺钉
5	螺母 M12	2	GB 6170—2000	六角头螺母
6	垫圈 12	1	GB 97.1—2002	平垫圈

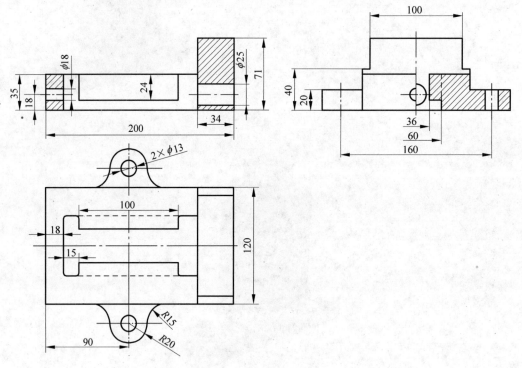

图 13-33　固定钳身(1 号件)

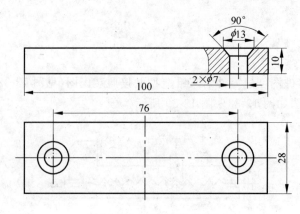

图 13-34　钳口板(2 号件)

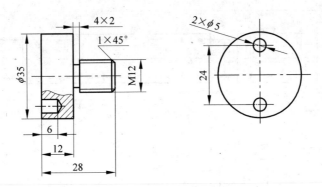

图 13-35 固定螺钉(3 号件)

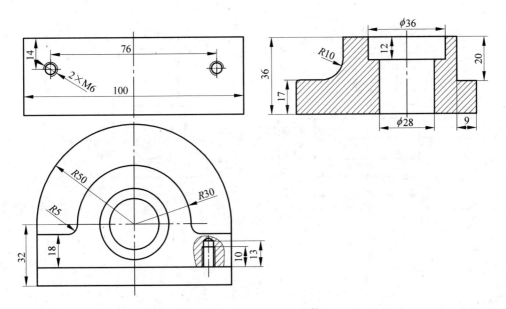

图 13-36 活动钳口(4 号件)

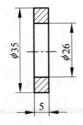

图 13-37 垫圈(9 号件)

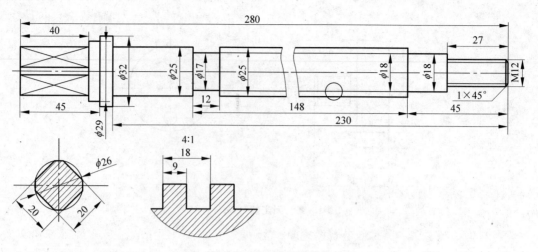

图 13-38　丝杠(7 号件)

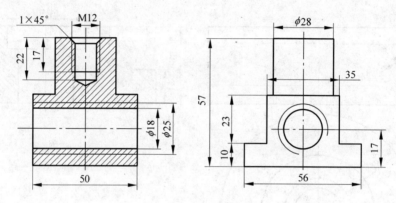

图 13-39　螺母(8 号件)

第 14 章

二维工程图的生成

工程图样是工程技术人员表达设计思想的重要工具,也是设计人员和加工技术人员交流思想的平台。Pro/E 提供了专门的"工程图模块"来进行工程图设计,根据三维模型创建二维工程图。同一工程图中的各视图之间相关联,若修改某视图中的一个尺寸,系统会自动更新其他相关视图。而且,在工程图中修改尺寸,相应的三维造型特征模型会自动更新。反之,在三维模型中修改特征尺寸或形状,也会同时更新相应的工程图。它的强相关性特点,保证了工程图样与三维造型之间的精确对应。

14.1   工程图设计简介

14.1.1   建立工程图文件

单击菜单栏【文件】|【新建】,系统将弹出如图 14-1 所示的对话框,选择【绘图】选项,输入文件名然后单击【确定】按钮。系统会弹出如图 14-2 所示的对话框。

图 14-1 新建绘图文件   图 14-2   模板对话框

如果当前系统中已经打开零件或组件,则系统会自动将它设定为工程图的默认模型,并在对话框上方的文本框中显示。也可以单击文本框右边的【浏览】按钮,指定其他的 3D 模型文件。

　　【指定模板】选项组用来确定创建工程图的模板类型，分为【使用模板】、【格式为空】和【空】三种情况。其中【使用模板】选项可以在模板列表中选择模板或查找需要的模板，单击【确定】按钮后即可以根据模板图中关于视图的各项设定直接生成所选零件的标准视图；【格式为空】选项允许用户单击【浏览】按钮查找所需的格式文件；【空】选项不使用任何模板或格式，但可以选择图纸幅面，系统根据所选定的图幅大小生成图框。

　　一般地，在对话框【指定模板】选项中单选按钮【空】，在【标准大小】下拉列表中选择国际标准的图纸格式。单击【确定】按钮后，进入工程图设计的界面，如图 14-3 所示。

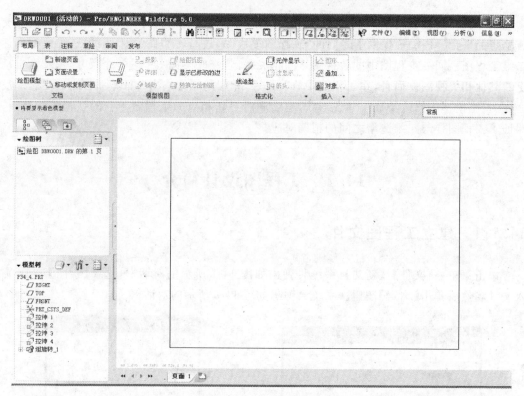

图 14-3　工程图设计界面

　　在绘图区的上方显示了创建工程图的各项主要操作，分类放在【布局】、【表】、【注释】、【草绘】、【审阅】、【发布】6 个选项卡中，每个选项卡中都有很多工具按钮，单击按钮即可执行相应的命令。如图 14-4 所示是各种选项卡及其中的命令按钮。

　　(1)【布局】选项卡：主要用来设置绘图模型、模型视图的放置以及视图中的线型显示。

　　(2)【表】选项卡：主要用来创建、编辑表格。

　　(3)【注释】选项卡：主要用来添加尺寸和文本注释。

　　(4)【草绘】选项卡：主要用来在工程图中绘制和编辑已生成工程图。

　　(5)【审阅】选项卡：主要用来对所创建的工程图视图进行审阅、检查等。

　　(6)【发布】选项卡：主要用来对工程图进行打印及工程图视图格式的转换等操作。

(a)【布局】选项卡

(b)【表】选项卡

(c)【注释】选项卡

(d)【草绘】选项卡

(e)【审阅】选项卡

(f)【发布】选项卡

图 14-4 各命令选项卡

14.1.2 工程图绘图环境设置

工程图需要遵循一定的国家标准,这就要求设计者在绘制工程图之前,根据工作环境需要确定合适的工程图绘制参数设置。如选用第一角投影还是第三角投影,工程图中箭头形状、尺寸数字的位置、文字大小以及几何公差的标注等,都可以由用户进行设计,从而定制出符合制图标准的工程图绘图环境。

除了可以选用系统提供的已定义好的模板以外,用户可以通过以下两种方法设置绘图环境。

1. 设置文件的绘图选项

工程图设计模块菜单栏的【文件】下拉菜单中有"绘图选项"、"绘图模型"、"公差标准"3

个命令可以设置绘图环境。如图 14-5 所示。

图 14-5 【文件】下拉菜单

(1) 绘图选项：调出"选项"对话框，修改或更改绘图的详细参数。如图 14-6 所示。

图 14-6 "选项"对话框

每一个绘图设置文件选项主要包括选项名称、选项的说明和注释以及选项默认的值或可用的变量（默认的值带有＊）等信息。

用户可以在选项对话框左侧的列表中选择想编辑的选项，也可以在下方的【选项】文本框中直接输入选项名；在【值】下拉列表框中会出现该选项的当前值，重新给出新值后，单击【添加/更改】按钮，便确认该选项的设置。

例如：选项中的"projection-type"用于确定创建投影视图的方法，它有"third-angle"和"first-angle"两个可选值，分别表示视图采用"第三角投影"和"第一角投影"。根据我国国家标准的规定，应将其值设为第一角投影（"first-angle"）。

另外，在"选项"对话框中单击 📑 按钮可以保存当前的配置文件。

（2）绘图模型：管理绘图模型，可添加、删除绘图模型或将其中一个设置为当前模型。如图 14-7 所示。

（3）公差标准：设置或更改绘图的公差标准。如图 14-8 所示。

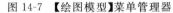

图 14-7　【绘图模型】菜单管理器　　　　图 14-8　【公差标准】菜单管理器

2. 设置系统配置文件选项

通过设置系统配置文件 config.pro 的相关选项，也可以定制绘图环境的一些细节。

14.2　视图的建立

在新建绘图文件并定制合适的绘图环境后，就可以进行工程图的设计了。建立工程图的主要步骤一般为：新建文件进入工程图环境→创建工程图的视图→添加尺寸和技术要求→输入标题栏内容以及输入和编辑装配图的明细表。

14.2.1　建立视图

1. 创建视图的步骤

创建视图的一般步骤是：

（1）首先添加主视图（作为一般视图）；

（2）添加主视图的投影图（左视图、右视图、俯视图、仰视图），如有必要可以添加详细视图（局部放大图、辅助视图等）；

（3）利用视图移动命令，调整视图的位置；

（4）设置视图的显示模式，如视图中不可见的孔，可用虚线显示。

2. 视图参数设置对话框

单击【布局】选项卡中的"一般"命令按钮，系统将在消息区提示："选取绘制视图的中心点"，根据提示在绘图区单击鼠标左键选择后，系统将生成一个默认的视图，同时弹出"绘图视图"对话框，如图 14-9 所示。

图 14-9　创建一般视图

"绘图视图"对话框中包括视图类型、可见区域、比例、截面、视图状态、视图显示、原点、对齐 8 个选项（见图 14-9），对于各种视图的操作大部分是通过对这些选项的设置实现的，图 14-10 所示为几种常用的选项卡。其中决定创建视图的选项有视图类型、可见区域、比例和截面，其他 4 项属于编辑视图的选项。

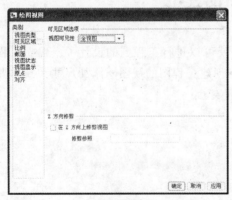

(a) 可见区域

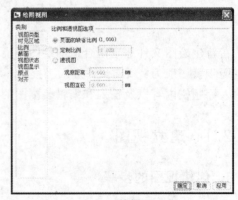

(b) 比例

图 14-10　"绘图视图"对话框

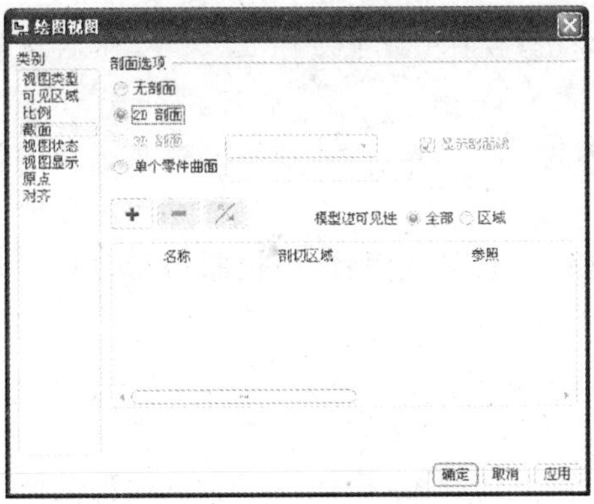

(c) 截面

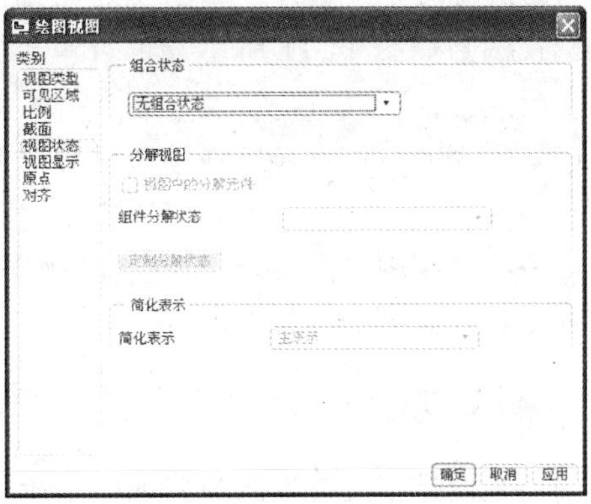

(d) 视图显示

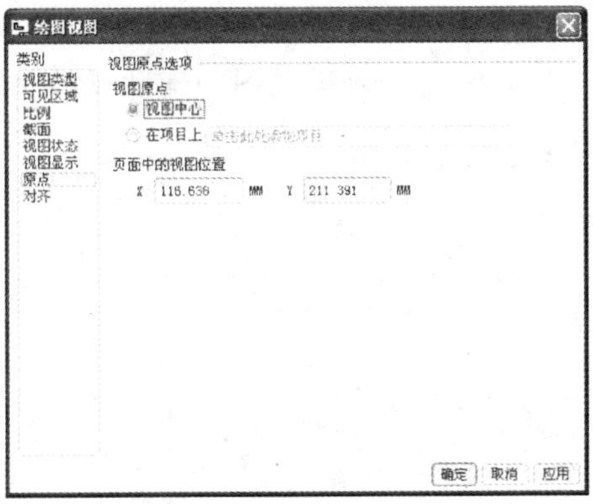

(e) 原点

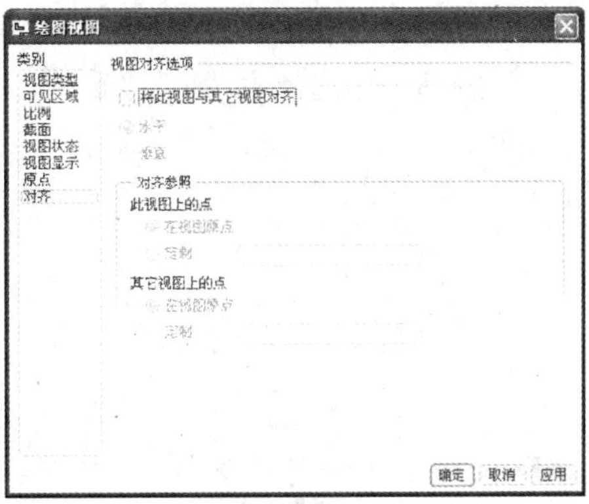

(f) 对齐

图 14-10 　(续)

14.2.2　各种视图的创建

Pro/E 表达零件模型时,常用的视图类型包括:一般视图、投影视图、详细视图和剖视图。

1. 一般视图

在 Pro/E 中,一般视图通常放置到图纸上的第一个视图,它是所有视图的基础,也是唯一不存在父视图的视图类型。将一般视图定向后可以将它作为基础在适当的位置建立其他视图(投影视图、剖视图、辅助视图、局部放大图等)。往往将主视图作为一般视图。

一般视图可以与"可见区域"中的各选项相配合,获得全视图、半视图、局部视图。

2. 投影视图

在建立了一般视图之后,该视图可作为投影视图的父视图。投影视图与一般视图建立的选项基本相同。但投影视图是在一般视图的基础上产生的,因此不能设置比例和透视图。生成投影视图的具体步骤是:

（1）执行命令　选择一个已创建的视图作为父视图，然后右击，在快捷菜单中选择【插入投影视图】，如图 14-11 所示。也可单击"创建投影视图"命令按钮 ，然后选择父视图。

（2）放置视图　将光标在绘图区移动到合适的位置后单击，系统自动添加需要的投影视图。

生成投影视图以后，系统将它与父视图相关联，如果父视图移动，投影视图也将同时移动以保持投影对齐的关系。

3．辅助视图

辅助视图是指投影方向与父视图中所选平面垂直的视图，往往用于表达模型的倾斜特征。生成辅助视图的具体步骤如下。

（1）执行命令　单击"创建投影视图"命令按钮 ，然后选择父视图。

（2）选择参考　选择边、基准平面或基准轴作为参考，生成辅助视图的辅助投影面将与该对象平行。如图 14-12 所示。

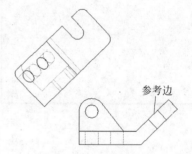

图 14-11　生成"投影视图"　　　　　图 14-12　创建辅助视图

（3）放置视图　将光标在绘图区移动到合适的位置后单击，系统自动添加辅助视图。

投影视图相同，辅助视图将与其父视图相关联，如果父视图移动，辅助视图也将同时移动以保持投影对齐的关系。

4．局部的视图

局部的视图可以利用【可见区域】选项卡中的【局部视图】选项获得。建立局部视图的步骤是：选取几何上的参照点→草绘样条作为边界→得到局部图形。

辅助视图一般都是表达零件的局部结构，因此一般应同时选择【可见区域】选项卡中的【局部视图】选项，以获得局部的辅助视图。

5．详细视图

详细视图是指在另一个视图中放大显示模型的某一部分，以便清晰表达局部特征。详细视图将与父视图之间保持关联，但可以独立于其父视图移动。生成辅助视图的具体步骤是：

（1）执行命令　单击"创建详细视图"按钮 。

（2）选择详细视图的中心点　在父视图的基础上选择一个点作为详细视图的中心点。

（3）绘制边界　绘制一条封闭的样条曲线作为详细视图的边界。边界曲线绘制完成以后，单击鼠标中键，系统将会显示详细视图的范围。

（4）放置视图　将光标移动到合适的位置后单击，即可创建详细视图。

（5）修改注释的内容与位置　选中注释后双击，将调出"注释属性"对话框，可以修改注释的内容。也可选择注释后移动其位置。

14.2.3　各种剖视图的创建

剖视图通过假想的剖切面剖开物体，用于表达零件复杂的内部结构。生成剖视图时一般在"绘图视图"对话框中的【截面】选项卡中设置剖切面，在【剖切区域】选项中有"完全"、"一半"、"局部"等供选择，以得到全剖视图、半剖视图和局部剖视图。如图 14-13 所示。

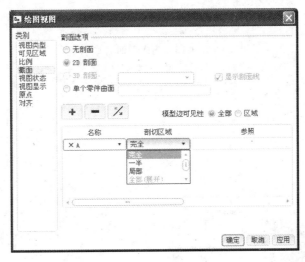

图 14-13　【截面】选项卡

1. 全剖视图

（1）单击"创建一般视图"命令按钮，在绘图区单击一点作为主视图放置点。

（2）在此基础上创建"投影视图"，生成俯视图。结果如图 14-14 所示。

（3）选择主视图将其改为全剖视图。

双击主视图，在"绘图视图"对话框中选择剖面类型，选中【2D 剖面】，单击 ＋ 按钮。默认系统弹出的"创建方式"菜单管理器中【平面】|【单一】选项，如图 14-15 所示。单击【完成】命令按钮。系统将弹出如图 14-16 所示的文本框，输入创建剖面的名称，单击 ☑ 按钮。

接着系统弹出【设置平面】菜单管理器，要求选择剖切平面（单击 TOP 面），如图 14-17 所示。

单击对话框中的【应用】按钮，完成剖视图的创建，如图 14-18 所示。

修改注释的属性，移动其位置，使之符合国家标准的规定，结果如图 14-19 所示。

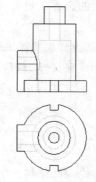

图 14-14　生成基本视图　　　　　图 14-15　设置剖面的创建方式

图 14-16　输入剖面名称

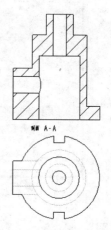

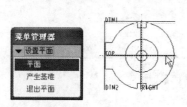

图 14-17　选择剖切平面　　　　　图 14-18　生成全剖视图

说明：

单击【注释】选项卡，文本将被选中。双击要修改的文本，将出现"注释属性"对话框。

2. 半剖视图

（1）在图 14-19 的基础上再生成一个"投影视图"（左视图），如图 14-20 所示。

（2）选择左视图将其改为半剖视图：双击左视图，在"绘图视图"对话框中选择剖面类型，选中【2D 剖面】，单击 ➕ 按钮。

用同样的方法依次给出剖切面的名称（B）、剖切平面（RIGHT）。

在【剖切区域】选项中选择【一半】，根据系统的提示选择绘制成剖视图的一侧，如图 14-21 所示。

单击对话框中的【应用】按钮，完成半剖视图的创建，结果如图 14-22 所示。

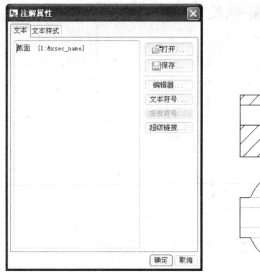

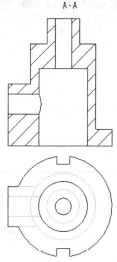

图 14-19 编辑注释

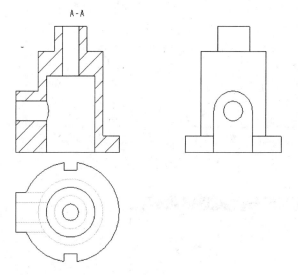

图 14-20 生成左视图

3. 局部剖视图

创建局部剖视图时，一般需做出以下设置：在【剖切区域】选项中选择【局部】，然后根据提示依次选择参照点、绘制样条曲线作为局部剖视图的区域。如图 14-23 所示是将图 14-22 中左视图改画成局部剖视图的步骤。

说明：

样条曲线必须是包含参照点的封闭曲线。

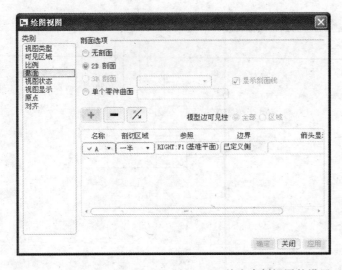
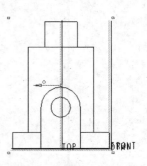

图 14-21　给出半剖视图的设置

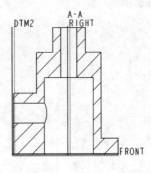
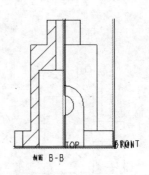

图 14-22　完成半剖视图

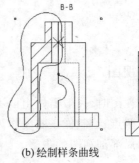
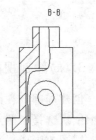

(a)【截面】选项卡　　　　(b) 绘制样条曲线　　　(c) 结果

图 14-23　局部剖视图

14.3　调 整 视 图

调整视图包括移动、删除、修改等操作。

1. 移动视图

为了防止意外移动视图,默认状态下系统将视图锁定在某一位置。如果要调整视图的位置,右击,取消快捷菜单中的【锁定视图移动】选项,如图 14-24 所示。

将鼠标放到视图上时,视图轮廓会加亮显示。按住鼠标左键拖动视图,光标会变为十字形状,将该视图放到新位置释放鼠标左键即可完成视图移动。如果需要精确移动某一视图,可选中视图后右击,选择【移动特殊】选项,系统会弹出"移动特殊"对话框,如图 14-25 所示。

图 14-24　快捷菜单　　　　　　　　图 14-25　"移动特殊"对话框

在对话框中输入 X、Y 具体坐标,单击【确定】按钮即可实现视图的精确移动。

2. 修改视图

用户可以利用"绘图视图"对话框对已有视图进行编辑。双击视图,将弹出"绘图视图"对话框,用户可以修改各选项卡中的选项,然后单击【应用】按钮,即可完成对视图的修改。

（1）重命名视图　双击要重命名的视图,打开"绘图视图"对话框,在【视图类型】选项中,在【视图名】文本框中输入新名称,单击【应用】按钮,即可完成视图名称的修改。

（2）更改视图投影方向　双击指定的视图,打开"绘图视图"对话框,在【视图类型】选项中,重新选择【模型视图名】,单击【应用】按钮,可以观察视图的变化效果。

（3）重定义投影或辅助视图类型　双击生成的投影视图,打开"绘图视图"对话框,在【视图类型】选项中,将【类型】中的【投影】更改为【一般】,系统会从父视图中复制定向信息。

（4）更改绘图比例　双击要修改的视图,打开"绘图视图"对话框,在【比例】选项中,单击【定值比例】单选按钮,输入新的比例值。

（5）更改视图的显示模式　双击要修改的视图,打开"绘图视图"对话框,在【视图显示】选项中,单击【显示线型】下拉列表框,出现多种显示模式。

3. 删除视图

删除某一选定视图可以通过以下几种方式实现:单击菜单栏中的【编辑】|【删除】命令;单击"绘制"工具条中的"删除"按钮;选中视图,按 Delete 键。

14.4 标注尺寸

14.4.1 尺寸标注

在 Pro/E 工程图模块中,可以用两种方式创建尺寸。

(1) 自动标注尺寸:也称被驱动尺寸。来源于零件模块的统一内部数据库,可以利用【视图】|【显示及拭除】菜单命令将显示从 3D 模型传递到视图的尺寸。在三维模型上修改模型尺寸,创建的被驱动尺寸随着变化,反之亦然。

(2) 手动标注尺寸:也称草绘尺寸。选择【插入】|【尺寸】菜单命令,可以手动标注草绘尺寸,也可将其删除。但草绘尺寸不能驱动模型尺寸,草绘尺寸的修改不会引起相应零件模型的变化。

1. 自动标注尺寸

单击【注释】选项卡中的"显示模型拭除"命令按钮,系统弹出"显示模型注释"对话框,如图 14-26 所示。

单击对话框下方的"显示全部" 按钮,可以显示模型中的全部尺寸项目;或者选中某些尺寸显示。如图 14-27 所示是单击"显示全部"按钮,显示全部尺寸。

图 14-26 "显示模型注释"对话框

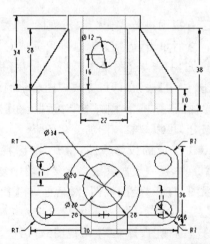

图 14-27 自动标注尺寸

初始状态下的视图尺寸显得杂乱无章。用户可以移动尺寸,进行整理。也可以单独拭除某一尺寸。图 14-28 是经整理后的尺寸。

使用"显示模型注释"对话框,不仅可以显示尺寸,还可以通过单击显示类型按钮

![]，选择显示三维模型中创建的几何公差、基准、表面粗糙度等。用户可以根据需要选择。

2.手动标注尺寸

自动标注的尺寸有时并不符合机械图样中关于合理标注尺寸的有关规则。Pro/E 中提供了手动标注尺寸的功能,具体操作步骤如下。

1) 执行命令

选择【注释】选项卡中的"标注尺寸"按钮 ![]，系统将弹出【依附类型】菜单管理器,如图 14-29 所示。

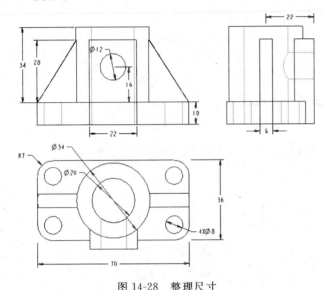

图 14-28　整理尺寸

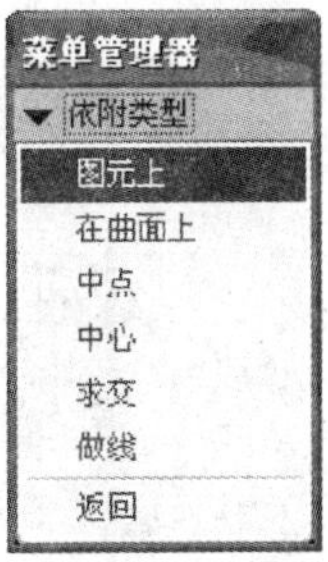

图 14-29　【依附类型】菜单
管理器

2) 选择标注对象并放置尺寸

可以有多种形式确定标注的对象,在【依附类型】菜单管理器中列出了具体的形式,用户可以根据不同的情况选择合适的选项。各选项的具体含义如下:"图元上"表示尺寸附着在图元的拾取点处;"中点"表示尺寸附着在所选图元的中点;"中心"表示尺寸附着在圆弧的中心;"求交"表示尺寸附着在所选两个图元的交点处;"做线"表示为尺寸制作一根线。

例如,标注如图 14-30 所示的两种尺寸,其操作过程分别为:

(1) 选中【图元上】选项,依次选择图 14-30(a) 中的两条参照边,然后在合适的位置单击鼠标中键即可标注尺寸。

(2) 选中【依附类型】菜单管理器【图元上】选项,选中底部的水平直线(见图 14-30(b)),然后

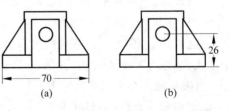

图 14-30　标注尺寸

切换到【中心】选项,选中圆,最后在合适的位置单击鼠标中键,即可标注高度尺寸"26"。

14.4.2　尺寸操作

从创建被驱动尺寸的操作中,我们可以看到,由系统自动生成的尺寸在工程图上显得杂乱无章,尺寸互相遮盖,某个视图上可能尺寸过多,视图之间又有重复尺寸的存在,这些问题必须通过尺寸的具体操作加以解决。

1. 移动尺寸及其文本

选择要移动的尺寸,当尺寸加亮变红后,再将鼠标指针放到要移动的尺寸文本上,按住鼠标左键移动鼠标,移到所需位置后,松开鼠标的左键。

2. 尺寸整理

选择【注释】选项卡中的"清除尺寸"命令按钮 清除尺寸,或者选取单个或多个尺寸后右击,在快捷菜单中选择【清除尺寸】,系统将弹出"清除尺寸"对话框,如图 14-31 所示,可以对尺寸进行整理。

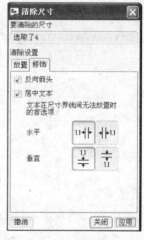

(a)【放置】选项卡　　　　　(b)【修饰】选项卡

图 14-31　"清除尺寸"对话框

在【放置】选项卡中,修改【偏移】文本框数值可以调整视图轮廓线与视图中最靠近它们的某个尺寸间的距离;修改【增量】文本框数值可以调整两相邻尺寸的间距。

在【修饰】选项卡中,选中【反向箭头】复选框后,如果视图中某个尺寸的尺寸界线内放不下箭头,该尺寸的箭头自动反向到外面;选中【居中文本】复选框后,每个尺寸的文本自动居中;如果视图中某个尺寸的文本太长,在尺寸界线内放不下时,系统可将它们放到尺寸线的外部,但应预先在【水平】和【垂直】区域单击相应的按钮。

3. 快捷菜单

选中某一尺寸后,右击,弹出如图 14-32 所示的快捷菜单。

单击菜单中的【拭除】选项可以将所选尺寸从工程图中拭除；【将项目移动到视图】可以将尺寸从一个视图移动到另一视图；【反向箭头】可以切换所选尺寸的箭头方向；单击【属性】选项，系统会弹出如图 14-33 所示的对话框。

图 14-32　尺寸右键快捷菜单

修改对话框中的相关选项可以调整尺寸属性。【属性】选项卡如图 14-33(a)所示，其中有可以改变公差类型或数的下拉框和文本框。【显示】选项卡如图 14-33(b)所示，增加前缀或后缀可以改变尺寸文本的表现形式。例如将尺寸"$\phi4$"加上前缀"$4\times$"，则尺寸变为"$4\times\phi4$"。【文本样式】选项卡如图 14-33(c)所示，可选择尺寸、文本的字体，调整注释文本的水平和竖直两个方向的对齐特性和文本的行间距。

(a)【属性】选项卡

(b)【显示】选项卡

(c)【文本样式】选项卡

图 14-33　"尺寸属性"对话框

14.5　标注技术要求

14.5.1　文字注释的标注

在工程图中经常需要添加一些注释，对零件的技术要求进行文字说明。

1. 命令的执行过程

在标注文字注释过程中，用户需按照系统的提示，选择各种选项以获得符合要求的标注。主要步骤有 3 个：选择注释类型，选择指引线的形式和指引线的起始位置，最后给出注释的位置并输入注释内容。

选择【注释】选项卡中的"创建注解"命令 ，或者在绘图区空白处右击在快捷菜单中选择【注解】命令，系统将弹出【注解类型】菜单管理器，如图 14-34 所示。该管理器中各选项将对注释的相关参数进行设置。其中"引线类型"有【无引线】、【带引线】、【ISO 引线】、【在项目上】、【偏移】5 种形式；"内容来源"有【输入】和【文件】两种选项；"引线方向"有【水平】、【垂直】、【角度】、【标准】4 种形式；"文本位置"包括【左】、【居中】、【右】、【缺省】等选项。

2. 创建无方向指引注释

在【注解类型】菜单管理器中，选择【无引线】|【输入】|【水平】|【标准】|【缺省】|【进行注解】命令，系统会弹出【获得点】菜单管理器（见图 14-35）。在屏幕中合适位置单击，确定插入注释的位置，系统会在图形区出现"文本符号"窗口（见图 14-36），供用户输入特殊符号。同时在消息区出现提示，要求输入注解内容，如图 14-37 所示。

图 14-34　【注解类型】菜单管理器

图 14-35　【获得点】菜单管理器

图 14-36　"文本符号"窗口

图 14-37　"输入注解"文本提示栏

输入文本内容，按 Enter 键，完成第一行内容，接着可以输入第二行文本内容。如果想结束输入内容，按两次 Enter 键即可。

3. 创建有方向指引注释

1）选择指引方式

在【注解类型】菜单管理器中，选择【ISO 引线】|【输入】|【水平】|【标准】|【缺省】|【进行注

解】命令(见图 14-38)。单击【进行注解】后,系统将弹出【依附类型】菜单管理器,如图 14-39 所示。

2) 选择指引线的形式和指引线的起始位置

【依附类型】菜单管理器中可以对"导引线起始点位置"和"导引线起始端类型"进行设置。其中"导引线起始点位置"包括【图元上】、【在曲面上】、【自由点】、【中点】等选项;"导引线起始端类型"包括【箭头】、【点】、【实心点】、【斜杠】、【方框】、【实心框】、【双箭头】等选项。默认【图元上】|【箭头】选项,根据提示,选择注释指引线的起始点,单击【完成】命令,将出现【获得点】菜单管理器。

3) 给出注释的位置并输入注释内容

根据提示,在工作区选择一点作为注释的放置点,并在消息区输入注释内容。图 14-40 是用带箭头的指引线标注的倒角。

图 14-38　【注解类型】管理器

图 14-39　【依附类型】管理器

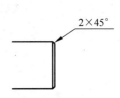
图 14-40　指引注释

4. 编辑注释

与尺寸的编辑操作类似,选中要编辑的注释,按右键弹出快捷菜单,选择【属性】命令,系统会弹出"注释属性"对话框。修改对话框文本内容可以实现对注释内容的编辑。

14.5.2　表面粗糙度的标注

Pro/E 将机械制图中常用的符号放在一个符号库中,供用户调用。内部的符号库在 Pro/E 系统目录中的 symbols\suffins 文件夹下。该文件夹中分别放置了 6 种形式的表面粗糙度符号,如表 14-1 所示。国家标准《产品及技术规范(GPS)技术产品文件中表面结构的表示法》(GB/T 131—2006)规定了表面结构的符号、代号及在图样上的标注方法。其中表面粗糙度的符号有些在符号库中没有，Pro/E提供了"符号库"功能可以定制"自定义符号库"。

表 14-1   表面粗糙度符号

文 件 夹	文 件 名	符 号	参 数
generic	no_value.sym		无
	standard.sym		有
machined	no_value1.sym		无
	standard1.sym		有
unmachined	no_value2.sym		无
	standard2.sym		有

1. 创建自定义粗糙度符号

创建自定义符号的具体步骤如下所述。

1) 执行定义符号命令并给出自定义符号的名称

选择【注释】选项卡中【格式化】|【符号库】命令（见图14-41），在【符号库】菜单管理器中选择【定义】命令（见图14-42）。在消息区出现的窗口中输入符号名称（roughness_GB），如图14-43所示。

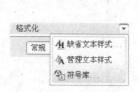

图 14-41   执行命令   图 14-42   选择"定义"符号

图 14-43   给出自定义符号的名称

2) 选择旧符号作为新符号的基础

在【符号编辑】菜单管理器中选择【复制符号】命令（见图14-44），可以在已有符号的基础上进行修改，得到新的符号。如果没有合适的旧符号，也可用草绘工具直接绘制新符号。

本例中选择 Pro/E 系统目录下的\symbols\suffins\Machined\standad1.sym 文件，如图 14-45 所示。

3) 放置旧符号

在随后出现的【获得点】菜单管理器中选择【选出点】命令，在工程图中单击，选择【完成】，完成旧符号的放置。结果如图14-46所示。

图 14-44 【符号编辑】菜单管理器

图 14-45　选择旧符号

4）编辑旧符号

绘制短横线,用"创建文本"命令创建"Ra",并将粗糙度数值的标示移到合适的位置。结果如图 14-47 所示。

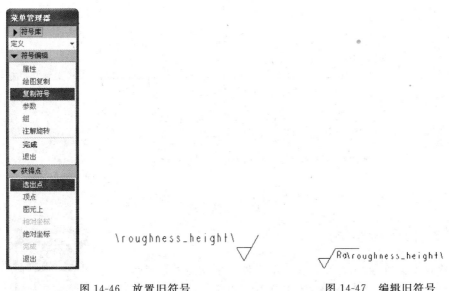

图 14-46　放置旧符号　　　　　　　　图 14-47　编辑旧符号

5）编辑属性

可以对注释的属性和符号的属性进行编辑。

在【符号编辑】菜单中选择【属性】命令,编辑属性。

在【一般】选项卡中可以定义符号插入时的有关参数是否可变。若选中 ☑ 自由 ,需在符号中选择符号插入时的定位基点。本例中可选粗糙度符号的底部顶点。在【可变文本】选项卡中可以定义文本的默认值,如图 14-48 所示。

6）写入符号库

在【符号编辑】菜单中选择【完成】命令,在随后的【符号库】菜单中选择【写入】命令。在消息区将提示输入符号文件存储路径。如图 14-49 所示，输入存储路径。

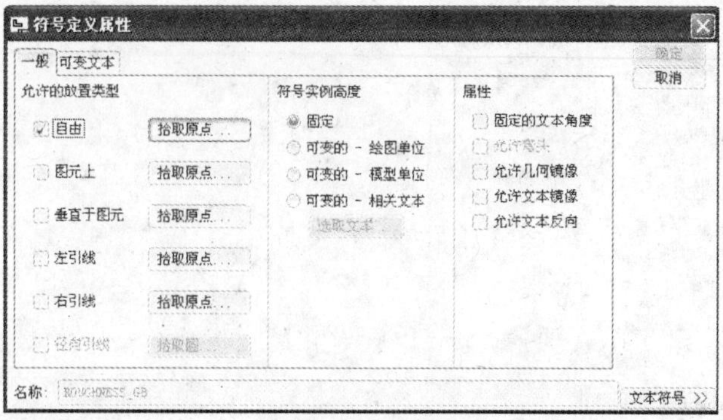

(a)【一般】选项卡

(b)【可变文本】选项卡

图 14-48　编辑符号定义属性

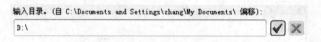

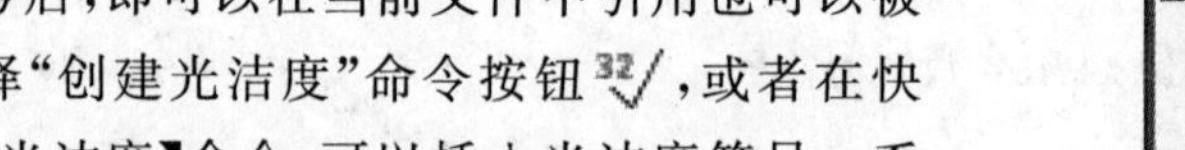

图 14-49　输入路径

2. 插入自定义符号

创建自定义符号后，即可以在当前文件中引用也可以被其他文件调用。选择"创建光洁度"命令按钮 ，或者在快捷菜单中选择【表面光洁度】命令，可以插入光洁度符号。系统将出现插入符号的菜单管理器(见图 14-50)。用户可以单击【名称】调用当前文件中的自定义符号，也可通过"检索"，选择保存在符号库中的其他文件。

图 14-50　插入自定义符号

在随后出现的【实例依附】菜单管理器中(见图 14-51)根据国家标准的规定选择粗糙度的放置形式。本例中选择【引线】形式。选择【完成/返回】命令，进入【依附类型】菜单管理器，选择指引线的形式。本例中选择【图元上】|【箭头】选项，选择【完成】命令。

接着进入【获得点】菜单管理器(见图 14-52)，选择【选出点】选项。根据系统的要求，在工程图视图中单击一点作为放置粗糙度符号的位置。

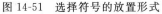

图 14-51　选择符号的放置形式　　　　图 14-52　【获得点】菜单管理器

如果选择的符号文件中有可变参数,此时将在消息区提示输入可变参数的数值(见图 14-53)。给出数值后,即可完成粗糙度的标注。

图 14-53　给出可变参数的数值

3. 修改粗糙度符号

已经标注的表面粗糙度符号可以被移动位置及编辑有关参数。若单击表面粗糙度符号,拖动其图柄,可以改变其大小及位置。若双击表面粗糙度符号,则将弹出"表面光洁度"对话框,可以对符号进行编辑。如图 14-54 所示。

图 14-54　"表面光洁度"对话框

14.5.3　尺寸公差的标注

图纸中的尺寸标注除了基本的尺寸标注外,有些尺寸需要标注尺寸公差。

1. 配置文件的修改

在进行尺寸公差标注时,利用"绘图选项"命令将配置文件中的"tol_display"选项设置为"yes",如图 14-55 所示。

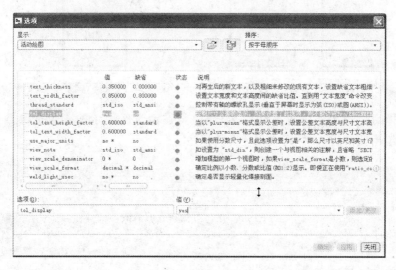

图 14-55　修改配置文件

2. 标注尺寸公差

选中需要显示尺寸公差的尺寸,右击,在弹出的快捷菜单中选择【属性】命令,系统将弹出"尺寸属性"对话框(见图 14-56)。在其中的【属性】选项卡中设置公差模式为"加-减",并输入上下公差数值和小数位数,单击【确定】按钮,完成尺寸公差的设置。

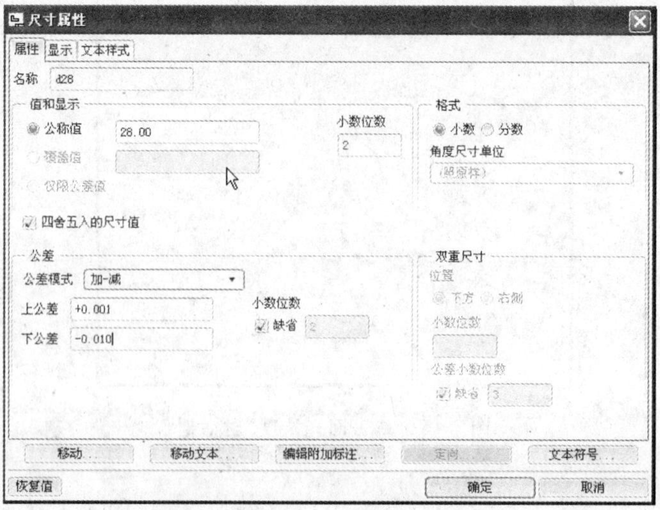

图 14-56　"尺寸属性"对话框

14.5.4 形位公差的标注

根据国家标准的规定,形位公差用代号标注,代号由项目符号、框格、指引线和公差数值等内容组成。Pro/E 中提供可专门标注形位公差的"几何公差"对话框,可以方便地设置形位公差代号的各部分参数。

选择【注释】选项卡中的"创建几何公差"命令按钮 ,系统弹出如图 14-57 所示的"几何公差"对话框。利用该对话框,可以在工程图中添加各种几何公差。"几何公差"对话框的左侧是各种形位公差的符号。另外还有 5 个选项卡用于设置形位公差的其他参数。

（1）【模型参照】选项卡：用来指定要添加形位公差的模型和参照图元,以及在工程图中放置的位置。

（2）【基准参照】选项卡：用来指定形位公差的参照基准、材料状态,以及复合公差的值和参照基准。

（3）【公差值】选项卡：用来指定形位公差值和材料状态。

（4）【符号】选项卡：用于指定形位公差符号及投影公差区域或轮廓边界。

（5）【附加文本】选项卡：用于给出形位公差中的其他附加文本。

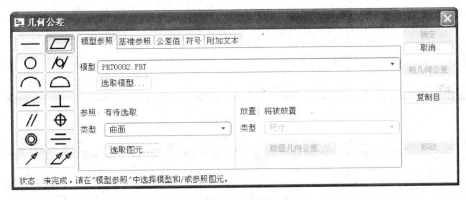

(a)【模型参照】选项卡

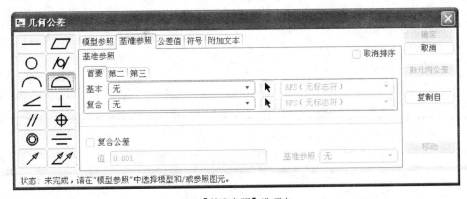

(b)【基准参照】选项卡

图 14-57 "几何公差"对话框

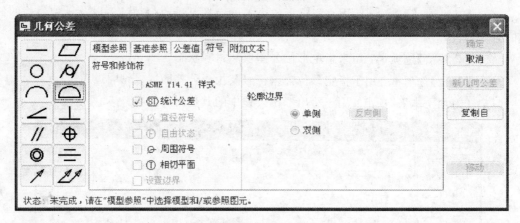

(c)【公差值】选项卡

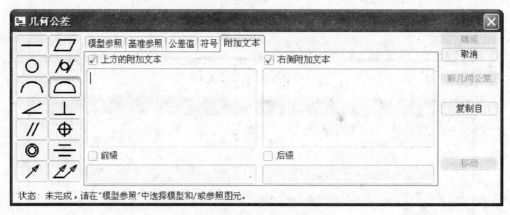

(d)【符号】选项卡

(e)【附加文本】选项卡

图 14-57　（续）

习　题

(1) 简述工程图建立的步骤。

(2) Pro/E 中主要包括哪几种视图形式。

(3) 调整视图主要有哪几种方法？

(4) 如何创建被驱动尺寸？

(5) 简述添加注释的操作过程。

(6) 简述尺寸公差和几何公差的标注方法。

参 考 文 献

1. 康士廷,刘昌丽,王敏等. AutoCAD 2010 新手入门实例详解. 北京：电子工业出版社,2010
2. 康博创作室. AutoCAD 2000 使用大全. 北京：清华大学出版社,1999
3. 廖希亮,陈清奎. 计算机绘图与三维造型. 北京：机械工业出版社,2003
4. 宁涛,余强. Pro/E 机械设计基础教程. 北京：清华大学出版社,2006
5. 二代龙震工作室. Pro/ENGINEER Wildfire 5.0 工程图设计. 北京：清华大学出版社,2010
6. 黄晓华,徐建成. Pro/ENGINEER 机械设计与制造. 北京：电子工业出版社,2010